全国建设工程质量检测鉴定岗位人员培训教材

主 体 结 构 检 测

中国土木工程学会工程质量分会
检测鉴定专业委员会　组织编写

卜良桃　李　彬　周云鹏　主编

崔士起　主审

中国建筑工业出版社

图书在版编目(CIP)数据

主体结构检测/卜良桃，李彬，周云鹏主编. —北京：中国
建筑工业出版社，2017.1（2022.4重印）
全国建设工程质量检测鉴定岗位人员培训教材
ISBN 978-7-112-20134-1

Ⅰ.①主… Ⅱ.①卜…②李…③周… Ⅲ.①结构工程-质
量检验-岗位培训-教材 Ⅳ.①TU317

中国版本图书馆 CIP 数据核字（2016）第 290426 号

本书对房屋建筑工程主体结构检测进行了论述，对混凝土结构检测、砌体结构检测、木结构检测、混凝土构件荷载试验等进行阐述。

本书编写依据，除相关行政法律、法规和文件外，主要依据我国现行的相关标准，其中包括：《房屋建筑和市政基础设施工程质量检测技术管理规范》（GB 50618—2011）、《建筑工程检测试验技术管理规范》（JGJ 190—2010）、《建筑结构检测技术标准》（GB/T 50344—2004）、《混凝土结构现场检测技术标准》（GB/T 50784—2013）、《砌体工程现场检测技术标准》（GB/T 50315—2011）、《混凝土结构试验方法标准》（GB/T 50152—2012），以及《回弹法检测混凝土抗压强度技术规程》（JGJ/T 23—2011）等相关检测设备的技术标准。

本书依据现行检测鉴定规范编制而成。内容全面、翔实，理论性、实践性强，本书作为从事土木工程结构检测、鉴定工程技术人员的培训教材或参考书。

责任编辑：杨　杰　范业庶
责任设计：谷有稷
责任校对：李美娜　张　颖

全国建设工程质量检测鉴定岗位人员培训教材
主体结构检测
中国土木工程学会工程质量分会
检测鉴定专业委员会　　组织编写
卜良桃　李　彬　周云鹏　主编
崔士起　主审

＊

中国建筑工业出版社出版、发行（北京海淀三里河路9号）
各地新华书店、建筑书店经销
北京科地亚盟排版公司制版
北京建筑工业印刷厂印刷

＊

开本：787×1092毫米　1/16　印张：17½　字数：437千字
2017年2月第一版　　2022年4月第三次印刷
定价：45.00 元
ISBN 978-7-112-20134-1
(29577)

前　言

为了适应我国建筑和市政基础设施工程检测技术人员的上岗培训和继续教育的需要，根据《房屋建筑和市政基础设施工程质量检测技术管理规范》（GB 50618—2011）的规定，编写了我国用于建筑和市政基础设施工程检测技术人员岗位培训的系列培训教材。《建筑工程主体结构检测》是该系列培训教材之一。

建筑工程主体结构现场检测技术是从事建筑结构检测的技术人员必须学习和掌握的主要专业技术之一。《建筑工程主体结构检测》培训教材的编写目的是：通过理论和实践教学环节的学习，使学员获得建筑结构检测方面的基本知识和基本技能，能熟练从事主体结构常规检测活动中的全部工作。其主要培训目标是：

（1）通过学习建筑结构检测的基本方法和技术，使学员获得从事主体结构检测工作所必需的工程结构检测方面的专业知识。并熟悉需要遵守的基本行政法规。

（2）学习并掌握主体结构检测活动所涉及的各种仪器、仪表的正确使用方法及主要技术性能。

（3）学习并掌握主体结构检测活动中各种检测数据的正确量测、记录和整理方法。

（4）通过学习，使从事的检测工作符合相关标准要求，养成严谨的工作作风，确保检测过程和结果的科学性、准确性和真实性。并注意个人职业道德修养的提高。

（5）现场检测工作完成后，能根据检测成果，撰写一般的检测报告。

《建筑工程主体结构检测》培训教材的编写依据，除相关行政法律、法规和文件外，主要依据我国现行的相关标准，其中包括：

《房屋建筑和市政基础设施工程质量检测技术管理规范》（GB 50618—2011）、《建筑工程检测试验技术管理规范》（JGJ 190—2010）、《建筑结构检测技术标准》（GB/T 50344—2004）、《混凝土结构现场检测技术标准》（GB/T 50784—2013）、《砌体工程现场检测技术标准》（GB/T 50315—2011）、《混凝土结构试验方法标准》（GB/T 50152—2012），以及《回弹法检测混凝土抗压强度技术规程》（JGJ/T 23—2011）等相关检测设备的技术标准。

本培训资料的第 2 章到第 4 章为基本培训内容，第一章和第五章可根据课时和培训对象取舍。

本书由卜良桃、李彬、周云鹏主编，参编人员：侯琦、贺亮、刘尚凯、于丽、朱平胜、张正伟。湖南宏力土木工程检测有限公司提供了工程实例，在此表示感谢，本书也引用了部分书籍、杂志上的相关文献，在此谨表衷心感谢。

由于编者的经验和水平有限，加之时间仓促，错误和不足之处在所难免，恳请同行、专家提出批评指正。

2016 年 6 月

3

目 录

第1章 绪 论

1.1 建筑结构检测基本概念

建筑结构一般是指工业与民用建筑物中由梁、板、柱等构件组成的骨架部分的总称，常被简称为结构。建筑结构因所用的建筑材料和建造方式不同，又被分为混凝土结构、砌体结构、钢结构、木结构和组合结构等。主体结构是基于地基基础之上，承担和传递建（构）筑物在使用周期内所有上部作用（荷载），维持上部结构整体性、稳定性和安全性的骨架体系，它和地基基础一起共同构成完整的建筑结构承重体系。

根据我国相关规范规定，建筑物在规定的时间内，在正常设计、施工、使用和维护条件下，应满足规定的安全性、适应性和耐久性要求。近30多年来，由于社会经济的高速发展和人民生活水平的提高，我国建筑业发展十分迅速。在不断增加新建建筑、不断发展新的建筑技术和对建筑质量及使用功能等提出更高要求的同时，还面临着如何对新建和已有建筑结构进行检测、鉴定、维护改造和加固处理等问题。

所谓工程结构检测，是指利用仪器设备，按照一定的操作程序，通过一定的技术手段，采集其数据，并把所采集的数据按照规定方法进行处理，从而得到所检测对象的某些特征值的过程。建筑结构无损检测技术具有简单、快速、经济等特点，是工程质量检测的有效方法，是提高工程质量的重要环节和可靠手段。因此，建筑结构检测技术越来越受到重视，并得到迅速发展。

建筑结构检测可分为新建工程（包括施工阶段和通过验收不满两年的建筑）和既有建筑工程（已建成两年以上且投入使用的建筑）两大类。新建工程和既有建筑工程的检测内容，又可以根据检测的目的和性质进行再分类。

新建工程的检测，以施工过程中的常规质量控制检验为主。《建筑结构检测技术标准》（GB/T 50344—2004）规定，新建工程除施工过程中的常规质量控制检验外，当遇到下列情况之一时应进行建筑结构工程质量的检测：

（1）涉及结构安全的试块试件以及有关材料检验数量不足；

（2）对施工质量的抽样检测结果达不到设计要求；

（3）对施工质量有怀疑或争议，需要通过检测进一步分析结构的可靠性；

（4）发生工程事故，需要通过检测分析事故的原因及对结构可靠性的影响。

当遇到下列情况之一时，应对既有建筑结构现状缺陷和损伤、结构构件承载力、结构变形等涉及结构性能的项目进行检测：

（1）建筑结构安全鉴定；

（2）建筑结构抗震鉴定；

（3）建筑大修前的可靠性鉴定；

（4）建筑改变用途、改造、加层或扩建前的鉴定；

（5）建筑结构达到设计使用年限要继续使用的鉴定；

（6）受到灾害、环境侵蚀等影响建筑的鉴定；

（7）对既有建筑结构的工程质量有怀疑或争议。

既有建筑结构的检测，以现场非破损检测技术为主，即在不破坏结构或构件的前提条件下，在结构或构件的原位上对结构或构件的材料强度、结构缺陷、损伤变形、腐蚀程度，以及承载力等进行定量测试。

建筑结构的检测是为在建或新建建筑结构工程质量评定和既有建筑结构性能鉴定提供真实、可靠、有效检测数据和检测结论的一种有效手段。

根据我国相关现行规范和行政法规的规定，从事建筑结构检测的操作人员必须经过技术培训、通过建设行政主管部门或委托有关机构的考核，取得相应上岗证书后，方可从事相应检测工作。本书是为从事建筑行业主体结构检测人员上岗培训学习而编写的基本教材。本书主要讨论与混凝土结构、砌体结构和木结构有关的专业知识、检测仪器、检测方法和检测技术，以及与之有关的检测技术管理规范。

1.1.1　新建结构工程检测

新建结构工程检测可分为施工过程中的质量控制检验、质量验收检验、结构工程的实体检验和对结构工程质量有怀疑或不符合验收要求的检测等几种类别。

1. 建筑材料的进场复验和见证取样送检

建筑材料的性能检验是保证所有建筑材料满足设计要求和工程质量的重要环节。在我国的现行规范中，主要由两个环节对建筑材料进行质量控制。一是生产厂家的质量控制，确认其产品必须符合有关规范要求后才能出厂，并提供每批产品的检验合格证明书；二是对每批进入工地现场的建筑材料，按要求进行复检，复检合格后才允许在工程中使用，其中涉及主体结构安全的建筑材料应进行见证取样和送检检测。所谓见证取样和送检检测，是指在建设单位或工程监理单位人员的见证下，由施工单位的现场试验人员对工程中涉及结构安全的试块、试件和材料在现场取样，并送至经过省级以上建设行政主管部门对其资质认可和质量技术监督部门对其计量认证的质量检测单位所进行的检测活动。

建设部［2000］211号文件《房屋建筑工程和市政基础设施工程实行见证取样和送检的规定》对见证取样工作有如下具体规定：

（1）见证人员应由建设单位或该工程的监理单位具备建筑施工试验知识的专业技术人员担任，并应由建设单位或该工程的监理单位书面通知施工单位、检测单位和负责该项工程的质量监督机构。

（2）在施工过程中，见证人员应按照见证取样和送检计划，对施工现场的取样和送检进行见证，取样人员应在试样或其包装上作出标识、封志。标识和封志应标明工程名称、取样部位、取样日期、样品名称和样品数量，并由见证人员和取样人员签字。见证人员应制作见证记录，并将见证记录归入施工技术档案。见证人员和取样人员应对试样的代表性和真实性负责。

（3）见证取样的试块、试件和材料送检时，应由送检单位填写委托单，委托单应有见证人员和送检人员签字。检测单位应检查委托单及试样上的标识和封志，确认无误后方可进行检测。

（4）检测单位应严格按照有关管理规定和技术标准进行检测，出具公正、真实、准确的检测报告。见证取样和送检的检测报告必须加盖见证取样检测的专用章。

上述文件还规定，涉及结构安全的试块、试件和材料，见证取样和送检的比例不得低于有关技术标准中规定应取样数量的30％。下列试块、试件和材料必须实施见证取样和送检：

（1）用于承重结构的混凝土试块；

（2）用于承重墙体的砌筑砂浆试块；

（3）用于承重结构的钢筋及连接接头试件；

（4）用于承重墙的砖和混凝土小型砌块；

（5）用于拌制混凝土和砌筑砂浆的水泥；

（6）用于承重结构的混凝土中使用的掺加剂；

（7）地下、屋面、厕浴间使用的防水材料；

（8）国家规定必须实行见证取样和送检的其他试块、试件和材料。

2. 建筑结构工程检验批的质量检验

《建筑工程施工质量验收统一标准》（GB 50300—2013）把建筑工程的质量验收划分为单位（子单位）工程、分部（子分部）工程、分项工程和检验批。所谓单位工程，是指具备独立施工条件并能形成独立使用功能的建筑物及构筑物。分部工程则根据专业性质和建筑部位来确定，比如地基基础分部工程、主体结构分部工程、给水排水分部工程、电气分部工程等。分项工程是在每个分部工程中根据不同工种、材料、施工工艺、设备类别等进行划分的。比如主体结构中的混凝土结构分部工程所包含的分项工程为模板、钢筋、混凝土、预应力、现浇结构，装配式结构等。对于分项工程还可以按楼层、施工段、变形缝等划分为一个或若干个检验批。

在工程实施中，上述划分的各阶段，实际上都是由一道道工序组成的，作为建筑工程的验收一般是以检验批为单位进行的。所谓检验批，应是按同一生产条件或按规定的方式汇总起来供检验用的，由一定数量样本组成的检验体。比如现浇钢筋混凝土框架结构中某层柱钢筋检验批、柱模板检验批，若结构体型比较大，还可以按施工段来进一步划分。

检验批是工程质量验收的最小单位，是分项工程乃至整个建筑工程质量验收的基础。对于检验批的质量验收，根据验收项目对该检验批质量影响的重要性又分为主控项目和一般项目，主控项目是对检验批的基本质量起决定性作用的检验项目，因此必须全部符合有关专业工程验收规范的规定。一般项目的质量标准较主控项目有所放宽。如，《混凝土结构工程施工质量验收规范》（GB 50204—2015）中规定：一般项目的质量经抽样检验合格，当采用计数检验时，除有专门要求外，一般项目的合格点率应达到80％及以上，且不得有严重缺陷。

达不到专业验收的规范质量标准的检验批应视质量事故的情况进行返修或重做，对于返修或重做的检验批，完成后还应进行重新验收。

3. 分部工程的抽样检验

《建筑工程施工质量验收统一标准》（GB 50300—2013）规定"对涉及结构安全和使用功能的重要分部工程应进行抽样检测"。分部工程的抽样检测均是在各分项工程验收合格的基础上进行的，是对重要项目进行验证性的检验，其目的是为了加强该分部工程重要项目的验收，真实地反映该分部工程重要项目的质量指标，确保结构安全和达到使用功能的要求。

在《混凝土结构工程施工质量验收规范》（GB 50204—2015）中规定，对影响结构安全的混凝土强度和主要受力构件的钢筋保护层厚度进行实体抽样检测。

4. 建筑结构工程的质量检测

新建工程主体结构的验收，应按《建筑工程施工质量验收统一标准》（GB 50300—2013）和相应的专业工程验收规范进行，当遇到前述新建工程除施工过程常规质量控制检验之外的四种情况之一时，应对其进行检测。

对于主体结构的检测，应根据检测内容，在对被检测对象现场调查、收集资料的基础上，制定合理的检测方案，检测方案的重点应包括检测的依据、检测的项目和选用的检测方法以及检测的数量等。

建筑结构施工质量检测的内容不仅因建筑结构体系不同（混凝土结构、钢结构、砌体结构等），而且还因结构施工质量缺陷特征的不同而导致所要进行检测的内容与项目也有较大的差异，因此，检测内容应根据检测的目的和委托方要求确定。

1.1.2　既有结构工程检测

所谓既有建筑（又称已有建筑），按照《民用建筑可靠性鉴定标准》（GB 50292—2015）的定义，为已建成两年以上且已投入使用的建筑物。对于这类建筑物，当遇到前述七种原因之一时，应对建筑结构现状缺陷和损伤、结构构件承载力、结构变形等涉及结构性能的项目进行检测。如，其中第五条规定"建筑结构达到设计使用年限要继续使用的鉴定"。以前，我国没有建立对既有建筑现状质量定期进行检查、检测和维护的规定，这对于及时发现既有建筑结构的质量缺陷，做到及时处理、确保安全使用是不利的。因此，对于既有建筑结构安全和正常使用功能的检查、检测，可分为使用者的正常使用检查、常规检测、专项检测和既有建筑的可靠性鉴定检测等方面。

1. 既有建筑结构的常规检测

一般情况下，办公楼、宾馆等公共建筑 10 年左右就要装修一次。在装修前对建筑结构进行常规检测是非常必要的，可及时发现结构的安全隐患和耐久性方面存在的问题，以便及时得到解决。对于有腐蚀介质侵蚀的工业建筑、受到污染影响的建筑物或构筑物、处于严重冻融影响环境的建筑物或构筑物、土质较差地基上的建筑物或构筑物等，常规检测的时间可适当缩短。建筑结构的常规检测不能只是构件外观质量及其损伤的检查，需要根据既有建筑结构的现状质量与损伤、设计质量、施工质量、使用环境类别及其使用功能和荷载的变化等，确定检测的重点、检测的项目和相应的检测方法。建筑结构的常规检测宜以下列部位列为检测重点：

（1）出现渗水漏水部位的构件；

（2）受到较大反复荷载或动力荷载作用的构件；

（3）暴露在室外的构件；

（4）受到腐蚀性介质侵蚀的构件；

（5）受到污染影响的构件；

（6）与侵蚀性土壤直接接触的构件；

（7）受到冻融影响的构件；

（8）委托方正常检查怀疑有安全隐患的构件；

（9）容易受到磨损、冲撞损伤的构件；

（10）悬挑构件等。

2. 既有建筑结构的专项检测

既有建筑结构专项检测主要是因建筑使用功能的改造等而带来的建筑结构主体变动、使用荷载增大和建筑结构使用中出现明显的裂缝及损伤、因灾害或周边环境发生变化而造成的破坏等。建筑结构专项检测的针对性很强，应根据检测的目的，确定检测的范围和项目及其相适应的方法。

比如，对于构件的裂缝检测，现场检测应着重于裂缝出现的范围、部位、形态，裂缝的宽度、深度和长度及其出现裂缝构件的材料强度等级、施工质量、设计构造是否满足相应规范的要求等，用以判断产生裂缝的原因和对结构的影响程度。

3. 建筑结构可靠性鉴定检测

既有建筑结构的可靠性鉴定，是一项较为全面评价结构正常使用、安全性和耐久性的工作。因此，对建筑结构可靠性鉴定的检测应根据相关规范的要求，确定检测的重点部位、对建筑结构承载能力和性能有直接影响的主要构件及其主要的检测项目。其抽样数量要与新建工程施工质量检测有所区别，即重要部位、主要构件应多抽样，其余构件可采用随机抽样的原则。比如，框架柱与框架梁、板相比，框架柱则更为重要一些，因为框架柱是整体结构中的主要承重构件和抗侧力构件，而框架梁、板的影响范围一般比柱要小。

1.1.3 检测工作程序

检测工作程序是指从接受委托方的委托要求开始，到提交委托方检测报告全过程的工作步骤基本要求，是保证检测工作正常进行和保证检测质量的重要组成部分。《建筑结构检测技术标准》（GB/T 50344—2004）规定，建筑结构检测的工作程序宜按图 1-1 进行。当有特殊要求时，也可按鉴定的需要和与委托方签订的合同进行。

一项完整的建筑结构检测工作应包括接受委托、调查、制定检测方案、确认仪器设备状态、现场检测（含补充检测）计算分析和结果评价、出具检测报告等内容。

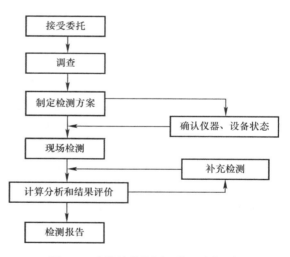

图 1-1　建筑结构检测工作程序框图

1. 接受委托

检测机构接受委托后，应与委托方签订检测书面合同，检测合同应注明检测项目及相关要求。检测合同主要内容宜符合《房屋建筑和市政基础设施工程质量检测技术管理规范》（GB 50618—2011）附录 D 的规定。

2. 调查

调查阶段应尽可能了解和搜集与被检测对象有关的资料，当委托方不能提供所需要的原始资料时，还需要检测人员根据检测目的和现场情况尽可能收集必要的资料。对重要的检测工作，可先行初检，根据初检的结果进行分析，进一步收集资料后再做详细检测。

现场和有关资料的调查，应包括下列工作内容：

（1）收集被检测建筑结构的设计图纸、设计变更、施工记录、施工验收和工程地质勘查等资料。

（2）调查被检测建筑结构现状缺陷、环境条件、使用期间的加固与维修情况和用途与荷载等变更情况。

（3）向有关人员进行调查。

（4）进一步明确委托方的检测目的和具体要求，并了解被检测对象此前是否已进行过检测。

3. 制定检测方案

检测机构对现场工程实体检测应事前编制检测方案，经技术负责人批准。对鉴定检测、危房检测，以及重大、重要检测项目和为有争议事项提供检测数据的检测方案应取得委托方的同意。检测项目需采用非标准方法检测时，检测机构应编制相应的检测作业指导书，并应在检测委托合同中说明。

检测方案中一般应包括的内容有：工程概况、检测鉴定主要依据、检测鉴定内容和方法、检测数量以及检测鉴定工作中需要委托方配合的工作内容等。

工程概况中应包括：工程名称、工程地点、结构类型、层数、建筑面积、基础形式及建造年代等建筑物基本信息和被检测对象的建设单位、设计单位、施工单位、监理单位等相关内容，以及被检测对象需要检测、鉴定的原因和性质。

检测鉴定依据中包括检测工作应采用的主要检测技术标准和评定标准、与被检测对象相关的设计、施工、改扩建等需要依据的和所涉及的资料。

检测鉴定的内容应覆盖委托合同中的所有项目，并应根据相关标准予以具体细化。检测鉴定方法中应明确所使用的仪器设备名称及相应标准和操作规程等。

检测数量应满足《建筑结构检测技术标准》（GB/T 50344—2004）中建筑结构抽样检测的最小样本容量要求，并明确被检测构件的数量和部位等。

4. 确认仪器设备状态

状态良好的检测设备是保证检测数据精准的前提条件。在开展检测工作前，应对检测方案中确定的检测设备逐一进行检查，确认其工作状态正常后方可使用。《房屋建筑和市政基础设施工程质量检测技术管理规范》（GB 50618—2011）规定，当检测设备出现下列情况之一时，不得继续使用：

（1）当设备指示装置损坏、刻度不清或其他影响测量精度时；

（2）仪器设备的性能不稳定，漂移率偏大时；

（3）当检测设备出现显示缺损或按键不灵敏等故障时；

（4）其他影响检测结果的情况。

5. 现场检测

建筑结构的现场检测是整个检测工作中的核心环节，除应按合同约定完成其检测内容外，尚应遵守相关规范对人员、设备、方法、数量以及数据获取方式、原始记录格式等的要求。

关于现场检测的具体要求、计算分析和结果评价，以及检测报告的撰写，在后面章节将有具体介绍，此处不再赘述。

1.2 《房屋建筑和市政基础设施工程质量检测技术管理规范》

为加强建设工程检测管理，规范建设工程质量检测技术活动，保证检测工作质量，住房和城乡建设部、国家质量监督检验检疫局于2011年发布《房屋建筑和市政基础设施工程质量检测技术管理规范》（GB 50618—2011）。在编制过程中，编写组以工程建设的全过程和工程使用期间的检测工作为对象，经过大量调查研究，总结了有关实践经验，按照规范编制程序，在广泛吸收有关方面建议的基础上编制而成。规范适用于房屋建设工程和市政基础设施工程有关建筑材料、工程实体质量检测活动的技术管理。

《房屋建筑和市政基础设施工程质量检测技术管理规范》（GB 50618—2011）（以下简称《规范》）共分为6章和5个附录。本节介绍该《规范》的主要内容。

1.2.1 基本规定

在规范第3章中作出如下13条基本规定。其中，第3条、第4条、第10条和第13条为强制性条文。

3.0.1 建设工程质量检测应执行国家现行有关技术标准。

3.0.2 建设工程质量检测机构（以下简称检测机构）应取得建设主管部门颁发的相应资质证书。

3.0.3 检测机构必须在技术能力和资质规定范围内开展检测工作。

3.0.4 检测机构应对出具的检测报告的真实性、准确性负责。

3.0.5 对实行见证取样和见证检测的项目，不符合见证要求的，检测机构不得进行检测。

3.0.6 检测机构应建立完善的管理体系，并增强纠错能力和持续改进能力。

3.0.7 检测机构的技术能力（检测设备及技术人员配备）应符合本规范附录A中各相应专业检测项目的配备要求。

3.0.8 检测机构应采用工程检测管理信息系统，提高检测管理效果和检测工作水平。

3.0.9 检测机构应建立检测档案及日常检测资料管理制度。

3.0.10 检测应按有关标准的规定留置已检试件。有关标准留置时间无明确要求的，留置时间不应少于72h。

3.0.11 建设工程质量检测应委托具有相应资质的检测机构进行检测。

3.0.12 施工单位应根据工程施工质量验收规范和检测标准的要求编制检测计划，并应做好检测取样、试件制作、养护和送检等工作。

3.0.13 检测试件的提供方应对试件取样的规范性、真实性负责。

1.2.2 检测机构能力

在规范的第4章中，将检测机构能力分为：检测人员、检测设备、检测场所、检查管理四项分别作出规定。

4.1 检测人员

4.1.1 检测机构应配备能满足所开展检测项目要求的检测人员。

4.1.2 检测机构检测项目的检测技术人员配备应符合本规范附录A的规定，并宜按附录B的要求设立相应的技术岗位。

4.1.3 检测机构的技术负责人、质量负责人、检测项目负责人应具有工程类专业中级及其以上技术职称，掌握相关领域知识，具有规定的工作经历和检测工作经验。检测报告批准人、检测报告审核人应经检测机构技术负责人授权，掌握相关领域知识，并具有规定的工作经历和检测工作经验。

4.1.4 检测机构室内检测项目持有岗位证书的操作人员不得少于 2 人；现场检测项目持有岗位证书的操作人员不得少于 3 人。

4.1.5 检测操作人员应经技术培训、通过建设主管部门或委托有关机构的考核，方可从事检测工作。

4.1.6 检测人员应及时更新知识，按规定参加本岗位的继续教育。继续教育的学时应符合国家有关要求。

4.1.7 检测人员岗位能力应按规定定期进行确认。

4.2 检测设备

4.2.1 检测机构应配备能满足所开展检测项目要求的检测设备。

4.2.2 检测机构检测项目的检测设备配备应符合本规范附录 A 的规定，并宜分为 A、B、C 三类，分类管理。具体分类宜符合本规范附录 C 的要求。

4.2.3 A 类检测设备的范围宜符合本规范附录 C 第 C.0.1 条的规定，并应符合下列规定：

  1 本单位的标准物质（如果有时）；
  2 精密度高或用途重要的检测设备；
  3 使用频繁、稳定性差，使用环境恶劣的检测设备。

4.2.4 B 类检测设备的范围宜符合本规范附录 C 第 C.0.2 条的规定，并应符合下列要求：

  1 对测量准确度有一定的要求，但寿命较长、可靠性较好的检测设备；
  2 使用不频繁、稳定性比较好，使用环境较好的检测设备。

4.2.5 C 类检测设备的范围宜符合本规范附录 C 第 C.0.3 条的规定，并应符合下列要求：

  1 只用作一般指标，不影响试验检测结果的检测设备；
  2 准确度等级较低的工作测量器具。

4.2.6 A 类、B 类检测设备在启用前应进行首次校准或检测。

4.2.7 检测设备的校准或检测应送至具有校准或检测资格的实验室进行校准或检测。

4.2.8 A 类检测设备的校准或检测周期应根据相关技术标准和规范的要求，检测设备出厂技术说明书等，并结合检测机构实际情况确定。

4.2.9 B 类检测设备的校准或检测周期应根据检测设备使用频次、环境条件、所需的测量准确度，以及由于检测设备发生故障所造成的危害程度等因素确定。

4.2.10 检测机构应制定 A 类和 B 类检测设备的周期校准或检测计划，并按计划执行。

4.2.11 C 类检测设备首次使用前应进行校准或检测，经技术负责人确认，可使用至报废。

4.2.12 检测设备的校准或检测结果应由检测项目负责人进行管理。

4.2.13 检测机构自行研制的检测设备应经过检测验收，并委托校准单位进行相关参数的校准，符合要求后方可使用。

4.2.14　检测机构的所有设备均应标有统一的标识，在用的检测设备均应标有校准或检测有效期的状态标识。

4.2.15　检测机构应建立检测设备校准或检测周期台账，并建立设备档案，记录检测设备技术条件及使用过程的相关信息。

4.2.16　检测机构对于大型的、复杂的、精密的检测设备应编制使用操作规程。

4.2.17　检测机构对主要检测设备作好使用记录，用于现场检测的设备还应记录领用、归还情况。

4.2.18　检测机构应建立检测设备的维护保养、日常检查制度，并作好相应记录。

4.2.19　当检测设备出现下列情况之一时，应进行校准或检测：

1　可能对检测结果有影响的改装、移动、修复和维修后；

2　停用超过校准或检测有效期后再次投入使用；

3　检测设备出现不正常工作情况；

4　使用频繁或经常携带运输到现场的，以及在恶劣环境下使用的检测设备。

4.2.20　当检测设备出现下列情况之一时，不得继续使用：

1　当设备指示装置损坏、刻度不清或其他影响测量精度时；

2　仪器设备的性能不稳定，漂移率偏大时；

3　当检测设备出现显示缺损或按键不灵敏等故障时；

4　其他影响检测结果的情况。

4.3　检测场所

4.3.1　检测机构应具备所开展检测项目相适应的场所。房屋建筑面积和工作场地均应满足检测工作需要，并应满足检测设备布局及检测流程合理的要求。

4.3.2　检测场所的环境条件等应符合国家现行有关标准的要求，并应满足检测工作及保证工作人员身心健康的要求。对有环境要求的场所应配备相应的监控设备，记录环境条件。

4.3.3　检测场所应合理存放有关材料、物质，确保化学危险品、有毒物品、易燃易爆等物品安全存放；对检测工作过程中产生的废弃物、影响环境条件及有毒物质等的处置，应符合环境保护和人身健康、安全等方面的有关规定，并应有相应的应急处理措施。

4.3.4　检测工作场所应有明显标识，与检测工作无关的人员和物品不得进入检测工作场所。

4.3.5　检测工作场所应有安全作业措施和安全预案，确保人员、设备及被检测试件的安全。

4.3.6　检测工作场所应配备必要的消防器材，存放于明显和便于取用的位置，并应有专人负责管理。

4.4　检测管理

4.4.1　检测机构应执行国家现行有关管理制度和技术标准，建立检测技术管理体系，并按管理体系运行。

4.4.2　检测机构应建立内部审核制度，发现技术管理中的不足并进行改正。

4.4.3　检测机构的检测管理信息系统，应能对工程检测活动各阶段中产生的信息进行采集、加工、储存、维护和使用。

4.4.4 检测管理信息系统宜覆盖全部检测项目的检测业务流程,并宜在网络环境下运行。

4.4.5 检测机构管理信息系统的数据管理应采用数据库管理系统,应确保数据存储与传输安全、可靠;并应设置必要的数据接口,确保系统与检测设备或检测设备与有关信息网络系统的互联互通。

4.4.6 应用软件应符合软件工程的基本要求,应经过相关机构的评审鉴定,满足检测功能要求,具备相应的功能模块,并应定期进行论证。

4.4.7 检测机构应设专人负责信息化管理工作,管理信息系统软件功能应满足相关检测项目所涉及工程技术规范的要求,技术规范更新时,系统应及时升级更新。

4.4.8 检测机构宜按规定定期向建设主管部门报告以下主要技术工作:

1 按检测业务范围进行检测的情况;

2 遵守检测技术条件(包括实验室技术能力和检测程序等)的情况;

3 执行检测法规及技术标准的情况;

4 检测机构的检测活动,包括工作行为、人员资格、检测设备及其状态、设施及环境条件、检测程序、检测数据、检测报告等;

5 按规定报送统计报表和有关事项。

4.4.9 检测机构应定期作比对试验,当地管理部门有要求的,并应按要求参加本地区组织的能力验证。

4.4.10 检测机构严禁出具虚假检测报告。凡出现下列情况之一的应判定为虚假检测报告:

1 不按规定的检测程序及方法进行检测出具的检测报告;

2 检测报告中数据、结论等实质性内容被更改的检测报告;

3 未经检测就出具的检测报告;

4 超出技术能力和资质规定范围出具的检测报告。

1.2.3 检测程序

在规范的第 5 章中,被分为 6 个部分对检测程序作出具体规定,它们分别是:检测委托、取样送检、检测准备、检测操作、检测报告和检测数据的积累利用。

5.1 检测委托

5.1.1 建设工程质量检测应以工程项目施工进度或工程实际需要进行委托,并应选择具有相应检测资质的检测机构。

5.1.2 检测机构应与委托方签订检测书面合同,检测合同应注明检测项目及相关要求。需要见证的检测项目应确定见证人员。检测合同主要内容宜符合本规范附录 D 的规定。

5.1.3 检测项目需采用非标准方法检测时,检测机构应编制相应的检测作业指导书,并应在检测委托合同中说明。

5.1.4 检测机构对现场工程实体检测应事前编制检测方案,经技术负责人批准;对鉴定检测、危房检测,以及重大、重要检测项目和为有争议事项提供检测数据的检测方案应取得委托方的同意。

5.2 取样送检

5.2.1 建筑材料的检测取样应由施工单位、见证单位和供应单位根据采购合同或有关技术标准的要求共同对样品的取样、制样过程、样品的留置、养护情况等进行确认，并应做好试件标识。

5.2.2 建筑材料本身带有标识的，抽取的试件应选择有标识的部分。

5.2.3 检测试件应有清晰的、不易脱落的唯一性标识。标识应包括制作日期、工程部位、设计要求和组号等信息。

5.2.4 施工过程有关建筑材料、工程实体检测的抽样方法、检测程序及要求等应符合国家现行有关工程质量验收规范的规定。

5.2.5 既有房屋、市政基础设施现场工程实体检测的抽样方法、检测程序及要求等应符合国家现行有关标准的规定。

5.2.6 现场工程实体检测的构件、部位、检测点确定后，应绘制测点图，并应经技术负责人批准。

5.2.7 实行见证取样的检测项目，建设单位或监理单位确定的见证人员每个工程项目不得少于2人，并应按规定通知检测机构。

5.2.8 见证人员应对取样的过程进行旁站见证，作好见证记录。见证记录应包括下列主要内容：

　　1 取样人员持证上岗情况；

　　2 取样用的方法及工具模具情况；

　　3 取样、试样制作操作的情况；

　　4 取样各方对样品的确认情况及送检情况；

　　5 施工单位养护室的建立和管理情况；

　　6 检测试件标识情况。

5.2.9 检测收样人员应对检测委托单的填写内容、试样的状况以及封样、标识等情况进行检查，确认无误后，在检测委托单上签收。

5.2.10 试件接受应按年度建立台账，试件流转单应采取盲样形式，有条件的可使用条形码技术等。

5.2.11 检测机构自行取样的检测项目应作好取样记录。

5.2.12 检测机构对接收的检测试件应有符合条件的存放设施，确保样品的正确存放、养护。

5.2.13 需要现场养护的试件，施工单位应建立相应的管理制度，配备取样、制样人员，及取样、制样设备及养护设施。

5.3 检测准备

5.3.1 检测机构的收样及检测试件管理人员不得同时从事检测工作，并不得将试件的信息泄露给检测人员。

5.3.2 检测人员应校对试件编号和任务流转单的一致性，保证与委托单编号、原始记录和检测报告相关联。

5.3.3 检测人员在检测前应对检测设备进行核查，确认其运作正常。数据显示器需要归零的应在归零状态。

5.3.4 试件对贮存条件有要求时，检测人员应检查试件在贮存期间的环境条件符合要求。

5.3.5 对首次使用的检测设备或新开展的检测项目以及检测标准变更的情况，检测机构应对人员技能、检测设备、环境条件等进行确认。

5.3.6 检测前应确认检测人员的资格，检测人员应熟识相应的检测操作规程使用和检测设备使用、维护技术手册等。

5.3.7 检测前应确认检测依据、相关标准条文和检测环境要求，并将环境条件调整到操作要求的状况。

5.3.8 现场工程实体检测应有完善的安全措施。检测危险房屋时还应对检测对象先进行勘察，必要时要先进行加固。

5.3.9 检测人员应熟悉检测异常情况处理预案。

5.3.10 检测前应确认检测方法标准，确认原则应符合下列规定：

1 有多种方法标准可用时，应在合同中明确选用的方法标准；

2 对于一些没有明确的检测方法标准或有地区特点的检测项目，其检测方法标准应由委托双方协商确定。

5.3.11 检测委托方应配合检测机构作好检测准备，并提供必要的条件。按时提供检测试件，提供合理的检测时间，现场工程实体检测还应提供相应的配合等。

5.4 检测操作

5.4.1 检测应严格按照经确认的检测方法标准和现场工程实体检测方案进行。

5.4.2 检测操作应由不少于2名持证检测人员进行。

5.4.3 检测原始记录应在检测操作过程中及时真实记录，检测原始记录应采用统一的格式。原始记录内容应符合下列规定：

1 试验室检测原始记录内容宜符合本规范附录E第E.0.1条的规定；

2 现场工程实体检测原始记录内容宜符合本规范附录E第E.0.2条的规定。

5.4.4 检测原始记录笔误需要更正时，应由原记录人进行杠改，并在杠改处由原记录人签名或加盖印章。

5.4.5 自动采集的原始数据当因检测设备故障导致原始数据异常时，应予以记录，并应由检测人员作出书面说明，由检测机构技术负责人批准，方可进行更改。

5.4.6 检测完成后应及时进行数据整理和出具检测报告，并应做好设备使用记录及环境、检测设备的清洁保养工作。对已检试件的留置处理除应符合本规范第3.0.10条的规定外尚应符合下列规定：

1 已检试件留置应与其他试件有明显的隔离和标识；

2 已检试件留置应有唯一性标识，其封存和保管应由专人负责；

3 已检试件留置应有完整的封存试件记录，并分类、分品种有序摆放，以便于查找。

5.4.7 见证人员对现场工程实体检测进行见证时，应对检测的关键环节进行旁站见证，现场工程实体检测见证记录内容应包括下列主要内容：

1 检测机构名称、检测内容、部位及数量；

2 检测日期、检测开始、结束时间及检测期间天气情况；

3 检测人员姓名及证书编号；

4 主要检测设备的种类、数量及编号；

5 检测中异常情况的描述记录；

6 现场工程检测的影像资料；

7 见证人员、检测人员签名。

5.4.8 现场工程实体检测活动应遵守现场的安全制度，必要时应采取相应的安全措施。

5.4.9 现场工程实体检测时应有环保措施，对环境有污染的试剂、试材等应有预防撒漏措施，检测完成后应及时清理现场并将有关用后的残剩试剂、试材、垃圾等带走。

5.5 检测报告

5.5.1 检测项目的检测周期应对外公示，检测工作完成后，应及时出具检测报告。

5.5.2 检测报告宜采用统一的格式；检测管理信息系统管理的检测项目，应通过系统出具检测报告。检测报告内容应符合检测委托的要求，并宜符合本规范附录 E 第 E.0.3、第 E.0.4 条的规定。

5.5.3 检测报告编号应按年度编号，编号应连续，不得重复和空号。

5.5.4 检测报告至少应由检测操作人签字、检测报告审核人签字、检测报告批准人签发，并加盖检测专用章，多页检测报告还应加盖骑缝章。

5.5.5 检测报告应登记后发放。登记应记录报告编号、份数、领取日期及领取人等。

5.5.6 检测报告结论应符合下列规定：

1 材料的试验报告结论应按相关材料、质量标准给出明确的判定；

2 当仅有材料试验方法而无质量标准，材料的试验报告结论应按设计要求或委托方要求给出明确的判定；

3 现场工程实体的检测报告结论应根据设计及鉴定委托要求给出明确的判定。

5.5.7 检测机构应建立检测结果不合格项目台账，并应对涉及结构安全、重要使用功能的不合格项目按规定报送时间报告工程项目所在地建设主管部门。

5.6 检测数据的积累利用

5.6.1 检测机构应对日常检测取得的数据进行积累整理。

5.6.2 检测机构应定期对检测数据统计分析。

5.6.3 检测机构应按规定向工程建设主管部门提供有关检测数据。

1.2.4 检测档案

（1）检测机构应建立检测资料档案管理制度，并做好检测档案收集、整理、归档、分类编目和利用工作。

（2）检测机构应建立检测资料档案室，档案室的条件应能满足纸质文件和电子文件的长期保存。

（3）检测资料档案应包含检测委托合同、委托单、检测原始记录、检测报告和检测台账、检测结果不合格项目台账、检测设备档案、检测方案、其他与检测相关的重要文件等。

（4）检测机构检测档案管理应由技术负责人负责，并由专（兼）职档案员管理。

（5）检测资料档案保管期限，检测机构自身的资料保管期限应分为 5 年和 20 年两种。涉及结构安全的试块、试件及结构建筑材料的检测资料汇总表和有关地基基础、主体结构、钢结构、市政基础设施主体结构的检测档案等宜为 20 年；其他检测资料档案保管期限宜为 5 年。

（6）检测档案可以是纸质文件或电子文件。电子文件应与相应的纸质文件材料一并归档保存。

（7）保管期限到期的检测资料档案销毁应进行登记、造册后经技术负责人批准。销毁登记册保管期限不应少于5年。

1.3 《建筑工程检测试验技术管理规范》

《建筑工程检测试验技术管理规范》（JGJ 190—2010）（以下简称《规范》），由建设部于2010年发布实施。《规范》的适用范围为"建筑工程施工现场检测试验"，其目的是为了规范施工现场制取试样、试样送检并由检测机构或企业试验室出具检测试验报告的施工检测试验活动等的检测试验技术管理，提高建筑工程施工现场检测试验技术的管理水平。在《规范》制定过程中，编制组进行了广泛的调查研究，总结了我国建筑工程施工现场检测试验技术管理的实践经验，并考虑了与国内相关标准的协调。

《规范》共有5章和2个附录，本节主要介绍《规范》中与混凝土结构、砌体结构检测有关的内容。

3 基本规定

3.0.1 建筑工程施工现场检测试验技术管理应按以下程序进行：

1 制订检测试验计划；

2 制取试样；

3 登记台账；

4 送检；

5 检测试验；

6 检测试验报告管理。

3.0.2 建筑工程施工现场应配备满足检测试验需要的试验人员、仪器设备、设施及相关标准。

3.0.3 建筑工程施工现场检测试验的组织管理和实施应由施工单位负责。当建筑工程实行施工总承包时，可由总承包单位负责整体组织管理和实施，分包单位按合同确定的施工范围各负其责。

3.0.4 施工单位及其取样、送检人员必须确保提供的检测试样具有真实性和代表性。

3.0.5 承担建筑工程施工检测试验任务的检测单位应符合下列规定：

1 当行政法规、国家现行标准或合同对检测单位的资质有要求时，应遵守其规定；当没有要求时，可由施工单位的企业试验室试验，也可委托具备相应资质的检测机构检测；

2 对检测试验结果有争议时，应委托共同认可的具备相应资质的检测机构重新检测；

3 检测单位的检测试验能力应与其所承接检测试验项目相适应。

3.0.6 见证人员必须对见证取样和送检的过程进行见证，且必须确保见证取样和送检过程的真实性。

3.0.7 检测方法应符合国家现行相关标准的规定。当国家现行标准未规定检测方法时，检测机构应制定相应的检测方案并经相关各方认可，必要时应进行论证或验证。

3.0.8 检测机构应确保检测数据和检测报告的真实性和准确性。

3.0.9 建筑工程施工检测试验中产生的废弃物、噪声、振动和有害物质等的处理、处置，应符合国家现行标准的相关规定。

4 检测试验项目

4.1 材料、设备进场检测

4.1.1 材料、设备的进场检测内容应包括材料性能复试和设备性能测试。

4.1.2 进场材料性能复试与设备性能测试的项目和主要检测参数，应依据国家现行相关标准、设计文件和合同要求确定。常用建筑材料进场复试项目、主要检测参数和取样依据可按本规范附录 A 的规定确定。

4.1.3 对不能在施工现场制取试样或不适于送检的大型构配件及设备等，可由监理单位与施工单位等协商在供货方提供的检测场所进行检测。

4.2 施工过程质量检测试验

4.2.1 施工过程质量检测试验项目和主要检测试验参数应依据国家现行相关标准、设计文件、合同要求和施工质量控制的需要确定。

4.2.2 施工过程质量检测试验的主要内容应包括：土方回填、地基与基础、基坑支护、结构工程、装饰装修等 5 类。施工过程质量检测试验项目、主要检测试验参数和取样依据可按表 4.2.2 的规定确定。

施工过程质量检测试验项目、主要检测试验参数和取样依据 表 4.2.2

类别	检测试验项目	主要检测试验参数	取样依据	备注
结构工程	混凝土配合比设计	工作性	《普通混凝土配合比设计规范》JGJ 55	指工作度、坍落度和坍落扩展度等
		强度等级		
	混凝土性能	标准养护试件强度	《混凝土结构工程施工质量验收规范》GB 50204 《混凝土外加剂应用技术规范》GB 50119 《建筑工程冬期施工规范》JGJ 104	同条件养护 28d 转标准养护 28d 试件强度和受冻临界强度试件按冬期施工相关要求增设，其他同条件试件根据施工需要留置
		同条件试件强度（受冻临界、拆模、张拉、放张和临时负荷等）		
		同条件养护 28d 转标准养护 28d 试件强度		
		抗渗性能	《地下防水工程质量验收规范》GB 50208 《混凝土结构工程施工质量验收规范》GB 50204	有抗渗要求时
	砂浆配合比设计	强度等级	《砌筑砂浆配合比设计规程》JGJ 98	
		稠度		
	砂浆力学性能	标准养护试件强度	《砌体工程施工质量验收规范》GB 50203	
		同条件养护试件强度		冬期施工时增设

4.2.3 施工工艺参数检测试验项目应由施工单位根据工艺特点及现场施工条件确定，检测试验任务可由企业试验室承担。

4.3 工程实体质量与使用功能检测

4.3.1 工程实体质量与使用功能检测项目应依据国家现行相关标准、设计文件及合同要求确定。

4.3.2 工程实体质量与使用功能检测的主要内容应包括实体质量及使用功能等 2 类。

工程实体质量与使用功能检测项目、主要检测参数和取样依据可按表4.3.2的规定确定。

工程实体质量与使用功能检测项目、主要检测参数和取样依据　　　　表4.3.2

类别	检测项目	主要检测参数	取样依据
实体质量	混凝土结构	钢筋保护层厚度	《混凝土结构工程施工质量验收规范》GB 50204
		结构实体检验用同条件养护试件强度	

5　管理要求

5.1　管理制度

5.1.1　施工现场应建立健全检测试验管理制度，施工项目技术负责人应组织检查检测试验管理制度的执行情况。

5.1.2　检测试验管理制度应包括以下内容：

1　岗位职责；

2　现场试样制取及养护管理制度；

3　仪器设备管理制度；

4　现场检测试验安全管理制度；

5　检测试验报告管理制度。

5.2　人员、设备、环境及设施

5.2.1　现场试验人员应掌握相关标准，并经过技术培训、考核。

5.2.2　施工现场配置的仪器、设备应建立管理台账，按有关规定进行计量检定或校准，并保持状态完好。

5.2.3　施工现场试验环境及设施应满足检测试验工作的要求。

5.2.4　单位工程建筑面积超过10000m² 或造价超过1000万元人民币时，可设立现场试验站。现场试验站的基本条件应符合表5.2.4的规定。

现场试验站基本条件　　　　表5.2.4

项目	基本条件
现场试验人员	根据工程规模和试验工作的需要配备，宜为1至3人
仪器设备	根据试验项目确定。一般应配备：天平、台（案）秤、温度计、湿度计、混凝土振动台、试模、坍落度筒、砂浆稠度计、钢（卷）尺、环刀、烘箱等
设施	工作间（操作间）面积不宜小于15m²，温、湿度应满足有关规定
	对混凝土结构工程，宜设置标准养护室，不具备条件时可采用养护箱或养护池。温、湿度应符合有关规定

5.3　施工检测试验计划

5.3.1　施工检测试验计划应在工程施工前由施工项目技术负责人组织有关人员编制，并应报送监理单位进行审查和监督实施。

5.3.2　根据施工检测试验计划，应制订相应的见证取样和送检计划。

5.3.3　施工检测试验计划应按检测试验项目分别编制，并应包括以下内容：

1　检测试验项目名称；

2　检测试验参数；

3 试样规格；

4 代表批量；

5 施工部位；

6 计划检测试验时间。

5.3.4 施工检测试验计划编制应依据国家有关标准的规定和施工质量控制的需要，并应符合以下规定：

1 材料和设备的检测试验应依据预算量、进场计划及相关标准规定的抽检率确定抽检频次；

2 施工过程质量检测试验应依据施工流水段划分、工程量、施工环境及质量控制的需要确定抽检频次；

3 工程实体质量与使用功能检测应按照相关标准的要求确定检测频次；

4 计划检测试验时间应根据工程施工进度计划确定。

5.3.5 发生下列情况之一并影响施工检测试验计划实施时，应及时调整施工检测试验计划：

1 设计变更；

2 施工工艺改变；

3 施工进度调整；

4 材料和设备的规格、型号或数量变化。

5.3.6 调整后的检测试验计划应按照本规范第5.3.1条的规定重新进行审查。

5.4 试样与标识

5.4.1 进场材料的检测试样，必须从施工现场随机抽取，严禁在现场外制取。

5.4.2 施工过程质量检测试样，除确定工艺参数可制作模拟试样外，必须从现场相应的施工部位制取。

5.4.3 工程实体质量与使用功能检测应依据相关标准抽取检测试样或确定检测部位。

5.4.4 试样应有唯一性标识，并应符合下列规定：

1 试样应按照取样时间顺序连续编号，不得空号、重号；

2 试样标识的内容应根据试样的特性确定，宜包括：名称、规格（或强度等级）制取日期等信息；

3 试样标识应字迹清晰、附着牢固。

5.4.5 试样的存放、搬运应符合相关标准的规定。

5.4.6 试样交接时，应对试样的外观、数量等进行检查确认。

5.5 试样台账

5.5.1 施工现场应按照单位工程分别建立下列试样台账：

1 钢筋试样台账；

2 钢筋连接接头试样台账；

3 混凝土试件台账；

4 砂浆试件台账；

5 需要建立的其他试样台账。

5.5.2 现场试验人员制取试样并做出标识后，应按试样编号顺序登记试样台账。

5.5.3　检测试验结果为不合格或不符合要求时，应在试样台账中注明处置情况。

5.5.4　试样台账应作为施工资料保存。

5.5.5　试样台账的格式可按本规范附录 B 执行。通用试样台账的格式可按本规范附录 B 中表 B1 执行，钢筋试样台账的格式可按本规范附录 B 中表 B2 执行，钢筋连接接头试样台账的格式可按本规范附录 B 中表 B3 执行，混凝土试件台账的格式可按本规范附录 B 中表 B4 执行，砂浆试件台账的格式可按本规范附录 B 中表 B5 执行。

5.6　试样送检

5.6.1　现场试验人员应根据施工需要及有关标准的规定，将标识后的试样及时送至检测单位进行检测试验。

5.6.2　现场试验人员应正确填写委托单，有特殊要求时应注明。

5.6.3　办理委托后，现场试验人员应将检测单位给定的委托编号在试样台账上登记。

5.7　检测试验报告

5.7.1　现场试验人员应及时获取检测试验报告，核查报告内容。当检测试验结果为不合格或不符合要求时，应及时报告施工项目技术负责人、监理单位及有关单位的相关人员。

5.7.2　检测试验报告的编号和检测试验结果应在试样台账上登记。

5.7.3　现场试验人员应将登记后的检测试验报告移交有关人员。

5.7.4　对检测试验结果不合格的报告严禁抽撤、替接或修改。

5.7.5　检测试验报告中的送检信息需要修改时，应由现场试验人员提出申请，写明原因，并经施工项目技术负责人批准。涉及见证检测报告送检信息修改时，尚应经见证人员同意并签字。

5.7.6　对检测试验结果不合格的材料、设备和工程实体等质量问题，施工单位应依据相关标准的规定进行处理，监理单位应对质量问题的处理情况进行监督。

5.8　见证管理

5.8.1　见证检测的检测项目应按国家有关行政法规及标准的要求确定。

5.8.2　见证人员应由具有建筑施工检测试验知识的专业技术人员担任。

5.8.3　见证人员发生变化时，监理单位应通知相关单位，办理书面变更手续。

5.8.4　需要见证检测的检测项目，施工单位应在取样及送检前通知见证人员。

5.8.5　见证人员应对见证取样和送检的全过程进行见证并填写见证记录。

5.8.6　检测机构接收试样时应核实见证人员及见证记录，见证人员与备案见证人员不符或见证记录无备案见证人员签字时不得接收试样。

5.8.7　见证人员应核查见证检测的检测项目、数量和比例是否满足有关规定。

1.4　检测技术人员职业素质要求

1.4.1　职业与职业培训和执业资格

职业是个人在社会中所从事的作为主要生活来源的工作，是社会分工的产物。在现代社会里，劳动者需要通过从事某种具体的职业，即实现就业，来达到其谋生和向社会作出贡献的目的。每一种职业都有具体的职业岗位，并对从事该职业的劳动者有特殊的素质要求，其中包括知识结构、技术技能、生理心理、道德品质等。这些要求，实质上是对准备从事该职业的人员提出的必须具备的条件。

职业培训是一种按照不同职业岗位的要求，对接受培训的人员进行职业知识与实际技能培训和训练的职业教育活动。其目标在于把求职人员培养训练成为具有一定文化知识和技术技能素质的合格的劳动者，把具备一定职业经历的劳动者训练成为适应职业岗位需要的劳动者，以适应执业的需要。

我国《劳动法》和《职业教育法》都明确规定了职业培训的法律地位。职业培训的种类包括：就业前培训、转业培训、学徒培训、在岗培训、转岗培训及其他职业性培训。依据职业技能标准，职业培训的层次又可分为初级、中级和高级培训。

职业培训不同于学历教育，具有以下特点：

（1）具有较强的针对性与实用性。职业培训目标、专业设置、教学内容等均根据其实际要求和职业技能标准确定。通过职业培训的毕（结）业生可以直接上岗就业。

（2）具有较强的灵活性。在培训形式上可以采取联合办学、委托培训、专门培训等形式；在培训期限上采取弹性学制，采取长短结合的方式，可以脱产也可以半脱产参加培训；在培养上，依据岗位的实际需要灵活确定；在教学形式上，不受某种固定模式的限制，根据职业技能标准的要求采取多种形式的教学手段。

（3）在培训方法上强调理论知识教育与实际操作训练相结合，突出技能操作方法，强调生产实践训练。

我国于 20 世纪 90 年代建立起来的职业资格证书制度，是客观评价和确定劳动者从事某种职业的专业知识和能力能否达到职业要求，并由国家实施职业准入控制的制度，是现代社会劳动就业的基本制度之一。首次提出了要在我国实行学历文凭和职业资格两种证书制度，实行与学历文凭并重的职业资格证书制度。1999 年，中共中央、国务院发布的《关于深化教育改革全面推进素质教育的决定》，再次强调，要"在全社会实行学业证书、职业资格证书并重的制度"。

职业资格是指对劳动者从事某一职业所必备的知识、技术和能力的基本要求，包括从业资格和职业资格。职业资格证书是国家对劳动者从事某项职业学识、技术、能力的认可。是求职、任职、独立开业和单位录用的主要依据。职业资格分别由劳动和社会保障行政部门、人事行政部门通过学历认定、资格考试、专家评定、职业技能鉴定等方式进行评价，对合格者授予国家职业资格证书。与学历文凭不同，职业资格证书与职业劳动的具体要求密切结合，更多地反映了特定职业的实际工作标准和规范，以及劳动者从事这项职业所达到的实际能力水平。我国《劳动法》第 69 条规定，"国家确定职业分类，对规定的职业制定职业技能标准，实行职业资格证书制度。"根据我国《劳动法》、《职业教育法》的有关规定，对从事技术复杂、通用性广、涉及国家财产、人民生命财产安全和消费者利益的职业（工种）的劳动者，必须经过先培训，并取得相应职业资格证书后，方可就业上岗操作。

1.4.2 职业道德

职业道德是所有从业人员在职业活动中应该遵循的行为准则，职业道德的内容主要包括职业道德规范和从业人员的职业道德观念、情感和品质等。随着社会的发展，社会具体行业和岗位的划分越来越细，职业道德的内容越来越丰富，地位越来越重要。可以说，一个社会的文明水平，一个人的文明水平，在相当程度上取决于职业道德意识的强弱和深浅。因此，在市场竞争越来越激烈的条件下，培养自己具有良好的职业素质，对于个人事业的发展是十分重要的。一个人的良好职业素质，只能在确立正确的职业道德观念前提下，在不断培养自己的职业情感、树立职业理想、形成良好职业习惯的过程中逐步形成。

1. 职业道德的特点

职业道德，就是同人们的职业活动紧密联系的符合职业特点所要求的道德准则、道德情操与道德品质的总和，它既是对从业人员在职业活动中行为的要求，同时又是职业对社会所负的道德责任与义务。它是社会上占主导地位的道德观在职业生活中的具体体现，是人们在履行本职工作中所遵循的行为准则和规范的总和。

职业道德的含义包括以下六个方面：

（1）职业道德是一种职业规范，受社会普遍的认可。

（2）职业道德是长期以来自然形成的。

（3）职业道德没有确定形式，通常体现为观念、习惯、信念等。

（4）职业道德依靠文化、内心信念和习惯，通过个人的自律实现。

（5）职业道德大多没有实质的约束力和强制力。

（6）职业道德的主要内容是对从业者的一种义务性要求。

2. 职业道德素质的含义

（1）职业道德的内容反映了鲜明的职业要求。职业道德总是要鲜明地表达职业义务、职业责任以及职业行为上的道德准则。

（2）职业道德的表现形式往往比较灵活、多样，但也很具体。它多是从从业者的实际活动出发，采用制度、守则、公约、承诺、誓言、条例等易于为从业人员所接受和实行的形式，以便培养从业者养成一种职业的道德习惯。

（3）职业道德是指所有从业人员在职业活动中应该遵循的行为准则，是一定职业范围内的特殊道德要求，即整个社会对从业人员的职业观念、职业态度、职业技能、职业纪律和职业作风等方面的行为标准和要求。

3. 工程检测技术人员应具备的职业素质

建筑结构检测是保证建筑工程质量和结构安全的重要手段，由于其工程对象各异，检测种类繁多，仪器设备更新快、操作要求提高，以及由于现在的市场、效益、质量之间的联系变得更加紧密，检测人员素质的高低将直接影响到检测工作的质量和检测技术水平。住房和城乡建设部、国家质量监督检验检疫局于2011年发布的《房屋建筑和市政基础设施工程质量检测技术管理规范》（GB 50618—2011）明确规定：检测操作人员应经技术培训、通过建设主管部门或委托有关机构的考核，方可从事检测工作；检测人员应及时更新知识，按规定参加本岗位的继续教育，继续教育的学时应符合国家有关要求；检测人员岗位能力应按规定定期进行确认。

（1）思想素质

随着时代的发展以及科技的进步，经济全球化的发展，人们的人生观、价值观以及思想观都产生了一定程度的变化，在工程的建筑过程中，由于各种原因，如技术水平、对质量不重视，甚至基于经济利益造假等而导致出现质量问题。因此，工程检测人员除了应掌握扎实的专业技能外，还应加强自身的思想素质建设，这就要求检测人员树立相对较为科学的、健康的世界观和价值观，只有这样才能保障检测工作的真实性和准确性。

（2）品格素质

品格素质主要是指两方面，首先是社会道德素质，也就是检测技术人员在工作过程中应抱有对工程结构安全和人民生命财产负责的责任感。简单的说就是在检测工作中，应将经济利益、社会效益、质量安全放在同等地位。其次就是在工作过程中，自觉按照相应的技术规范开展检测工作，将技术规范和管理规范落到实处，从根本上解决"技术造假"问题。

（3）能力素质

工程技术人员的能力，一般包括决策能力、协调能力和业务能力等方面。

决策能力，是指在实际工作中对全局的了解和把握能力。比如，在对一栋房屋结构实施检测时，对重点部位、重点构件的确认，检测方法的选择，对检测数据和结果的定性判断等。检测工作中的协调能力包括检测工作本身的协调，检测队伍之间的人员协调，以及与检测相关各方的工作协调等。

（4）知识素质

工程检测技术人员应具备扎实的专业基础知识以及业务知识素养，只有这样，才能够更好的开展工作。由于科学技术的迅速发展，结构检测工作中的仪器设备、检测技术、检测标准、技术要求等都在不断更新，这就要求检测技术人员及时掌握新知识和不断提高自己的知识素质，使其专业技能水平与专业素养在工作中得到不断提高，以适应社会的发展。

练习题

一、单项选择题

1.《房屋建筑和市政基础设施工程质量检测技术管理规范》适用于房屋建筑工程和市政基础设施工程有关（   ）、工程实体质量检测活动的管理。

A. 建筑材料　　　B. 工程材料　　　　　C. 结构构件质量　　　D. 施工质量

2.《房屋建筑和市政基础设施工程质量检测技术管理规范》将检测机构能力分为检测人员、检测设备、检测场所、（   ）四项。

A. 检测技术　　　B. 检测报告　　　　　C. 检测操作　　　　　D. 检测管理

3.《房屋建筑和市政基础设施工程质量检测技术管理规范》规定，检测人员是经建设主管部门或其委托有关机构的考核，从事（   ）和检测操作人员的总称。

A. 检测试验　　　B. 检测分析　　　　　C. 检测技术管理　　　D. 检测监督

4.《房屋建筑和市政基础设施工程质量检测技术管理规范》规定，见证人员是具备相关检测专业知识，受建设单位或监理单位委派，对检测试件的取样、制作、送检及现场工程实体检测过程真实性、（   ）见证的技术人员。

A. 准确性　　　　B. 规范性　　　　　　C. 完整性　　　　　　D. 时效性

5.《房屋建筑和市政基础设施工程质量检测技术管理规范》规定，检测机构必须在（   ）和行政许可内开展检测工作。

A. 技术能力　　　B. 设备能力　　　　　C. 资质规定范围　　　D. 行政规定范围

6.《房屋建筑和市政基础设施工程质量检测技术管理规范》规定，检测机构应对出具的检测报告真实性、（   ）负责。

A. 科学性　　　　B. 先进性　　　　　　C. 规范性　　　　　　D. 准确性

7.《房屋建筑和市政基础设施工程质量检测技术管理规范》规定，检测应按有关标准的规定留置已检试件。有关标准留置时间无明确要求的，留样时间不应少于（   ）。

A. 24h   B. 48h   C. 72h   D. 96h

8.《房屋建筑和市政基础设施工程质量检测技术管理规范》规定，检测试件的提供方应对试件取样的规范性、（   ）负责。

A. 科学性   B. 先进性   C. 准确性   D. 真实性

9.《房屋建筑和市政基础设施工程质量检测技术管理规范》规定，建设工程质量检测机构应取得（   ）颁发的相应资质证书。

A. 行政主管部门 B. 建设主管部门 C. 计量认证部门   D. 质量认证部门

10.《房屋建筑和市政基础设施工程质量检测技术管理规范》规定，检测机构应配备能满足开展（   ）要求的检测人员。

A. 检测项目   B. 检测试验   C. 检测工作   D. 管理工作

11.《房屋建筑和市政基础设施工程质量检测技术管理规范》规定，检测机构应配备能满足所开展检测项目要求的（   ）。

A. 计量仪器   B. 检测设备   C. 材料试验机   D. 回弹仪

12.《房屋建筑和市政基础设施工程质量检测技术管理规范》规定，检测机构室内检测项目持有岗位证书的操作人员不得少于（   ）人。

A. 1   B. 2   C. 3   D. 4

13.《房屋建筑和市政基础设施工程质量检测技术管理规范》规定，检测机构现场检测项目持有岗位证书的操作人员不得少于（   ）人。

A. 1   B. 2   C. 3   D. 4

14.《房屋建筑和市政基础设施工程质量检测技术管理规范》规定，检测机构应对主要检测设备做好使用记录，用于现场检测的设备还应记录领用、（   ）情况。

A. 使用   B. 损坏   C. 修理   D. 归还

15.《房屋建筑和市政基础设施工程质量检测技术管理规范》规定，实行见证取样的检测项目，建设单位或监理单位确定的见证人员，每个工程项目不得少于（   ）人，并应按规定通知检测机构。

A. 1   B. 2   C. 3   D. 4

16.《房屋建筑和市政基础设施工程质量检测技术管理规范》规定，检测应严格按照经确认的检测方法标准和（   ）进行。

A. 现场工程实体检测方案   B. 仪器操作规程

C. 合同约定   D. 委托方要求

17.《房屋建筑和市政基础设施工程质量检测技术管理规范》规定，检测操作应由不少于（   ）名持证检测人员进行。

A. 1   B. 2   C. 3   D. 4

18.《房屋建筑和市政基础设施工程质量检测技术管理规范》规定，建筑材料的检测取样应由施工单位、见证单位和供应单位根据采购合同或有关技术标准的要求共同对样品的取样、制样过程、样品的留置、（   ）等进行确认，并应做好试件标识。

A. 样品的保管   B. 养护情况   C. 试验情况   D. 评定情况

19. 《房屋建筑和市政基础设施工程质量检测技术管理规范》规定，检测应按有关标准的规定留置已检试件。有关标准留置时间无明确要求的，留样时间不应少于（   ）。

A. 24h   B. 48h   C. 72h   D. 96h

二、多项选择题

1. 《房屋建筑和市政基础设施工程质量检测技术管理规范》规定，见证人员是具备相关检测专业知识，受建设单位或监理单位委派，对检测试件的（   ）及现场工程实体检测过程真实性、规范性见证的技术人员。

A. 取样   B. 制作   C. 养护   D. 送检

E. 已检试件留置

2. 根据《房屋建筑和市政基础设施工程质量检测技术管理规范》的规定，当检测设备出现（   ）情况时，不得继续使用。

A. 当设备指示装置损坏、刻度不清或其他影响测量精度时

B. 仪器设备的性能不稳定，漂移率偏大时

C. 当检测设备出现显示缺损或按键不灵敏等故障时

D. 设备超过校准或检测有效期

E. 其他影响检测结果的情况

3. 《房屋建筑和市政基础设施工程质量检测技术管理规范》规定，检测机构严禁出具虚假检测报告。应判定为虚假检测报告的内容有（   ）。

A. 不按规定的检测程序及方法检测出具的检测报告

B. 检测报告中数据、结论等实质性内容被更改的检测报告

C. 检测报告中结论未按设计及鉴定委托要求给出明确的判定

D. 未经检测就出具的检测报告

E. 超出技术能力和资质规定范围出具的检测报告

4. 《房屋建筑和市政基础设施工程质量检测技术管理规范》规定，见证人员应对取样的过程进行旁站见证，做好见证记录。见证记录除取样人员持证上岗情况；取样用的方法及工具模具情况；取样、试样制作操作的情况外，还应包括（   ）。

A. 样品的破损情况

B. 取样各方对样品的确认情况及送检情况

C. 施工单位养护室的建立和管理情况

D. 检测试件标识情况

E. 检测机构对试样的检测情况

5. 《房屋建筑和市政基础设施工程质量检测技术管理规范》规定，检测完成后应及时进行数据整理和出具检测报告，并应做好设备使用记录及环境、检测设备的清洁保养工作。对已检试件的留置处理除应符合本规范第3.0.10条的规定外尚应符合（   ）规定。

A. 已检试件留置应与其他试件有明显的隔离和标识

B. 已检试件留置应有唯一性标识，其封存和保管应由专人负责

C. 已检试件留置应有储存场所，封存后应标明储存时间

D. 已检试件留置应有完整的封存试件记录，并分类、分品种有序摆放，以便于查找

E. 已检试件留置时间应不低于48小时

6.《房屋建筑和市政基础设施工程质量检测技术管理规范》规定，见证人员对现场工程实体检测进行见证时，应对现场检测的关键环节进行旁站见证，现场工程实体检测见证记录内容，除检测机构名称、检测内容、部位及数量；检测日期、检测开始、结束时间及检测期间天气情况；检测人员姓名及证书编号；主要检测设备的种类、数量及编号外，还应包括（　　）。

A. 检测中异常情况的描述记录

B. 工程现场检测的影像资料

C. 见证人员、检测人员签名

D. 见证单位盖章

E. 检测试件标识情况

7.《房屋建筑和市政基础设施工程质量检测技术管理规范》规定，检测报告结论应符合（　　）规定。

A. 应保证报告内容的准确性、科学性、先进性

B. 材料的试验报告结论应按相关材料、质量标准给出明确的判定

C. 当仅有材料试验方法而无质量标准，材料的试验报告结论应按设计要求或委托方要求给出明确的判定

D. 现场工程实体的检测报告结论应根据设计及鉴定委托要求给出明确的判定

E. 检测报告结论应包含委托要求中所有检测项目的结论

三、问答题

1. 根据《房屋建筑和市政基础设施工程质量检测技术管理规范》的规定，当检测设备出现哪些情况时，不得继续使用？

2.《房屋建筑和市政基础设施工程质量检测技术管理规范》规定，检测机构严禁出具虚假检测报告。请写出应判定为虚假检测报告的四种情况。

3.《房屋建筑和市政基础设施工程质量检测技术管理规范》规定，见证人员应对取样的过程进行旁站见证，做好见证记录。见证记录应包括哪些主要内容？

第 2 章 混凝土结构

2.1 概述

以混凝土为主要材料制作的结构称为混凝土结构，混凝土结构包括素混凝土结构、钢筋混凝土结构和预应力混凝土结构等。我国目前的混凝土结构以钢筋混凝土结构为主。对于一些对变形、裂缝控制要求较高的结构，可采用预应力混凝土结构。钢筋混凝土结构充分利用了混凝土抗压、钢筋抗拉的性能，因此在受力性能上得到了显著的改善，承载能力有了很大的提高。另外混凝土结构具有取材方便、可模性好、耐久耐火、刚度大变形小等显著的优点。

混凝土结构现场检测，应根据检测类别、检测目的、检测项目、结构实际状况和现场具体条件选择适用的检测方法。本章就混凝土结构检测中的原材料性能、混凝土抗压强度、混凝土构件外观质量与缺陷、尺寸与偏差、变形与损伤、钢筋配置检测，后锚固件拉拔试验、碳纤维片正拉粘结强度试验以及混凝土构件力学性能试验方法等内容进行阐述。

2.1.1 原材料性能检测

《建筑结构检测技术标准》（GB/T 50344—2004）规定，新建工程除施工过程中的常规质量控制检验外，当遇到涉及结构安全的试块试件以及有关材料检验数量不足、对施工质量的抽样检测结果达不到设计要求等情况时，应进行原材料性能的检测：

原材料性能的检测主要是包括混凝土原材料的质量或性能检测和钢筋的质量或性能检测。

检测混凝土原材料性能时，由于检验硬化混凝土中原材料的质量或性能难度较大，因此允许对建筑工程中剩余的同批材料进行检验，其具体内容包括：

（1）当工程尚有与结构中同批、同等级的剩余原材料时，可按有关产品标准和相应检测标准的规定对与结构工程质量问题有关联的原材料进行检验。

（2）当工程没有与结构中同批、同等级的剩余原材料时，可从结构中取样，检测混凝土的相关质量或性能。

现场取样检验钢筋的力学性能时应注意结构或构件的安全，一般应在受力较小的构件上截取钢筋试样，其具体内容包括：

（1）当工程尚有与结构中同批的剩余钢筋时，可按有关产品标准的规定进行钢筋力学性能检验或化学成分分析。

（2）需要对结构中的钢筋进行检测时，可在构件中截取钢筋进行钢筋力学性能检验或化学成分分析；进行钢筋力学性能的检验时，同一规格钢筋的抽检数量应不少于一组。

（3）钢筋力学性能和化学成分的评定指标，应按有关钢筋产品标准确定。

2.1.2 混凝土抗压强度检测

为了避免或减少对结构带来的不利影响，通常都采用非破损或局部破损的方法进行结构或构件混凝土抗压强度的检测，一般采用回弹法、超声回弹综合法、后装拔出法或钻芯法等方法，检测操作应分别遵守相应技术规程的规定。

回弹法是指通过测定回弹值及有关参数检测混凝土抗压强度和强度匀质性的方法。该方法基本原理是利用混凝土的表面硬度与混凝土抗压强度之间的关系，通过一定动能的钢锤冲击混凝土表面，获取表面硬度值来推定混凝土抗压强度。回弹法是一种间接检测混凝土抗压强度的方法，具有准确、可靠、快速、经济等优点。因此，近几十年来其研究和应用发展很快，已成为工程建设中质量控制、质量监督和质量检验的重要方法。

钻芯法系指通过从结构或构件中钻取圆柱状试件检测混凝土强度或观察混凝土内部质量的方法。该方法对结构混凝土会造成局部损伤，因此是一种半破损的现场检测手段。用钻芯法检测混凝土的强度、裂缝、接缝、分层、孔洞或离析等缺陷，具有直观、精度高等特点，因而广泛应用于工业与民用建筑、水工大坝、桥梁、公路、机场跑道等混凝土结构或构筑物的质量检测。

超声回弹综合法，是指根据实测声速值和回弹值综合推定混凝土强度的方法。

2.1.3　混凝土构件外观质量与缺陷检测

混凝土构件外观质量与缺陷的检测项目可分为蜂窝、麻面、孔洞、夹渣、露筋、裂缝、疏松区和不同时间浇筑的混凝土结合面质量等。

混凝土构件外观质量缺陷，可采用目测与尺量的方法检测。对于建筑结构工程质量检测时检测数量宜为全部构件；混凝土内部缺陷的检测，可采用超声法、冲击反射法等非破损方法，必要时可采用局部破损方法对非破损的检测结果进行验证。

2.1.4　混凝土结构构件的尺寸与偏差检测

混凝土结构构件的尺寸与偏差的检测可分为构件截面尺寸、标高、轴线尺寸、预埋件位置、构件垂直度、表面平整度。

现浇混凝土结构及预制构件的尺寸，应以设计图纸规定的尺寸为基准确定尺寸的偏差，尺寸的检测方法和尺寸偏差的允许值应按《混凝土结构工程施工质量验收规范》（GB 50204—2015）确定，在检测报告中应提供量测的位置和必要的说明。

2.1.5　混凝土变形与损伤检测

混凝土结构或构件变形的检测可分为构件的挠度、结构的倾斜和基础不均匀沉降等项目；混凝土结构损伤的检测可分为环境侵蚀损伤、灾害损伤、人为损伤、混凝土有害元素造成的损伤以及预应力锚夹具的损伤等项目。

混凝土构件的挠度，可采用激光测距仪、水准仪或拉线等方法检测。混凝土构件或结构的倾斜，可采用经纬仪、激光定位仪、三轴定位仪或吊锤的方法检测。混凝土结构的基础不均匀沉降，可用水准仪、全站仪检测；当需要确定基础沉降的发展情况时，应在混凝土结构上布置测点进行观测；混凝土结构的基础累计沉降差，可参照首层的基准线推算。

混凝土结构受到的损伤，可按下列规定进行检测：

（1）对环境侵蚀，应确定侵蚀源、侵蚀程度和侵蚀速度。

（2）对混凝土的冻伤，可根据相关规定进行检测，并测定冻融损伤深度、面积。

（3）对火灾等造成的损伤，应确定灾害影响区域和受灾害影响的构件，确定影响程度。

（4）对于人为的损伤，应确定损伤程度。

（5）宜确定损伤对混凝土结构的安全性及耐久性影响的程度。

2.1.6　后锚固件拉拔试验和碳纤维片材正拉试验

后锚固法，是指在已硬化混凝土中钻孔，植入锚固件并在孔内注入高强胶粘剂，待胶粘剂固化后进行拔出试验，根据拔出力来推定混凝土强度的方法。后锚固法作为一种新的微破损方法，具有检测精度高，对结构损伤小、操作简单便捷等优点，具有广阔的应用前景。

碳纤维片材在混凝土结构加固工程中的使用日益广泛，碳纤维片材与原混凝土结构表面的粘结强度的现场检测方法适用于纤维复合材与基材混凝土，以结构胶粘剂、界面胶（剂）为粘结材料粘合，在均匀拉应力作用下发生内聚、粘附或混合破坏的正拉粘结强度测定。不适用于测定室温条件下涂刷、粘合与固化的，质量大于 $300g/m^2$ 碳纤维织物与基材混凝土的正拉粘结强度。

2.1.7　钢筋的配置与保护层厚度检测

钢筋配置检测可分为钢筋直径、数量、位置、保护层厚度等项目。钢筋位置、保护层厚度和钢筋数量，宜采用非破损的雷达法或电磁感应法进行检测，必要时可凿开混凝土进行钢筋直径或保护层厚度的验证。

2.1.8　混凝土构件荷载试验

当需要确定混凝土构件的承载力、刚度或抗裂等性能时，可进行构件性能的荷载试验。构件性能检验的加载与测试方法，应根据设计要求以及构件的实际情况确定。当仅对结构的一部分做实荷检验时，应使有问题部分或可能的薄弱部位得到充分的检验。

练习题

一、单项选择题

1. 下列不属于用来检测混凝土构件或结构垂直度的检测仪器是（　　）。
A. 经纬仪　　　　　　　　　　　B. 水准仪
C. 三轴定位仪　　　　　　　　　D. 吊锤的方法检测

2. 混凝土结构的基础累计沉降差应该参照（　　）基准线推算。
A. 顶层　　　　　　　　　　　　B. 标准层
C. 首层　　　　　　　　　　　　D. 可根据需要自行确定

二、多项选择题

1. 混凝土结构的优点有（　　）。
A. 取材方便　　B. 自重大　　　C. 可模性好　　　D. 耐火性好
E. 隔热性能好

2. 检测混凝土抗压强度常用的非破损或局部破损的方法有（　　）。
A. 回弹法　　　B. 超声回弹综合法　C. 后装拔出法　　D. 钻芯法
E. 扁顶法

3. 钢筋的配置检测主要包括（　　）等项目。
A. 钢筋直径　　B. 钢筋种类　　　C. 保护层厚度　　D. 钢筋数量
E. 钢筋间距

4. 混凝土内部缺陷的检测，可采用（　　）进行。
A. 目测　　　　B. 超声法　　　　C. 冲击反射法　　D. 尺量

　　E. 拉线

三、综合题

　　1. 回弹法检测混凝土抗压强度的原理是什么？

　　2. 混凝土结构受到的损伤，可按哪些规定进行检测？

　　3. 碳纤维片材与原混凝土结构表面的粘结强度的现场检测方法的适用范围是什么？

2.2　混凝土构件几何尺寸检测

　　混凝土构件的几何尺寸直接关系到混凝土构件的承载能力以及应力在混凝土构件中的传递，从而间接决定了整个结构的安全性。为确保混凝土构件乃至混凝土结构的安全性与功能性要求，《混凝土结构工程施工质量验收规范》（GB 50204—2015）中明确规定现浇结构不应有影响结构性能和使用功能的尺寸偏差。

　　混凝土构件的几何尺寸检测通常意义上指的是混凝土构件截面几何尺寸及偏差检测，按检测对象的数量不同，分为单个混凝土构件截面几何尺寸及偏差检测和批量构件截面几何尺寸及偏差检测。

2.2.1　单个构件几何尺寸检测

　　在检测混凝土构件尺寸时，同一个构件的同一个检测项目应选择不同部位重复测试 3 次，取其平均值作为该构件的测试结果。当最大值与最小值的差值大于 10mm 时，则需要对该构件的测试结果作相应的说明。对于等截面构件和截面尺寸均匀变化的变截面构件，应分别在构件的中部和两端量取截面尺寸；对于其他变截面构件，应选取构件端部、截面突变的位置量取截面尺寸。

　　检测构件的截面尺寸后再将每个测点的几何尺寸实测值与设计图纸规定的尺寸进行比较，计算出每个测点的尺寸偏差值。当需要对单个构件的尺寸偏差作合格判定时，应以设计图纸规定的尺寸为基准，尺寸偏差的允许值则应该按《混凝土结构现场检测技术标准》（GB/T 50784—2013）的有关规定确定。

2.2.2　批量构件几何尺寸检测

　　检测批量构件截面尺寸及其偏差时，将同一楼层、结构缝或施工段中设计截面尺寸相同的同类型构件划为同一检验批。检测对象按随机抽样的方式在检验批中选取确定，受检构件数量根据相关标准的规定确定，每个构件的检测技术与前文单个构件截面几何尺寸及偏差的检测方法相同。

　　对结构性能进行检测时，检验批构件截面尺寸推定值按《混凝土结构现场检测技术标准》（GB/T 50784—2013）的有关规定确定。当检验批判定为符合且受检构件的尺寸偏差最大值不大于偏差允许值 1.5 倍时，可将设计的截面尺寸作为该批构件截面尺寸的推定值；当检验批判定为不符合或检验批判定为符合但受检构件的尺寸偏差最大值大于偏差允许值 1.5 倍时，宜全数检测或重新划分检验批进行检测；当不具备全数检测或重新划分检验批检测条件时，宜以最不利检测值作为该批构件尺寸的推定值。

2.2.3　构件几何尺寸检测原始记录表

　　表 2-1 提供了一种可作为构件几何尺寸检测时原始记录表的参考格式。

构件几何尺寸检测原始记录表 表 2-1

构件几何尺寸检测原始记录表 表 2-1

（检测单位名称）

构件几何尺寸检测原始记录表

工程名称： 建设单位：
施工单位： 监理单位：
委托单位： 检测地点： 第 页，共 页

序号	构件名称/位置	测点位置	实测几何尺寸（mm）	图示/备注
1				
2				
3				
4				
5				
6				
……				

设备名称： 设备型号： 设备编号：

检测人： 校核人： 检测日期： 年 月 日

练习题

一、单项选择题

在检测混凝土构件尺寸时，同一个构件的同一个检测项目应选择（ ）。

A. 同一部位重复测试 3 次　　　　　B. 同一部位重复测试 10 次

C. 不同部位重复测试 3 次　　　　　D. 不同部位重复测试 10 次

二、简答题

1. 单个混凝土构件几何尺寸检测的注意事项有哪些？

2. 在进行批量混凝土构件几何尺寸检测时，如何确定检测批构件截面尺寸的推定值？

三、混凝土构件几何尺寸检测案例

1. 工程概况

某房屋共 7 层，为钢筋混凝土框架结构，房屋建筑高度 25.0m。房屋轴线总长度为 19.7m，总宽度为 16.7m。房屋各层均采用钢筋混凝土现浇楼板，屋面为钢筋混凝土现浇不上人坡屋面，现需要对该房屋各混凝土构件尺寸进行检测。该房屋结构平面布置如图 1、图 2 所示。

2. 检测的依据和资料

（1）《混凝土结构现场检测技术标准》（GB/T 50784—2013）；

（2）《混凝土结构工程施工质量验收规范》（GB 50204—2015）；

（3）现场调查及委托方提供的相关资料。

3. 主要检测仪器设备

卷尺、钢尺等。

4. 检测结果

使用钢尺对部分混凝土构件截面尺寸进行现场抽检。

在检测混凝土构件尺寸时，对于等截面构件，分别在构件的中部和两端量取截面尺寸。同一个构件的同一个检测项目选择不同部位重复测试 3 次，取其平均值作为该构件的测试结果。检测构件的截面尺寸后再将每个测点的几何尺寸实测值与设计图纸规定的尺寸进行比较，计算出每个测点的尺寸偏差值。

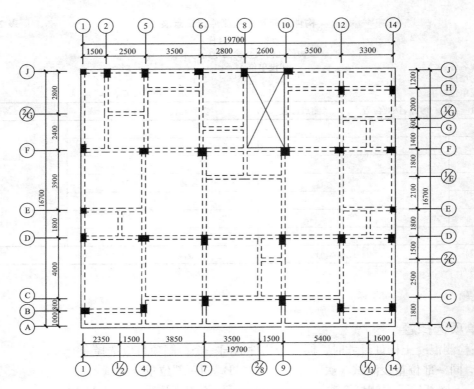

图1　1层结构平面布置示意图

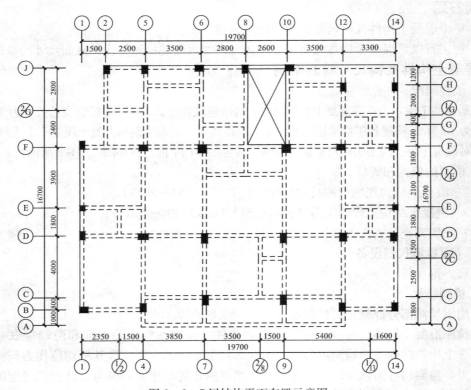

图2　2～7层结构平面布置示意图

检测结果见表1。

混凝土构件截面尺寸复核 表1

构件位置及名称	设计截面尺寸（mm）	实测截面尺寸（mm）	备注
1层④×⑧轴柱	350×500	353×503	满足
1层④×⑩轴柱	350×600	350×602	满足
1层⑫×⑩轴柱	400×500	402×502	满足
1层⑦×⑩～⑥轴梁	240×450	240×453	满足
1层⑨×ⓒ～⑩轴梁	240×400	241×401	满足
2层⑥×⑥轴柱	500×500	501×502	满足
2层⑨×⑥轴柱	500×500	504×502	满足
2层⑫×⑧～⑩轴梁	240×400	238×402	满足
2层⑫×⑩～⑥轴梁	240×450	241×450	满足
3层④×⑧轴柱	350×500	351×502	满足
3层④×⑩轴柱	350×600	351×600	满足
3层⑫×⑧～⑩轴梁	240×400	240×404	满足
3层⑫×⑩～⑥轴梁	240×450	241×450	满足
4层④×⑩轴柱	350×600	350×600	满足
4层⑫×⑩轴柱	400×500	400×502	满足
4层⑦×⑩～⑥轴梁	240×450	241×454	满足
4层⑫×⑩～⑥轴梁	240×450	240×450	满足
5层⑨×⑥轴柱	500×500	501×501	满足
5层④×⑧轴柱	350×500	350×502	满足
5层⑦×⑩～⑥轴梁	240×450	241×451	满足
5层⑫×⑩～⑥轴梁	240×450	240×452	满足
6层⑨×⑥轴柱	500×500	500×501	满足
6层④×⑧轴柱	350×500	351×502	满足
6层⑦×⑩～⑥轴梁	240×450	240×452	满足
6层⑫×⑩～⑥轴梁	240×450	241×452	满足
7层⑫×⑧～⑩轴梁	240×400	241×404	满足
7层⑨×ⓒ～⑩轴梁	240×400	241×401	满足

截面尺寸检测结果表明：所检测混凝土构件的截面尺寸满足设计及《混凝土结构工程施工质量验收规范》（GB 50204—2015）第8.3.2条关于现浇结构截面尺寸允许偏差限值的规定（+10mm，−5mm）。

5. 结论

所检测混凝土构件的截面尺寸满足设计及《混凝土结构工程施工质量验收规范》（GB 50204—2015）第8.3.2条关于现浇结构截面尺寸允许偏差限值的规定（+10mm，−5mm）。

2.3 回弹法检测混凝土抗压强度

回弹法是一种非破损检测方法，其原理是用一弹簧驱动的重锤，通过弹击杆（传力杆），弹击混凝土表面，并测出重锤被反弹回来的距离，以回弹值（反弹距离与弹簧初始长度之比）作为与强度相关的指标来推定混凝土强度。由于测量在混凝土表面进行，所以是基于混凝土表面硬度和强度之间存在相关性而建立的一种检测方法。

2.3.1　检测仪器

混凝土抗压强度检测所用仪器为回弹仪，回弹仪分为数字式回弹仪和指针直读式回弹仪。

1. 回弹仪技术及使用要求

回弹仪应符合现行国家标准《回弹仪》（GB/T 9138—2015）的规定，而且还要符合下列技术及使用要求：

（1）水平弹击时，在弹击锤脱钩瞬间，回弹仪的标称能量应为 2.207J。

（2）在弹击锤与弹击杆碰撞的瞬间，弹击拉簧应处于自由状态，且弹击锤起跳点应位于指针指示刻度尺的"0"处。

（3）在洛氏硬度 HRC 为 60±2 的钢砧上，回弹仪的率定值为 80±2。

（4）数字式回弹仪应带有指针直读示值系统；数字显示的回弹值与指针直读示值相差不应超过 1。

（5）回弹仪使用时的环境温度为 −4～40℃。

2. 回弹仪的检定

回弹仪检定周期为半年，当新回弹仪启用前、超过检定有效期限、数字式回弹仪数字显示的回弹值与指针读示值相差大于 1、经保养后，在钢砧上的率定值不合格或遭受严重撞击或其他损害时，回弹仪应经法定计量检定机构按现行行业标准《回弹仪》（GB/T 9138—2015）进行检定。

在检定回弹仪率定值时，率定试验应在室温为 5～35℃ 的条件下进行；钢砧表面应干燥、清洁，并应稳固地平放在刚度大的物体上；回弹值应取连续向下弹击三次的稳定回弹结果的平均值；率定试验应分四个方向进行，且每个方向弹击前，弹击杆应旋转 90°，每个方向的回弹平均值均应为 80±2。回弹仪率定试验所用的钢砧每两年送授权计量检定机构检定或校准。

3. 回弹仪的保养

当回弹仪弹击次数超过 2000 次、在钢砧上的率定值不合格或对检测值有怀疑时，须对回弹仪进行保养。保养后须进行率定。

2.3.2　回弹法检测技术

1. 基本规定

采用回弹法检测混凝土抗压强度时，首先要了解下列资料：工程名称、设计单位、施工单位；构件名称、数量及混凝土类型、强度等级；水泥安定性，外加剂、掺合料品种，混凝土配合比等；施工模板，混凝土浇筑、养护情况及浇筑日期等；必要的设计图纸和施工记录；检测原因等。

混凝土强度可按单个构件或按批量进行检测。对于混凝土生产工艺、强度等级相同，原材料、配合比、养护条件基本一致且龄期相近的一批同类构件的检测应采用批量检测。

（1）检测数量与测区布置

单个构件采用回弹法检测时，对于一般构件，测区数不宜少于 10 个。当受检构件数量大于 30 个且不需提供单个构件推定强度或受检构件某一方向尺寸不大于 4.5m 且另一方向尺寸不大于 0.3m 时，每个构件的测区数量可适当减少，但不应少于 5 个。

相邻两测区的间距不应大于 2m，测区离构件端部或施工缝边缘的距离不宜大于

0.5m，且不宜小于 0.2m。

测区宜选在能使回弹仪处于水平方向的混凝土浇筑侧面。当不能满足这一要求时，也可以选在使回弹仪处于非水平方向的混凝土浇筑表面或底面。

测区宜布置在构件的两个对称的可测面上，当不能布置在对称的可测面上时，也可布置在同一可测面上，且应均匀分布。在构件的重要部位及薄弱部位应布置测区，并且避开预埋件。

测区的面积不宜大于 0.04m²。

测区表面应为混凝土原浆面，并应清洁、平整，不应有疏松层、浮浆、油垢、涂层以及蜂窝、麻面。

对于弹击时产生颤动的薄壁、小型构件，应进行固定。

检测泵送混凝土强度时，测区应选在混凝土浇筑侧面。

当检测条件与上述适用条件有较大差异时，可采用在构件上钻取的混凝土芯样或同条件试块对测区混凝土强度换算值进行修正。对同一强度等级混凝土修正时，芯样数量不应少于 6 个，公称直径宜为 100mm，高径比应为 1。芯样应在测区内钻取，每个芯样应只加工一个试件。同条件试块修正时，试块数量不应少于 6 个，试块边长应为 150mm。

按批量进行检测时，应随机抽取构件，抽检数量不宜少于同批构件总数的 30% 且不宜少于 10 件。当检验批构件数量大于 30 个时，抽样构件数量可适当调整，并不得少于国家现行有关标准规定的最少抽样数量。

（2）回弹值测量

现场检测时，回弹仪的轴线应始终垂直于混凝土检测面，缓慢施压、准确读数、快速复位。测点应在测区范围内均匀分布，相邻两测点的净距离不宜小于 20mm；测点距外露钢筋、预埋件的距离不宜小于 30mm；弹击时应避开气孔和外露石子，同一测点应只弹击一次，读数估读至 1。每一个测区应记取 16 个回弹值。

（3）混凝土碳化深度测量

回弹值测量完毕后，应在有代表性的测区上测量混凝土碳化深度值，测点数不应少于构件测区数的 30%，应取其平均值作为该构件每个测区的碳化深度值。当碳化深度值极差大于 2.0mm 时，应在每一测区分别测量碳化深度值。碳化深度的测量方法：

1）采用工具在测区表面形成直径约 15mm 的孔洞，其深度应大于混凝土的碳化深度。

2）清除孔洞中的粉末和碎屑，且不得用水擦洗。

3）采用浓度为 1%～2% 的酚酞酒精溶液滴在孔洞内壁的边缘处，当已碳化与未碳化界线清晰时，应采用碳化深度测量仪测量已碳化与未碳化混凝土交界面到混凝土表面的垂直距离，并应测量 3 次，每次读数应精确至 0.25mm。

4）取三次测量的平均值作为检测结果，并应精确至 0.5mm。

检测泵送混凝土抗压强度时，测区应选在混凝土浇筑侧面。

（4）回弹值计算

计算测区平均回弹值时，应从该测区的 16 个回弹值中剔除 3 个最大值和 3 个最小值，其余的 10 个回弹值按式（2-1）计算：

$$R_{\mathrm{m}} = \frac{\sum\limits_{i=1}^{10} R_i}{10} \qquad (2\text{-}1)$$

式中 R_m——测区平均回弹值，精确到 0.1；

R_i——第 i 个测点的回弹值。

非水平方向检测混凝土浇筑侧面时，测区的平均回弹值应按式（2-2）修正：

$$R_\mathrm{m} = R_\mathrm{ma} + R_\mathrm{a\alpha} \tag{2-2}$$

式中 R_ma——非水平方向检测时测区的平均回弹值，精确至 0.1；

$R_\mathrm{a\alpha}$——非水平方向检测时回弹值修正值，应按《回弹法检测混凝土抗压强度技术规程》（JGJ/T 23—2011）中附录 C 取值。

水平方向检测混凝土浇筑表面或浇筑底面时，测区的平均回弹值应按公式（2-3）、公式（2-4）修正：

$$R_\mathrm{m} = R_\mathrm{m}^\mathrm{t} + R_\mathrm{a}^\mathrm{t} \tag{2-3}$$

$$R_\mathrm{m} = R_\mathrm{m}^\mathrm{b} + R_\mathrm{a}^\mathrm{b} \tag{2-4}$$

式中 R_m^t、R_m^b——水平方向检测混凝土浇筑表面、底面时，测区的平均回弹值，精确至 0.1；

R_a^t、R_a^b——混凝土浇筑表面、底面回弹值的修正值，应按《回弹法检测混凝土抗压强度技术规程》（JGJ/T 23—2011）附录 D 取值。

当回弹仪为非水平方向且测试面为混凝土的非浇筑侧面时，应先对回弹值进行角度修正，并应对修正后的回弹值进行浇筑面修正。

2. 测区混凝土强度修正量及测区混凝土强度换算值的修正计算

（1）修正量计算公式

$$\Delta_\mathrm{tot} = f_\mathrm{cor,m} - f_\mathrm{cu,m0}^\mathrm{c} \tag{2-5}$$

$$\Delta_\mathrm{tot} = f_\mathrm{cu,m} - f_\mathrm{cu,m0}^\mathrm{c} \tag{2-6}$$

$$f_\mathrm{cor,m} = \frac{1}{n}\sum_{i=1}^{n} f_\mathrm{cor,i} \tag{2-7}$$

$$f_\mathrm{cu,m} = \frac{1}{n}\sum_{i=1}^{n} f_\mathrm{cu,i} \tag{2-8}$$

$$f_\mathrm{cu,m0}^\mathrm{c} = \frac{1}{n}\sum_{i=1}^{n} f_\mathrm{cu,i}^\mathrm{c} \tag{2-9}$$

式中 Δ_tot——测区混凝土强度修正量（MPa），精确到 0.1MPa；

$f_\mathrm{cor,m}$——芯样试件混凝土强度平均值（MPa），精确到 0.1MPa；

$f_\mathrm{cu,m}$——边长 150mm 同条件立方体试块混凝土强度平均值（MPa），精确到 0.1MPa；

$f_\mathrm{cu,m0}^\mathrm{c}$——对应于钻芯部位或同条件立方体试块回弹测区混凝土强度换算值的平均值（MPa），精确到 0.1MPa；

$f_\mathrm{cor,i}$——第 i 个混凝土芯样试件的抗压强度；

$f_\mathrm{cu,j}$——第 i 个混凝土立方体试块的抗压强度；

$f_\mathrm{cu,i}^\mathrm{c}$——对应于第 i 个芯样部位或同条件立方体试块测区回弹值和碳化深度值的混凝土强度换算值，可按《回弹法检测混凝土抗压强度技术规程》（JGJ/T 23—2011）中附录 A 或附录 B 取值；

n——芯样或试块数量。

（2）测区混凝土强度换算值的修正计算公式

$$f_{cu,i1}^c = f_{cu,i0}^c + \Delta_{tot} \tag{2-10}$$

式中　$f_{cu,i0}^c$——第 i 个测区修正前的混凝土强度换算值（MPa），精确到 0.1MPa；

　　　　$f_{cu,i1}^c$——第 i 个测区修正后的混凝土强度换算值（MPa），精确到 0.1MPa。

3. 混凝土强度的计算

构件第 i 个测区混凝土强度换算值，可按平均回弹值（R_m）及平均碳化深度值（d_m）由计算得出。当有地区或专用测强曲线时，混凝土强度的换算值宜按地区测强曲线或专用测强曲线计算或查表得出。

构件的测区混凝土强度平均值应根据各测区的混凝土强度换算值计算。当测区数为 10 个及以上时，还应计算强度标准差。平均值及标准差应按下列公式计算：

$$m_{f_{cu}^c} = \frac{\sum_{i=1}^n f_{cu,i}^c}{n} \tag{2-11}$$

$$S_{f_{cu}^c} = \sqrt{\frac{\sum_{i=1}^n (f_{cu,i}^c)^2 - n(m_{f_{cu}^c})^2}{n-1}} \tag{2-12}$$

式中　$m_{f_{cu}^c}$——构件测区混凝土强度换算值的平均值（MPa），精确至 0.1MPa；

　　　　n——对于单个检测的构件，取该构件的测区数；对批量检测的构件，取所有被抽检构件测区数之和；

　　　　$S_{f_{cu}^c}$——结构或构件测区混凝土强度换算值的标准差（MPa），精确至 0.01MPa。

构件的现龄期混凝土强度推定值（$f_{cu,e}$）应符合下列规定：

（1）当构件测区数少于 10 个时，应按下式计算：

$$f_{cu,e} = f_{cu,min}^c \tag{2-13}$$

式中　$f_{cu,min}^c$——构件中最小的测区混凝土强度换算值。

（2）当构件的测区强度值中出现小于 10.0MPa 时，应按下式确定：

$$f_{cu,e} < 10.0MPa \tag{2-14}$$

（3）当构件测区数不少于 10 个时，按下式计算：

$$f_{cu,e} = m_{f_{cu}^c} - 1.645 S_{f_{cu}^c} \tag{2-15}$$

（4）按批量检测时，按下式计算：

$$f_{cu,e} = m_{f_{cu}^c} - k S_{f_{cu}^c} \tag{2-16}$$

式中　k——推定系数，宜取 1.645。当需要进行推定强度区间时，可按国家现行相关标准规定取值。

注：构件的混凝土强度推定值是指相应于强度换算值总体分布中保证率不低于 95% 的构件中混凝土抗压强度值。

对按批量检测的构件，当该批构件混凝土强度标准差出现下列情况之一时，该批构件应全部按单个构件检测：

1）当该批构件混凝土强度平均值小于 25MPa、$S_{f_{cu}^c}$ 大于 4.5MPa 时；

2）当该批构件混凝土强度平均值不小于 25MPa 且不大于 60MPa、$S_{f_{cu}^c}$ 大于 5.5MPa 时。

4. 测强曲线

混凝土强度换算值可采用统一测强曲线、地区测强曲线、专用测强曲线计算。统一测强曲线为全国有代表性的材料、成型工艺制作的混凝土试件，通过试验所建立的测强曲线。地区测强曲线为由本地区常用的材料、成型工艺制作的混凝土试件，通过试验所建立的测强曲线。专用测强曲线为与构件混凝土相同的材料、成型养护工艺制作的混凝土试件，通过试验所建立的测强曲线。有条件的地区和部门，应制定本地区的测强曲线或专用测强曲线。检测单位宜按专用测强曲线、地区测强曲线、统一测强曲线的顺序选用测强曲线。

（1）统一测强曲线

符合下列条件的非泵送混凝土，测区强度应按《回弹法检测混凝土抗压强度技术规程》（JGJ/T 23—2011）附录 A 进行强度换算：

1）混凝土采用的水泥、砂石、外加剂、掺合料、拌合用水符合国家现行有关标准。

2）采用普通成型工艺。

3）采用符合国家标准规定的模板。

4）蒸汽养护出池经自然养护 7d 以上，且混凝土表层为干燥状态。

5）自然养护且龄期为 14～1000d。

6）抗压强度为 10.0～60.0MPa。

符合上述要求的泵送混凝土，测强曲线可按《回弹法检测混凝土抗压强度技术规程》（JGJ/T 23—2011）附录 B 进行强度换算。

测区混凝土强度换算表所依据的统一测强曲线，其强度平均相对误差不应大于±15.0%；相对误差值不应大于 18.0%。

（2）地区和专用测强曲线

地区测强曲线平均相对误差不应大于±14.0%；相对误差值不应大于 17.0%，专用测强曲线平均相对误差不应大于±12.0%；相对误差值不应大于 14.0%。

5. 回弹法检测原始记录表

表 2-2 提供了一种可作为回弹法检测混凝土抗压强度时原始记录的参考格式。

回弹法检测混凝土抗压强度原始记录表　　　　　　　　　表 2-2

（检测单位名称）

回弹法检测混凝土抗压强度原始记录表

工程名称：　　　　　　　　　　施工单位：
建设单位：　　　　　　　　　　监理单位：
委托单位：　　　　　　　　　　试验地点：　　　　　　第　　页，共　　页

| 编号 | | 回弹值 R_i | | | | | | | | | | | | | | | | | 碳化深度 |
构件	测区	1	2	3	4	5	6	7	8	9	10	11	12	13	14	15	16	$\bar{R}$	d_i（mm）
	1																		
	2																		
	3																		
	4																		
	5																		
	6																		
	7																		
	8																		
	9																		
	10																		

测面状态	侧面、表面、底面、风干、潮湿、光洁、粗糙	回弹仪	型号	ZC3-A	备注	
试角度 ( )	水平 向上 向下 其他（ ）		编号			
			率定值			

检测人： 校核人： 日期： 年 月 日

练习题

一、单项选择题

1. 下列关于回弹仪的检定，说法正确的是（ ）。

A. 在检定回弹仪率定值时，率定试验可在 40℃下进行

B. 回弹值应取连续向下弹击五次的稳定回弹结果的平均值

C. 率定试验应分四个方向进行，且每个方向弹击前，弹击杆应旋转 90°，每个方向的回弹平均值均应为 80±2

D. 回弹仪率定值试验所用的钢砧不需要送授权计量检定机构检定或校准

2. 下列关于回弹法检测数量及其检测范围说法正确的是（ ）。

A. 相邻两测区的间距不应大于 2.5m，测区离构件端部或施工缝边缘的距离不宜大于 0.5m，且不宜小于 0.2m

B. 测区的面积不宜大于 0.04m²

C. 单个构件采用回弹法检测时，对于一般构件，测区数不宜少于 9 个

D. 按批量进行检测时，应随机抽取构件，抽检数量不宜少于同批构件总数的 30% 且不宜少于 10 件

二、多项选择题

1. 下列有关回弹仪检测方法说法正确的是（ ）。

A. 水平弹击时，在弹击锤脱钩瞬间，回弹仪的标称能量应为 2.207J

B. 在弹击锤与弹击杆碰撞的瞬间，弹击拉簧应处于自由状态，且弹击锤起跳点应位于指针指示刻度尺的"0"处

C. 在洛氏硬度 HRC 为 60±2 的钢砧上，回弹仪的率定值为 80±2

D. 数字式回弹仪应带有指针直读示值系统；数字显示的回弹值与指针直读示值相差不应超过 1

E. 回弹仪使用时的环境温度为 −20～20℃

2. 下列关于回弹值测量说法正确的有（ ）。

A. 测点应在测区范围内均匀分布，相邻两测点的净距离不宜小于 20mm

B. 测点距外露钢筋、预埋件的距离不宜小于 30mm

C. 弹击时应避开气孔和外露石子，同一测点应只弹击一次，读数估读至 1

D. 每一个测区应记取 20 个回弹值

E. 每个构件不应少于 10 个测区

3. 下列关于混凝土强度测强曲线说法正确的是（ ）。

A. 混凝土强度换算值可采用统一测强曲线、地区测强曲线、专用测强曲线计算

B. 测区混凝土强度换算表所依据的统一测强曲线，其强度平均相对误差不应大于

±15.0%；相对误差值不应大于 18.0%

C. 地区测强曲线平均相对误差不应大于±14.0%；相对误差值不应大于17.0%

D. 专用测强曲线平均相对误差不应大于±12.0%；相对误差值不应大于14.0%

E. 统一测强曲线为与构件混凝土相同的材料、成型养护工艺制作的混凝土试件，通过试验所建立的测强曲线

三、简答题

混凝土强度换算值是如何确定的？

四、综合题（本题为综合案例，可供参考）

1. 某地下室竖向承重结构混凝土强度检测

某高层住宅楼位于长沙市，该房屋塔楼地下室结构形式为剪力墙结构，塔楼地下室剪力墙混凝土设计强度等级为C45；裙楼地下室结构形式为框架结构，裙楼地下室柱混凝土设计强度等级为C45。房屋现状如图1、图2所示，平面布置如图3、图4所示。

图1 房屋外景 　　　　　　　　　图2 房屋内景

图3 塔楼地下室平面布置示意图

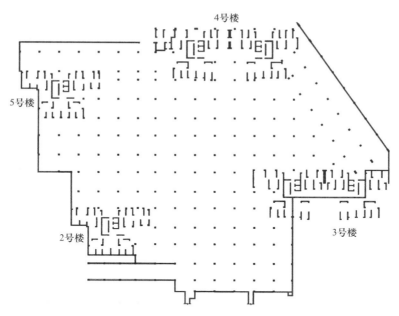

图 4 裙楼地下室平面布置示意图

现因该房屋施工单位对地下室剪力墙混凝土强度进行自检时发现混凝土强度等级达不到原设计强度等级，为保证房屋的安全及正常使用，检测单位对地下室竖向承重结构混凝土强度进行检测鉴定，检测鉴定主要内容为：回弹法全数检测塔楼地下室剪力墙混凝土抗压强度，回弹法批量检测裙楼地下室柱混凝土抗压强度。

对塔楼地下室剪力墙混凝土抗压强度进行全数检测，检测结果见表1。

塔楼地下室剪力墙混凝土强度回弹法检测结果（MPa） 表1

构件名称及位置	设计强度等级	混凝土强度换算值			现龄期混凝土强度推定值	备注
		平均值	标准差	最小值		
㉑~㉔×㉘剪力墙	C45	46.8	0.48	46.1	46.1	
㉑~⑭×⑭剪力墙	C45	49.2	1.66	46.8	46.4	
⑰×⑩~⑫剪力墙	C45	46.7	1.50	44.9	44.2	不满足
⑰×⑭~⑮剪力墙	C45	50.9	0.94	49.7	49.4	
⑲×㉑~⑩剪力墙	C45	48.9	1.25	47.2	46.9	
⑲×㉑~㉘剪力墙	C45	51.1	1.06	49.3	49.4	
⑳×㉑~㉓剪力墙	C45	51.8	1.48	49.5	49.4	
㉔×㉑~㉓剪力墙	C45	51.4	1.08	49.7	49.6	
㉓×⑩~⑰剪力墙	C45	51.9	1.59	49.7	49.3	
⑩×⑩~⑩剪力墙	C45	50.9	1.01	48.4	49.2	
⑱×⑩~⑩剪力墙	C45	41.3	1.45	39.5	39.0	不满足
②⑨×⑩~⑩剪力墙	C45	45.2	2.46	43.2	41.2	不满足
⑩×㉘~㉓剪力墙	C45	45.8	3.89	42.7	39.4	不满足
⑪×㉒~⑩剪力墙	C45	47.2	1.93	44.2	44.0	不满足
⑲×㉔~⑩剪力墙	C45	47.6	2.60	45.1	43.3	不满足
⑲×㉒~㉘剪力墙	C45	46.0	2.11	42.9	42.5	不满足

续表

构件名称及位置	设计强度等级	混凝土强度换算值			现龄期混凝土强度推定值	备注
		平均值	标准差	最小值		
㉑⑨×㉒⑨~㉒⑩剪力墙	C45	44.0	1.16	42.1	42.1	不满足
㉒④×㉒⑦~㉒㉑剪力墙	C45	50.4	2.38	47.7	46.5	
㉑⑨×㉒⑨~㉒⑩剪力墙	C45	47.2	1.91	45.3	44.1	不满足
㉒㉑×㉒⑨~㉒⑧剪力墙	C45	49.1	1.88	45.3	46.0	
㉒⑨×㉒㉑~㉒⑩剪力墙	C45	44.4	1.56	42.3	41.9	不满足
㉒⑨×㉒㉑~㉒⑩剪力墙	C45	39.5	2.25	36.4	35.8	不满足
㉒㉓×㉒㉑~㉒⑩剪力墙	C45	42.0	2.01	38.4	38.6	不满足
㉒㉑×㉒㉑~㉒㉔剪力墙	C45	42.1	1.79	40.2	39.2	不满足
㉒⑨×㉒㉑~㉒㉒剪力墙	C45	43.9	1.99	40.7	40.6	
㉒㉑×㉒㉑~㉒⑥剪力墙	C45	43.5	2.64	37.8	39.2	不满足
㉒⑥×㉒㉑~㉒⑧剪力墙	C45	45.8	1.45	43.2	43.4	不满足
㉒⑨×①⑦~㉒⑩剪力墙	C45	44.4	1.88	42.1	41.3	不满足
㉒⑦×㉒㉑~㉒⑩剪力墙	C45	50.9	2.03	47.3	47.5	

所检测的塔楼地下室剪力墙 29 个构件中，17 个构件混凝土强度不满足原设计要求。

对裙楼地下室柱混凝土抗压强度进行批量检测，抽检数量满足不少于同批构件总数的 30% 且不少于 10 件的要求。检测结果见表 2。

裙楼地下室柱单个构件混凝土强度检测结果（MPa）　　　　表 2

构件名称及位置	设计强度等级	混凝土强度换算值			现龄期混凝土强度推定值	备注
		平均值	标准差	最小值		
㉛×Ⓚ柱	C45	46.1	2.71	43.4	41.7	
㉛×Ⓛ柱	C45	54.6	2.50	50.7	50.5	
㉜×Ⓚ柱	C45	48.3	1.60	45.5	45.7	
㉜×Ⓛ柱	C45	53.9	3.44	48.8	48.3	
㉝×Ⓚ柱	C45	53.5	2.92	49.1	48.7	
㉞×Ⓙ柱	C45	55.6	3.09	50.4	50.4	
㉞×Ⓖ柱	C45	55.9	3.01	50.0	50.0	
㉞×Ⓕ柱	C45	55.5	1.54	52.5	52.9	
㉞×Ⓔ柱	C45	51.4	2.08	48.8	48.0	
㉞×Ⓘ柱	C45	53.4	1.37	51.1	51.1	
㉟×Ⓘ柱	C45	52.4	1.04	50.7	50.7	
㉟×Ⓔ柱	C45	52.9	1.32	50.2	50.7	
㉟×Ⓕ柱	C45	43.1	0.75	41.9	41.9	
㉟×Ⓖ柱	C45	41.3	1.99	38.4	38.0	
㉟×Ⓙ柱	C45	41.5	1.19	40.2	39.5	
㊲×Ⓛ柱	C45	44.0	3.42	39.2	38.4	
㉞×Ⓚ柱	C45	42.6	1.29	40.7	40.5	

构件名称及位置	设计强度等级	混凝土强度换算值			现龄期混凝土强度推定值	备注
		平均值	标准差	最小值		
㉟×Ⓚ柱	C45	49.6	3.22	42.7	44.3	
㊱×Ⓚ柱	C45	42.9	0.97	41.7	41.3	
㊲×Ⓚ柱	C45	41.3	1.30	39.6	39.2	
㊳×Ⓚ柱	C45	38.0	4.41	33.2	30.8	
㊴×Ⓚ柱	C45	39.5	2.22	36.2	35.9	
㉝×Ⓛ柱	C45	34.5	1.62	32.6	31.8	
㉞×Ⓛ柱	C45	38.8	2.15	33.9	35.3	
㉟×Ⓛ柱	C45	46.2	1.49	42.9	43.7	
㊱×Ⓛ柱	C45	48.8	1.79	45.5	45.8	
㉝×Ⓘ柱	C45	47.9	2.12	43.8	44.4	
㉝×Ⓙ柱	C45	45.7	1.57	42.5	43.1	
㉝×Ⓖ柱	C45	44.0	1.63	41.7	41.3	
㉝×Ⓕ柱	C45	44.7	2.95	41.3	39.9	
㉝×Ⓔ柱	C45	43.1	2.25	40.7	39.4	
㊺×㊼柱	C45	47.6	1.45	46.0	45.2	
㊺×㊼柱	C45	50.6	2.14	47.1	47.1	
㊺×㊼柱	C45	48.5	1.46	46.0	46.1	
㊺×㊼柱	C45	46.5	1.74	42.7	43.6	

所检测的裙楼地下室共有 35 个构件，每个构件有 10 个测区，每个测区有 1 个测区混凝土强度换算值，则一共有 350 个测区混凝土强度换算值。所有测区混凝土强度换算值的平均值为：

$$m_{cu,i}^c = 47.0\text{MPa}$$

所有测区混凝土强度换算值的标准差为：

$$S_{f_{cu}^c} = 5.42\text{MPa}$$

根据《回弹法检测混凝土抗压强度技术规程》（JGJ/T 23—2011）的 7.0.4 条，由于该批构件混凝土强度平均值不小于 25MPa 且不大于 60MPa、标准差不大于 5.5MPa，标准差未超出要求，则可按批量检测。

当批量检测时，应按下列公式计算：

$$f_{cu,e} = m_{f_{cu}^c} - kS_{f_{cu}^c}$$

式中　k——推定系数，宜取 1.645。

则该检测批构件的现龄期混凝土强度推定值为 38.1MPa，不满足原设计要求。

2. 回弹法检测混凝土抗压强度

（1）工程概况

某 7 层底框结构房屋，1 层为钢筋混凝土框架结构，以上各层为砖混结构。房屋建筑高度为 21.05m。房屋屋面为钢筋混凝土现浇不上人平屋面（局部坡屋面），各层楼板采用钢筋混凝土现浇板。房屋 2～6 层承重墙为 240mm 厚烧结普通砖砌墙，内外墙交接处及外墙转角位置均设置钢筋混凝土构造柱，各层均设置钢筋混凝土圈梁。对房屋进行施工质量验收时，需要对该房屋混凝土构件材料强度进行检测。该房屋 1 层结构平面布置示意图如图 5 所示。

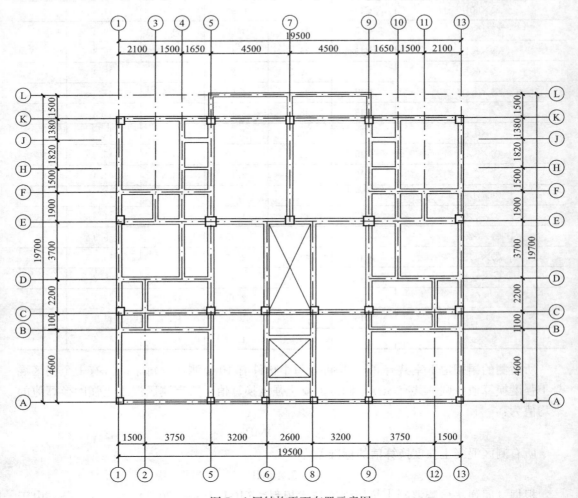

图 5　1 层结构平面布置示意图

（2）检测的依据和资料

1）《混凝土结构现场检测技术标准》（GB/T 50784—2013）；

2）《混凝土结构工程施工质量验收规范》（GB 50204—2015）；

3）《回弹法检测混凝土抗压强度技术规程》（JGJ/T 23—2011）。

（3）主要检测仪器设备

中回牌 ZC3-A 型混凝土回弹仪。

（4）回弹法检测结果

依据《回弹法检测混凝土抗压强度技术规程》（JGJ/T 23—2011）使用中回牌 ZC3-A 型混凝土回弹仪对钢筋混凝土构件的混凝土抗压强度采用回弹法进行现场抽检。

单个构件采用回弹法检测时，对于一般构件，测区数取 10 个。相邻两测区的间距不大于 2m，测区离构件端部的距离不宜大于 0.5m，且不宜小于 0.2m。现场选取的测区的面积不宜大于 0.04m²。测区表面为混凝土原浆面，清洁、平整且无疏松层、浮浆、油垢、涂层以及蜂窝、麻面。

现场检测时，回弹仪的轴线应始终垂直于混凝土检测面，缓慢施压、准确读数、快速复位。测点应在测区范围内均匀分布，相邻两测点的净距离不宜小于 20mm；测点距外露钢筋、预埋件的距离不宜小于 30mm；弹击时应避开气孔和外露石子，同一测点应只弹击一次，读数估读至 1。每一个测区应记取 16 个回弹值。

检测结果见表 1。混凝土推定强度计算依据为《回弹法检测混凝土抗压强度技术规程》(JGJ/T 23—2011) 第 7.0.2 条及第 7.0.3 条。

构件混凝土抗压强度检测结果汇总表（MPa） 表 3

构件名称及位置	设计强度等级	强度平均值	强度标准差	强度推定值	备 注
1 层⑤×Ⓔ轴柱	C30	33.9	1.56	31.3	满足
1 层⑨×Ⓔ轴柱	C30	34.5	2.12	31.0	满足
1 层⑦×Ⓚ轴柱	C30	37.8	2.65	33.4	满足
1 层⑦×Ⓕ轴柱	C30	35.2	1.94	32.0	满足
2 层Ⓒ~Ⓔ×⑤轴梁	C30	35.2	2.34	31.4	满足
2 层⑦~⑨×Ⓔ轴梁	C30	33.5	1.21	31.5	满足
2 层Ⓔ~Ⓚ×⑦轴梁	C30	36.2	1.87	33.1	满足
2 层⑧~⑨×Ⓒ轴梁	C30	34.7	2.06	31.3	满足

检测结果表明：所检测柱的混凝土抗压强度推定值为 31.0~33.4MPa，梁混凝土抗压强度推定值为 31.1~33.1MPa，所检测的梁、柱混凝土抗压强度均满足设计强度等级要求。

（5）结论

检测结果表明：所检测柱的混凝土抗压强度推定值为 31.0~33.4MPa，梁混凝土抗压强度推定值为 31.1~33.1MPa，所检测的梁、柱混凝土抗压强度均满足设计强度等级要求。

2.4 钻芯法检测混凝土抗压强度

钻芯法是利用钻芯机及配套机具，在混凝土结构构件上钻取芯样，通过芯样抗压强度直接推定结构的混凝土抗压强度的方法。

钻芯法无需混凝土立方体试块或测强曲线，具有直观、准确、代表性强、可同时检测混凝土内部缺陷等优点，主要用于下列情况：

（1）对立方体试块抗压强度的测试结果有怀疑；

（2）因材料、施工或养护不良而发生混凝土质量问题时；

（3）混凝土遭受冻害、火灾、化学侵蚀或其他损害时；

（4）需检测经多年使用的结构中混凝土强度时；

（5）当需要施工验收辅助资料时。

钻芯法可以用于确定检测批或单个构件的混凝土强度推定值，同时，也可用于钻芯修正间接强度检测方法得到的混凝土强度换算值。

众所周知，检测结果的不确定性（偏差）源于系统、随机和检测操作三个方面。钻芯法检测混凝土强度的系统偏差较小，而强度样本的标准差相对较大（随机性偏差与样本的容量少有关）。间接检测方法可以获得较多检测数据，样本的标准差可能与检测批混凝土强度的实际情况比较接近。所以，钻芯法与间接检测方法结合使用，可以扬长避短，减少检测工作的不确定性。

2.4.1　标准芯样试件

从结构中钻取的混凝土芯样形状各异，而芯样的平整度、垂直度、端面处理情况等均会对芯样强度构成影响。因此，所有的芯样必须要按照相应的技术标准进行加工，才能使用。

从结构中取出的芯样质量符合要求且公称直径为 100mm，高径比为 1∶1 的混凝土圆柱体试件称为标准芯样试件。允许有条件地使用小直径芯样试件，但其公称直径不应小于 70mm 且不得小于骨料最大粒径的 2 倍。

2.4.2　钻芯确定混凝土强度推定值

1. 钻芯确定检验批的混凝土强度推定值

（1）取样要求

对于芯样试件的数量，应该根据检验批的容量来确定。在进行标准芯样试件的取样时，其最小的样本量不应该少于 15 个。而对于小直径芯样试件的取样，其最小的样本量就要根据实际情况适当增加。

在进行钻芯取样时，芯样应该从检验批的结构构件中随机抽取，每个芯样应取自一个构件或结构的局部部位。

（2）强度推定区间

1）推定区间上限值、下限值计算

由于在抽样检测时，必然存在着抽样的不确定性。因此，根据实际情况，给出一个混凝土强度的推定区间则更为合理。推定区间是对检测批混凝土强度真值的估计区间，计算推定值区间时要按国家标准《建筑工程施工质量验收统一标准》（GB 50300—2013）的相关规定来考虑错判概率和漏判概率取值。

推定区间的上限值和下限值按下列公式计算：

上限值

$$f_{cu,e1} = f_{cu,cor,m} - k_1 S_{cor} \tag{2-17}$$

下限值

$$f_{cu,e2} = f_{cu,cor,m} - k_2 S_{cor} \tag{2-18}$$

平均值

$$f_{cu,cor,m} = \frac{\sum_{i=1}^{n} f_{cu,cor,i}}{n} \tag{2-19}$$

标准差

$$S_{cor} = \sqrt{\frac{\sum_{i=1}^{n}(f_{cu,cor,i} - f_{cu,cor,m})^2}{n-1}} \tag{2-20}$$

式中　$f_{cu,cor,m}$——芯样试件的混凝土抗压强度平均值（MPa），精确至 0.1MPa；

$\qquad$ $f_{cu,cor,i}$——单个芯样试件的混凝土抗压强度值（MPa），精确至 0.1MPa；

$\qquad$ $f_{cu,e1}$——混凝土抗压强度上限值（MPa），精确至 0.1MPa；

$\qquad$ $f_{cu,e2}$——混凝土抗压强度下限值（MPa），精确至 0.1MPa；

$\qquad$ k_1、k_2——推定区间上限值系数和下限值系数，按表 2-3 查得；

$\qquad$ S_{cor}——芯样试件强度样本的标准差（MPa），精确至 0.1MPa。

推定区间系数表　　　　　　　　　　　　　　　　　　　　　表 2-3

试件数 n	k_1（0.10）	k_2（0.05）	试件数 n	k_1（0.10）	k_2（0.05）
15	1.222	2.566	37	1.360	2.149
16	1.234	2.524	38	1.363	2.141
17	1.244	2.486	39	1.366	2.133
18	1.254	2.453	40	1.369	2.125
19	1.263	2.423	41	1.372	2.118
20	1.271	2.396	42	1.375	2.111
21	1.279	2.371	43	1.378	2.105
22	1.286	2.349	44	1.381	2.098
23	1.293	2.328	45	1.383	2.092
24	1.300	2.309	46	1.386	2.086
25	1.306	2.292	47	1.389	2.081
26	1.311	2.275	48	1.391	2.075
27	1.317	2.260	49	1.393	2.070
28	1.322	2.246	50	1.396	2.065
29	1.327	2.232	60	1.415	2.022
30	1.332	2.220	70	1.431	1.990
31	1.336	2.208	80	1.444	1.964
32	1.341	2.197	90	1.454	1.944
33	1.345	2.186	100	1.463	1.927
34	1.349	2.176	110	1.471	1.912
35	1.352	2.167	120	1.478	1.899
36	1.356	2.158	—	—	—

注：置信度为 0.85。

例如：如果芯样试件的抗压强度平均值为 $f_{cu,cor,m}=30.4$MPa，芯样试件强度样本的标准差为 $S_{cor}=3.64$MPa，样本容量为 $n=20$。则由表 2-3 可以得到：$k_1=1.271$，$k_2=2.396$。那么，推定区间上限为 $f_{cu,e1}=30.4-1.271\times3.64=25.8$MPa，推定区间下限为 $f_{cu,e2}=30.4-2.396\times3.64=21.7$MPa。

2）置信度

$f_{cu,e1}$ 和 $f_{cu,e2}$ 所构成推定区间的置信度宜为 0.85，$f_{cu,e1}$ 与 $f_{cu,e2}$ 之间的差值不宜大于 5.0MPa 和 $0.10f_{cu,cor,m}$ 两者的较大值。

在对推定区间进行控制时，要包括推定区间的置信度、上限值与下限值之差 ΔK，其中 $\Delta K=(k_2-k_1)S_{cor}$。减小样本的标准差，合理确定芯样试件的数量是满足推定区间要求的两个因素。表 2-4 给出样本容量 n 与 S_{cor} 和 ΔK 之间的关系，推定区间的置信度为 0.85。

样本容量 n 与 S_{cor} 和 ΔK 之间关系　　　　　　　　　　　表 2-4

样本容量 n	15	20	25	30	35
样本标准差 S_{cor}（MPa）	3.7	4.4	5.0	5.6	6.1
区间控制（MPa）	4.97	4.95	4.93	4.97	4.97

从表 2-4 可以看出：当样本容量 $n=15$，样本标准差 $S_{cor}=3.7$MPa 时，可以满足推定区间置信度为 0.85，$\Delta K \leqslant 5.0$MPa 的要求。

3）以检测批混凝土强度推定区间的上限值 $f_{cu,e1}$ 作为混凝土工程施工质量的评定界限，符合现行国家标准《建筑工程施工质量验收统一标准》（GB 50300—2013）关于错判概率不大于 0.05 的规定。同时，芯样试件抗压强度值一般不会高出结构混凝土的实际强度，一般略低于实际强度。

（3）异常数据的舍弃

在用钻芯确定检测批混凝土强度推定值时，可剔除芯样试件抗压强度样本中的异常值。剔除规则要按现行国家标准《数据的统计处理和解释　正态样本离群值的判断和处理》（GB/T 4883—2008）的规定执行。当确有试验依据时，可以对芯样试件抗压强度样本的标准差 S_{cor} 进行符合实际情况的修正或调整。

2. 钻芯确定单个构件的混凝土强度推定值

钻芯确定单个构件的混凝土强度推定值时，有效芯样试件的数量不应少于 3 个；对于较小构件，有效芯样试件的数量不得少于 2 个。

对于单个构件的混凝土强度推定值，可以不再进行数据的舍弃，而是应该按有效芯样试件混凝土抗压强度值中的最小值确定。

2.4.3 钻芯修正方法

1. 修正量的方法

在对间接测强方法进行钻芯修正时，推荐采用修正量的方法。修正量方法只对间接方法测得的混凝土强度的平均值进行修正，并不修正标准差，更适合钻芯法的特点。

2. 钻芯修正方法取样要求

在采用修正量的方法时，标准芯样的数量不应少于 6 个，当为小直径的芯样时，试件数量应该适当增加。芯样应该从采用间接方法的结构构件中随机抽取，当采用的间接检测方法为无损检测方法时，钻芯位置应与检测方法相应的测区重合；当采用的间接检测方法对结构构件有损伤时，钻芯位置应布置在相应的测区附近。

3. 钻芯修正后的换算强度计算

钻芯修正后的换算强度可按下列公式计算：

$$f^c_{cu,i0} = f^c_{cu,i} + \Delta_f \tag{2-21}$$

$$\Delta_f = f_{cu,cor,m} - f^c_{cu,mj} \tag{2-22}$$

式中　$f^c_{cu,i0}$——修正后的换算强度；

　　　$f^c_{cu,i}$——修正前的换算强度；

　　　Δ_f——修正量；

　　　$f^c_{cu,mj}$——所用间接检测方法对应芯样测区的换算强度的算术平均值。

同时要注意的是，由钻芯修正方法确定检验批的混凝土强度推定值时，应该采用修正后的样本算术平均值和标准差。

2.4.4 芯样的钻取、加工及抗压试验

1. 芯样的钻取

（1）钻芯位置的选择

合理地选择钻芯位置，可减少测试误差、避免出现意外事故等情况。芯样应在结构或构件的下列部位钻取：

1）结构或构件受力较小的部位；

2）混凝土强度质量具有代表性的部位；

3）便于钻芯机安放与操作的部位；

4）避开主筋、预埋件和管线的位置。

（2）钻芯机的使用

在钻芯过程中，如固定不稳，钻芯机容易发生晃动和位移。钻芯机必须通冷却水才能达到冷却钻头和排出混凝土碎屑的目的。钻取芯样时应控制进钻的速度。采用较高的进钻速度会加大芯样的损伤。

（3）标记芯样

当芯样从结构或构件中取出后，应对其进行标记。这样可以防止芯样位置出现混乱，对结构构件混凝土强度的评定造成影响。同时，还要现场检测芯样的高度和质量。如果所取芯样高度和质量不能满足要求时，就要重新钻取芯样。除此之外，芯样还要采取保护措施，避免在运输和贮存中损坏。

2. 芯样的加工处理

（1）芯样选择

为了统一芯样的规格，在实际的工程实践中，抗压芯样试件的高度与直径之比（H/d）应该为 1:1。

对于标准芯样试件，每个试件内最多只允许有两根直径小于 10mm 的钢筋；而对于公称直径小于 100mm 的芯样试件，每个试件内最多只允许有一根直径小于 10mm 的钢筋。同时，还要满足芯样内的钢筋与芯样试件的轴线基本垂直并离开端面 10mm 以上。

（2）芯样端面补平

对于锯切后的芯样，其端面感观上比较平整，但一般不能符合抗压试件的要求，应该进行端面处理。通常，较多采用的是在磨平机上磨平端面的处理方法。而对于承受轴向压力芯样试件端面，也可采用环氧胶泥或聚合物水泥砂浆补平。对于抗压强度低于 40MPa 的芯样试件，可采用水泥砂浆、水泥净浆或聚合物水泥砂浆补平，补平层厚度不宜大于 5mm；也可采用硫磺胶泥补平，补平层厚度不宜大于 1.5mm。

2.4.5 芯样试件抗压试验

1. 尺寸测量

在进行芯样的抗压实验前，应按规定测量芯样试件尺寸。对于芯样试件的平均直径，一般用游标卡尺在芯样试件中部相互垂直的两个位置上测量，取测量的算术平均值作为芯样试件的直径，并精确至 0.5mm。对于芯样试件的高度，一般用钢卷尺或钢板尺进行测量，并精确至 1mm。对于芯样试件的垂直度，一般用游标量角器测量芯样试件两个端面与母线的夹角，并精确至 0.1°。对于芯样试件的平整度，一般用钢板尺或角

尺紧靠在芯样试件端面上，一面转动钢板尺，一面用塞尺测量钢板尺与芯样试件端面之间的缝隙。

在对芯样试件的尺寸测量好之后，还要对数据进行处理、比较。为了减小测试偏差和样本的标准差，当芯样试件的尺寸偏差及外观质量超过下列数值时，相应的测试数据无效：

(1) 芯样试件的实际高径比（H/d）小于要求高径比的 0.95 或大于 1.05 时；

(2) 沿芯样试件高度的任一直径与平均直径相差大于 2mm；

(3) 抗压芯样试件端面的不平整度在 100mm 长度内大于 0.1mm；

(4) 芯样试件端面与轴线的不垂直度大于 1°；

(5) 芯样有裂缝或有其他较大缺陷。

一般情况下，芯样试件应该在自然干燥状态下进行抗压试验。但是，当结构工作条件比较潮湿，需要确定潮湿状态下混凝土的强度时，可以将芯样试件在 20±5℃的清水中浸泡 40～48h，从水中取出后立即进行试验。

芯样试件的含水量对强度有一定影响，含水愈多则强度愈低。一般来说，强度等级高的混凝土强度降低较少，强度等级低的混凝土强度降低较多。因此，要根据结构或构件的实际使用情况，有目的性地选择自然干燥状态或潮湿状态进行实验。

在进行芯样试件的抗压试验时，其对于压力机及压板的精度要求和试验精度与立方体试块是一样的。所以，为了规范操作，应该按照现行国家标准《普通混凝土力学性能试验方法标准》（GB/T 50081—2002）中对立方体试块抗压试验的规定进行实验。

2. 芯样试件抗压强度值的计算

芯样试件的混凝土抗压强度值也可按下式计算：

$$f_{cu,cor} = F_c/A \tag{2-23}$$

式中　$f_{cu,cor}$——芯样试件的混凝土抗压强度值（MPa）；

F_c——芯样试件的抗压试验测得的最大压力（N）；

A——芯样试件抗压截面面积（mm^2）。

3. 试验结果记录

(1) 钻芯构件名称及编号；

(2) 钻芯位置及方向；

(3) 抗压试验日期及混凝土龄期；

(4) 芯样试件的平均直径和高度（端面处理后）；

(5) 端面补平材料及加工方法；

(6) 芯样外观质量（裂缝、分层、气孔、杂物及离析等）描述；

(7) 含有钢筋的数量、直径和位置；

(8) 芯样试件抗压时的含水状态；

(9) 芯样破坏时的最大压力、芯样抗压强度、混凝土换算强度及构件或结构某部位混凝土换算强度代表值；

(10) 芯样试件破坏时的异常现象；

(11) 其他。

练习题

一、单项选择题

1. 钻芯确定检验批的混凝土强度推定值，在进行标准芯样试件的取样时，其最小的样本量不应该少于（　　）个。

A. 3　　　　　　B. 6　　　　　　C. 15　　　　　　D. 2

2. 芯样的加工处理中，关于芯样选择，不正确的说法是（　　）。

A. 为了统一芯样的规格，在实际的工程实践中，抗压芯样试件的高度与直径之比（H/d）应该为 1∶2

B. 对于标准芯样试件，每个试件内最多只允许有两根直径小于 10mm 的钢筋

C. 对于公称直径小于 100mm 的芯样试件，每个试件内最多只允许有一根直径小于10mm 的钢筋

D. 应满足芯样内的钢筋与芯样试件的轴线基本垂直并离开端面 10mm 以上

二、多项选择题

1. 关于钻芯修正方法取样要求，下列说法正确的是（　　）。

A. 当为小直径的芯样时，试件数量可以适当减少

B. 标准芯样的数量不应少于 6 个

C. 标准芯样的数量为 3 个

D. 芯样应该从采用间接检测方法的结构构件中随机抽取

E. 钻芯位置应与检测方法相应的测区重合或位于相应测区附近

2. 合理地选择钻芯位置，可减少测试误差、避免出现意外事故等情况。芯样应在结构或构件的（　　）的部位钻取。

A. 结构或构件受力较大

B. 混凝土强度质量具有代表性

C. 便于钻芯机安放与操作

D. 避开主筋、预埋件和管线

E. 重要或者薄弱

3. 在对芯样试件的尺寸测量好之后，还要对数据进行处理、比较。为了减小测试偏差和样本的标准差，当芯样试件的尺寸偏差及外观质量超过下列（　　）规定时，相应的测试数据无效。

A. 芯样试件的实际高径比（H/d）小于要求高径比的 0.95 或大于 1.05 时

B. 沿芯样试件高度的任一直径与平均直径相差大于 2mm

C. 抗压芯样试件端面的不平整度在 100mm 长度内大于 0.1mm

D. 芯样试件端面与轴线的不垂直度大于 1°

E. 芯样有裂缝或有其他较大缺陷

三、简答题

1. 什么是标准芯样试件？

2. 钻芯确定检验批的混凝土强度推定值取样要求有哪些？

四、综合题（本题为综合案例，可供参考）

钻芯法检测混凝土抗压强度。

1. 工程概况

某房屋钢筋混凝土现浇剪力墙结构，地下一层，层高 4.0m；地上 30 层，标准层层高 3m。房屋建筑高度 90.45m。房屋标准层平面布置图如图 1 所示。因相关单位对 27 层板混凝土抗压强度存在疑问，需采用钻芯法对该 27 层板混凝土抗压强度进行检测。

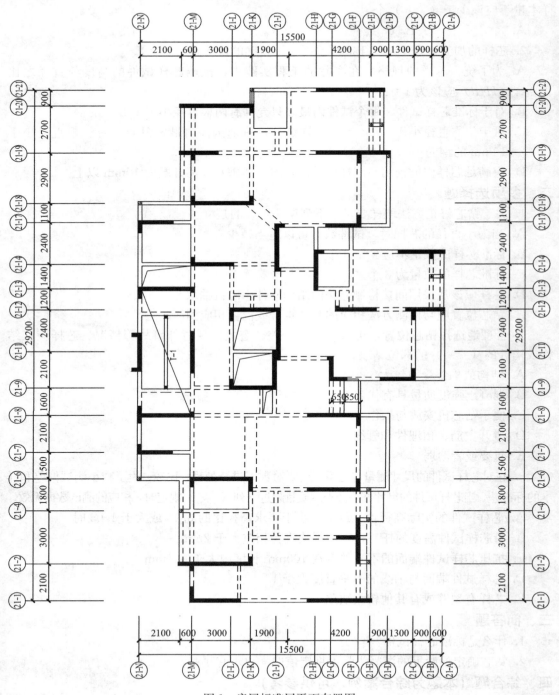

图 1　房屋标准层平面布置图

2. 检测评定的依据和资料

（1）《混凝土结构现场检测技术标准》（GB/T 50784—2013）；

（2）《钻芯法检测混凝土强度技术规程》（CECS 03—2007）；

（3）委托方提供的相关资料。

3. 主要检测仪器设备

（1）薄壁金刚钻孔机；

（2）ZBL-R630 钢筋位置探测仪。

4. 钻芯法检测

根据委托方及相关单位认可的检测方案和相关要求，在工程现场对 27 层㉑₋₁₁～㉑₋₁₂×㉑₋H～㉑₋H轴现浇楼面板和 27 层㉑₋₅～㉑₋₉×㉑₋H～㉑₋M轴现浇楼面板各钻取 3 个混凝土芯样进行抗压强度试验。

钻取芯样前先采用钢筋探测仪弹出钢筋网格位置，从结构中取出的芯样质量符合要求且公称直径为 100mm，高径比为 1：1 的混凝土圆柱体试件称为标准芯样试件。芯样试件个数满足钻芯法确定单个构件混凝土强度推定值的要求，钻芯确定单个构件的混凝土强度推定值时，有效芯样试件的数量不应少于 3 个。

在钻芯过程中必须保证钻芯机固定，不发生晃动和位移。钻芯机必须通冷却水以冷却钻头和排出混凝土碎屑。钻取芯样时应控制进钻的速度。

当芯样从结构或构件中取出后，应对其进行标记。芯样还要采取保护措施，避免在运输和贮存中损坏。

对于标准芯样试件，每个试件内最多只允许有两根直径小于 10mm 的钢筋；而对于公称直径小于 100mm 的芯样试件，每个试件内最多只允许有一根直径小于 10mm 的钢筋。同时，还要满足芯样内的钢筋与芯样试件的轴线基本垂直并离开端面 10mm 以上。

对于锯切后的芯样，采用在磨平机上磨平端面的方法进行端面处理。

在进行芯样的抗压实验前，应按规定测量芯样试件尺寸。对于芯样试件的平均直径，一般用游标卡尺在芯样试件中部相互垂直的两个位置上测量，取测量的算术平均值作为芯样试件的直径，并精确至 0.5mm。对于芯样试件的高度，一般用钢卷尺或钢板尺进行测量，并精确至 1mm。

检测试验结果见表 1。

混凝土芯样抗压强度试验结果汇总表　　　　　　　　　　　　　　　　表 1

芯样试件编号	试件尺寸		受压面积（mm²）	破坏荷载（kN）	抗压强度推定值（MPa）	设计强度等级
	直径（mm）	高（mm）				
27 层㉑₋₁₁～㉑₋₁₂×㉑₋H～㉑₋H轴楼板芯样 1	101.0	100	8012	185.9	23.2	C25
27 层㉑₋₁₁～㉑₋₁₂×㉑₋H～㉑₋H轴楼板芯样 2	99.0	100	7698	177.1	23.0	C25
27 层㉑₋₁₁～㉑₋₁₂×㉑₋H～㉑₋H轴楼板芯样 3	100.0	99	7854	186.9	23.8	C25
27 层㉑₋₅～㉑₋₉×㉑₋H～㉑₋M轴楼板芯样 1	102.0	100	8171	183.0	22.4	C25
27 层㉑₋₅～㉑₋₉×㉑₋H～㉑₋M轴楼板芯样 2	99.0	101	7698	184.0	23.9	C25
27 层㉑₋₅～㉑₋₉×㉑₋H～㉑₋M轴楼板芯样 3	99.0	100	7698	184.8	24.0	C25

注：单个构件混凝土抗压强度推定值取三个标准芯样试件抗压强度值之中的最小值。

检测结果表明，所检测的 27 层 ㉑-11 ～ ㉑-12 × ㉑-H ～ ㉑-J 轴现浇楼面板现龄期混凝土抗压强度推定值为 23.0MPa，27 层 ㉑-6 ～ ㉑-9 × ㉑-J ～ ㉑-M 轴现浇楼面板现龄期混凝土抗压强度推定值为 22.4MPa，均不满足设计强度等级要求。

5. 结论

所检测的 27 层 ㉑-11 ～ ㉑-12 × ㉑-H ～ ㉑-J 轴现浇楼面板现龄期混凝土抗压强度推定值为 23.0MPa，27 层 ㉑-6 ～ ㉑-9 × ㉑-J ～ ㉑-M 轴现浇楼面板现龄期混凝土抗压强度推定值为 22.4MPa，均不满足设计强度等级要求。

2.5 超声法检测混凝土构件缺陷

缺陷检测系指对混凝土内部空洞和不密实区的位置和范围、裂缝深度、表面损伤层厚度、不同时间浇筑的混凝土结合面质量、灌注桩和钢管混凝土中的缺陷进行检测。超声法（超声脉冲法）系指采用带波形显示功能的超声波检测仪，测量超声脉冲波在混凝土中的传播速度（简称声速）、首波幅度（简称波幅）和接收信号主频率（简称主频）等声学参数，并根据这些参数及其相对变化，判定混凝土中的缺陷情况。

当混凝土的组成材料、工艺条件、内部质量及测试距离一定时，其超声传播速度、首波幅度和接收信号主频等声学参数一般无明显差异。如果某部分混凝土存在空洞、不密实或裂缝等缺陷，破坏了混凝土的整体性，与无缺陷混凝土相比较声时值偏大，波幅和频率值降低。超声波检测混凝土缺陷正是根据这一基本原理对同条件下的混凝土进行声速波幅和主频测量值的相对比较，从而判定混凝土的缺陷情况。

在进行混凝土缺陷检测时，主要依据国家标准《超声法检测混凝土缺陷技术规程》（CECS 21—2000），同时还需要遵守现行的安全技术和劳动保护等有关规定。《混凝土结构现场检测技术标准》（GB/T 50784—2013）中 7.3.3 条规定超声法检测混凝土构件内部缺陷时声学参数的测量应符合下列规定：

（1）应根据检测要求和现场操作条件，确定缺陷测试部位（简称测位）。

（2）测位混凝土表面应清洁、平整，必要时可用砂轮磨平或用高强度快凝砂浆抹平；抹平砂浆应与待测混凝土良好粘结。

（3）在满足首波幅度测读精度的条件下，应选择较高频率的换能器。

（4）换能器应通过耦合剂与混凝土测试表面保持紧密结合，耦合层内不应夹杂泥沙或空气。

（5）检测时应避免超声传播路径与内部钢筋轴线平行，当无法避免时，应使测线与该钢筋的最小距离不小于超声测距的 1/6。

（6）应根据测距大小和混凝土外观质量，设置仪器发射电压、采样频率等参数，检测同一测位时，仪器参数宜保持不变。

（7）应读取并记录声时、波幅和主频值，必要时存取波形。

（8）检测中出现可疑数据时应及时查找原因，必要时应进行复测校核或加密测点补测。

2.5.1 超声法检测设备

1. 超声波检测仪

模拟式：用游标读取首波声时，并由数码管显示，也可由接收信号首波波幅起跳达到一定电平后，关断声时计数电路并自动显示声时值，但当信号软弱时声时读数的误差较大；波幅的读数，采取固定屏幕波幅，调节衰减器衰减值读取，或者保持衰减器不动，直接在屏幕上读取首波高度的刻度数。数字式：将接收信号按一定时序转换成二进制数字存入计算机内存。通过软件程序判读首波声时，其判读精度由数字波形样品时间间隔和软件功能决定，能在低信噪比情况下准确判读，而波幅值由软件判读计算直接读取，并显示于仪器屏幕上。

超声波检测仪需要满足下列要求：具有波形清晰、显示稳定的示波装置；声时最小分度为 $0.1\mu s$；具有最小分度为 1dB 的衰减系统；接收放大器频响范围 $10\sim500kHz$，总增益不小于 80dB，接收灵敏度（在信噪比为 $3:1$ 时不大于 $50\mu V$）；电源电压波动范围在标称值 $\pm10\%$ 的情况下能正常工作；连续正常工作时间不少于 4h。

2. 换能器

常用具有厚度振动方式和径向振动方式两种类型，根据不同测试需要选用。厚度振动式换能器的频率宜采用 $20\sim250kHz$。径向振动式换能器的频率采用 $20\sim60kHz$，直径不宜大于 32mm。当接收信号较弱时，选用带前置放大器的接收换能器。换能器的实测主频与标称频率相差应不大于 $\pm10\%$。对用于水中的换能器，其水密性应在 1MPa 水压下不渗漏。

3. 超声仪声时计量检验

超声仪声时计量检验应按"时—距"法测量空气声速的实测值 v'，并与按公式（2-24）计算的空气声速标准值 v^c 比较，二者的相对误差不大于 $\pm0.5\%$。

$$v^c = 331.4\sqrt{1+0.00367T_K} \tag{2-24}$$

式中　331.4——0℃时空气的声速（m/s）；

v^c——温度为 T_K 度的空气声速（m/s）；

T_K——被测空气的温度（℃）。

这项检验方法为定期检验仪器综合性能提供一种声时理论值的标准，不仅检验了仪器的计时机构是否可靠，还验证了仪器操作者的声时读取方法是否准确。

波幅值一般按分贝（dB）计量表示，波幅值被增加（或减少）6dB，对应的屏幕波幅高度应升高（或降低）一倍，如果波幅变化高度不符，表示仪器衰减系统不正确或者波幅计量系统有误差，但要注意波幅变化中应始终不超屏。

2.5.2　声学参数测量

测量声学参数前，应该了解收集被测结构的有关资料和情况，主要包括工程名称、检测目的与要求、混凝土原材料品种和规格、混凝土浇筑和养护情况、构件尺寸和配筋施工图或钢筋隐蔽图、构件外观质量及存在的问题。

超声法测缺应保证混凝土测试面平整、清洁无泥砂、灰尘。在满足首波幅度测读精度的条件下，选用较高频率的换能器。换能器辐射应通过耦合剂与混凝土测试表面接触以保证良好的声耦合。测时应避免超声传播路径与附近钢筋轴线平行，如无法避免，应使两个换能器连线与该钢筋的最近距离不小于超声测距的 1/6。

1. 采用模拟式超声检测仪测量的操作方法

（1）在测量前应视结构的测距大小和混凝土外观质量情况，将仪器的发射电压固定在某一合适位置。为便于观察和测读缺陷区的软弱信号，应以扫描基线不产生明显噪声干扰为前提，将仪器增益尽量调到最大位置。

(2) 声时测量，将发射换能器（简称 T 换能器）和接收换能器（简称 R 换能器）分别耦合在测位中的对应测点上。当首波幅度过低时可用"衰减器"调节至便于测读，再调节游标脉冲或扫描延时，使首波前沿基线弯曲的起始点对准游标脉冲前沿，读取声时值 t_i（读至 $0.1\mu s$）。

(3) 波幅测量，在保持换能器良好耦合状态下采用下列两种方法之一进行读取。1) 刻度法：将衰减器固定在某一衰减位置，在仪器荧光屏上读取首波幅度的格数。2) 衰减值法：采用衰减器将首波调至一定高度，读取衰减器上的分贝值。其中，波幅测量的目的是比较超声波在相同的混凝土内传播时能量的变化情况。有缺陷的混凝土，超声波在缺陷体界面发生散射、绕射及折射、反射，造成声能不同程度的损失，首波幅度会下降。测量前，应使换能器与测试面耦合良好（测试面平整，耦合层中不得夹杂泥砂）。

(4) 主频测量：主频测量是测量接收信号第一个波的周期，再按主频值是周期的倒数的关系计算而得。如果波形发生畸变测得主频的误差较大。

(5) 观察、描绘或拍摄波形可作为缺陷判别的参考，因为质量完好与存在缺陷的混凝土相比较，接收信号的波形或包络线的形状总是有差别的，一般说没有缺陷的混凝土，其波形必然产生畸变，但波形出现畸变并不一定是缺陷。

2. 采用数字式超声检测仪测量的操作方法

(1) 检测之前根据测距大小和混凝土外观质量情况，将仪器的发射电压、采样频率等参数设置在某一档并保持不变。换能器与混凝土测试表面应始终保持良好的耦合状态。

(2) 声学参数自动测读：停止采样后即可自动读取声时、波幅、主频值。当声时自动测读光标所对应的位置与首波前沿基线弯曲的起始点有差异或者波幅自动测读光标所对应的位置与首波峰顶（或谷底）有差异时，应重新采样或改为手动游标读数。

(3) 声学参数手动测量：先将仪器设置为手动判读状态，停止采样后调节手动声时游标至首波前沿基线弯曲的起始位置，同时调节幅度游标使其与首波峰顶（或谷底）相切，读取声时和波幅值；再将声时光标分别调至首波及其相邻波的波谷（或波峰），读取声时差值 Δt（μs），取 $1000/\Delta t$ 即为首波的主频（kHz）。数字式仪器声时、波幅的手动测量使用手动游标读数，主频的手动测量是通过游标读取相邻波峰（或波谷）的时间值，即为超声波在此瞬时的周期 T，周期的倒数即为主频。

(4) 在缺陷检测过程中，将完整混凝土的超声接收波形与有缺陷部位的波形按已设定的采样记录长度存入计算机硬盘（或软盘），以便在数据分析或提交检测报告时为缺陷判断提供辅助信息。

3. 声时的计算

混凝土声时值应按下式计算：

$$t_{ci} = t_i - t_0 \text{ 或 } t_{ci} = t_i - t_{00} \tag{2-25}$$

式中　t_{ci}——第 i 点混凝土声时值（μs）；

　　　t_i——第 i 点测读声时值（μs）；

　t_0、t_{00}——声时初读数（μs）。

声时初读数主要包括换能器外壳与耦合层的声延时，仪器电路传输过程和高频电缆的电延时，以及接收信号前沿起点的延时。不同测距的声时值无可比性，须由测距换算成声速，方可判别混凝土的质量。现场一般采用钢卷尺测量测距，有条件时可用专门工具测量，要求测量误差不大于±1%，才能保证声速计算值不超过允许误差。当采用厚度振动式换能器对测时，用钢卷尺测量 T、R 换能器辐射面之间的距离；当采用径向振动式换能器在钻孔或预埋管中检测时，用钢卷尺测量放置 T、R 换能器的钻孔或预埋管内边缘之间的距离。

2.5.3 裂缝深度检测

当结构的裂缝部位只有一个可测表面，估计裂缝深度又不大于 500mm 时，可采用单面平测法。平测时应在裂缝的被测部位，以不同的测距，按跨缝和不跨缝布置测点（布置测点时应避开钢筋的影响）进行检测。布置测点时应使 T、R 换能器的连线避免与附近钢筋轴线平行，如能保持 45°左右的夹角为最好。平测中测距以换能器内边缘为准，是为了提高测距的准确性，而以"时—距"法来求得声波的实际传播距离，可消除仪器初始读数及声波传播路径误差的影响。

1. 单面平测法

（1）不跨缝的声时测量：将 T 和 R 换能器置于裂缝附近同一侧，以两个换能器内边缘间距（l'）等于 100mm、150mm、200mm、250mm……分别读取声时值（l'），绘制"时—距"坐标图（图 2-1）或用回归分析的方法求出声时与测距之间的回归直线方程：

$$l_i = a + bt_i \tag{2-26}$$

每测点超声波实际传播距离 l_i 为：

$$l_i = l' + |a| \tag{2-27}$$

式中　l_i——第 i 点的超声波实际传播距离（mm）；

　　　l'——第 i 点的 R、T 换能器内边缘间距（mm）；

　　　a——"时—距"图中 l'，轴的截距或回归直线方程的常数项（mm）。

不跨缝平测的混凝土声速值为：

$$v = (l'_n - l'_1)/(t_n - t_1) \tag{2-28}$$

$$或 \ v = b(km/s)$$

式中　l'_n、l'_1——第 n 点和第 1 点的测距（mm）；

　　　t_n、t_1——第 n 点和第 1 点读取的声时值（μs）；

　　　b——回归系数。

（2）跨缝的声时测量：如图 2-2 所示，将 T、R 换能器分别置于以裂缝为对称的两侧，l'_i 取 100mm、150mm、200mm……分别读取声时值 t^0_i，同时观察首波相位的变化。

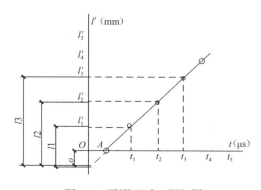

图 2-1　平测"时—距"图

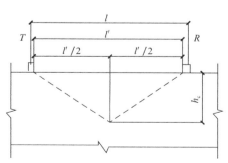

图 2-2　绕过裂缝示意图

平测法检测，裂缝深度计算公式：

$$h_{ci} = l_i/2 \cdot \sqrt{(t_i^0 v/l_i)^2 - 1} \tag{2-29}$$

$$m_{h_c} = 1/n \cdot \sum_{i=1}^{n} h_{ci} \tag{2-30}$$

式中　l_i——不跨缝平测时第 i 点的超声波实际传播距离（mm）；

　　　h_{ci}——第 i 点计算的裂缝深度值（mm）；

　　　t_i^0——第 i 点跨缝平测的声时值（μs）；

　　　m_{h_c}——各测点计算裂缝深度的平均值（mm）；

　　　n——测点数。

跨缝测量中，当在某测距发现首波反相时，可用该测距及两个相邻测距的测量值按式（2-29）计算 h_{ci} 值，取此三点 h_{ci} 的平均值作为该裂缝的深度值（h_c）。跨缝测量中如难于发现首波反相，则以不同测距按式（2-29）、式（2-30）计算 h_{ci} 及其平均值（m_{h_c}）。将各测距 l_i' 与 m_{h_c} 相比较，凡测距 l_i' 小于 m_{h_c} 和大于 $3m_{h_c}$，应剔除该组数据，然后取余下 h_{ci} 的平均值，作为该裂缝的深度值（h_c）。

2. 双面穿透斜侧法

在工业与民用建筑中常遇见梁的跨中或梁与柱结合部位出现裂缝，需要检测其深度及其在水平方向是否贯通，这种结构一般至少具有一对相互平行的测试面，可采用等测距的过缝与不过缝的斜测法检测。这种方法比直观检测结果较为可靠。当发射和接收换能器的连接线通过裂缝时，由于裂缝破坏了混凝土的连续性，声能在裂缝处产生很大衰减，穿过裂缝传播到接收换能器的首波信号很微弱，其波幅或主频与等测距的无缝混凝土比较，存在显著差异，据此可以判定裂缝深度及它在水平方向是否贯通。双面穿透斜测法检测测点布置如图 2-3 所示，将 T、R 换能器分别置于两测试表面对应测点 1、2、3……的位置，读取相应声时值 t_i、波幅值 A_i 及主频率点 f_i。

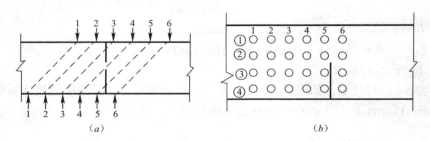

图 2-3　斜侧裂缝测点布置示意图
(a) 平面图；(b) 立面图

大体积结构的裂缝深度在 500mm 以上时，用平测法难以测量，又不具备斜测法所需要的一对相互平行的测试面，则可应用本测试方法进行检测。由于是在裂缝两侧的钻孔中做超声跨缝检测，所以在裂缝两侧必须钻声测孔。对钻孔的要求：根据所用换能器的直径确定钻孔的直径，为使换能器在孔中移动顺畅，孔径应比换能器直径大 5～10mm；钻孔须深入到裂缝末端的完好混凝土中去，其深入深度大于裂缝深度 700mm 以上，通过无缝混凝土的测点不少于 3 个；对应的两个测孔其轴线应保持平行，以免因钻孔不平行造成 T、R 换能器间距变化，干扰各深度处测试结果的相互比较；对应测孔的间距为 2m，测孔间距太大则接收信号太弱，不利于测试数据的分析判断，测孔间距过小，延伸的裂缝则可能超出测距范围；孔中若有粉末碎屑，充水后便形成悬浮液，将使声波剧烈衰减，影响测试结果，故应清理干净；在裂缝一侧多钻一个较浅的孔，作为测试相同测距下无缝混凝土的声学参数，以利于对裂缝部位进行判别。

2.5.4　不密实区和空洞检测

振捣不够、漏浆或石子架空等造成的蜂窝状或因缺少水泥而形成的松散状以及遭受意外损伤所产生的疏松状混凝土区域，形成不密实区。需对混凝土内部不密实区和空洞进行检测。

检测混凝土内部的不密实区或空洞采用穿透法，依据各测点的声速、波幅和主频的相对变化，寻找异常测点的坐标位置，从而判定缺陷范围。

为了便于判明混凝土内部缺陷的空间位置，构件被测部位最好具有两对相互平行的测试面，并尽可能采用两个方向对测。当被测部位只有一对可供测试的平行表面时，可在该对测试面上分别画出对应网格线，在测试的基础上对数据异常的测点部位，再进行交叉斜测，以确定缺陷的位置和范围。一般水坝、桥墩、大型设备基础等结构，断面尺寸较大，为提高测试灵敏度，可在适当位置钻竖向测试孔或预埋声测管进行测试。

布置换能器：当构件具有两对相互平行的测试面时，可采用对测法。如图2-4所示，在测试部位两对相互平行的测试面上，分别画出等间距的网格（网格间距：工业与民用建筑为100～300mm，其他大型结构物可适当放宽），并编号确定对应的测点位置；当构件只有一对相互平行的测试面时，可采用对测和斜测相结合的方法。如图2-5所示，在测位两个相互平行的测试面上分别画出网格线，可在对测的基础上进行交叉斜测；当测距较大时，可采用钻孔或预埋管测法。如图2-6所示，在测位预埋声测管或钻山竖向测试孔，预埋管内径或钻孔直径比换能器直径大5～10mm，预埋管或钻孔间距为2～3m，其深度可根据测试需要确定。检测时可用两个径向振动式换能器分别置于两测孔中进行测试，或用一个径向振动式与一个厚度振动式换能器，分别置于测孔中和平行于测孔的侧面进行测试。

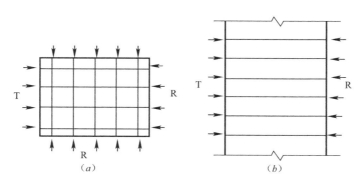

图2-4　对测法示意图

（a）平面图；（b）立面图

一般情况下混凝土内部的不密实区和空洞，并非孤立的一小块，由声学参数测量值反映到测点也不是孤立一个点。因此可根据异常测点二维平面或三维空间的分布情况，并结合波形特征综合判断不密实区域和空洞等缺陷的位置和范围。有时因构件整体质量较差，各测点的声速、波幅测量值的标准差较大，按上述方法判断缺陷易产生漏判。此时，可利

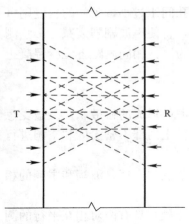

图 2-5　斜侧法立面图

用另外一个同条件（构件类型、混凝土的龄期、材料品种及用量相同，测试距离一致）正常混凝土声学参数的平均值和标准差进行异常数据判断。

测位混凝土声学参数的平均值（m_x）和标准差（s_x）按下式计算：

$$m_x = \sum X_i / n \tag{2-31}$$

$$s_x = \sqrt{\left(\sum X_i^2 - n \cdot m_x^2 \right) / (n-1)} \tag{2-32}$$

式中　X_i——第 i 点的声学参数测量值；

　　　n——参与统计的测点数。

异常数据判别：将测位各测点的波幅、声速或主频值由大至小按顺序分别排列，即 $X_1 \geqslant X_2 \geqslant \cdots\cdots \geqslant X_n \geqslant X_{n+1}$，将排在后面明显小的数据视为可疑，再将这些可疑数据中最大的一个（假定 X_n）连同其前面的数据按公式（2-31）、式（2-32）计算出 m_x 及 s_x 值，判断 X_0：

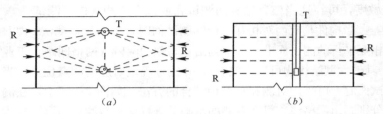

图 2-6　钻孔法示意图

（a）平面图；（b）立面图

$$X_0 = m_x - \lambda_1 \cdot s_x \tag{2-33}$$

λ_1 可查表，将判断值（X_0）可疑数据的最大值（X_n）相比较，当 X_n 不大于 X_0 时，则 X_n 及排列于其后的各数据均为异常值，并且去掉 X_n，再用 $X_1 \sim X_{n-1}$ 进行计算和判别，直至判断出异常值为止；当 X_n 大于 X_0 时，应再将 X_{n+1} 放进去重新进行计算和判别；当测位中判断出异常测点时，可根据异常测点的分布情况，按下式进一步判别其相邻测点是否异常：

$$X_0 = m_x - \lambda_2 \cdot s_x \quad \text{或} \quad X_0 = m_x - \lambda_3 \cdot s_x \tag{2-34}$$

λ_2、λ_3 可查表取值，当测点布置为网格状时取 λ_2；当单排布置测点时（如在声测孔中检测）取 λ_3。

当测位中某些测点的声学参数被判为异常值时，可结合异常测点的分布及波形状况确定混凝土内部存在不密实区和空洞的位置及范围。

2.5.5　混凝土结合面的质量检测

混凝土结合面质量检测可采用对测法和斜测法，如图 2-7 所示。布置测点时应注意几点：使测试范围覆盖全部结合面或有怀疑的部位；各对 T-R1（声波传播不经过结合面）和 T-R2（声波传播经过结合面）换能器连线的倾斜角测距应相等；测点的间距视构件尺寸和结合面外观质量情况而定，为 100～300mm。按布置好的测点分别测出各点的声时、波幅和主频值。

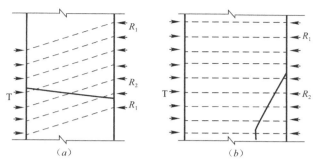

图 2-7　混凝土结合面质量检测示意图

（a）斜测法；（b）对测法

如果所测混凝土的结合面结合良好，则超声波穿过有无结合面的混凝土时，声学参数效应无明显差异。当结合面局部地方存在疏松、孔隙或填进杂物时，该部分混凝土与邻近正常混凝土相比，其声学参数值存在明显差异。但有时因耦合不良、测距发生变化或对应测点错位等因素的影响，导致检测数据异常。因此对于数据异常的测点，只有在查明无其他混凝土自身因素影响时，方可判定该部位混凝土结合不良。

2.5.6　表面损伤层检测

当混凝土遭受冻害、高温作用或化学物质侵蚀，其表层会受到程度不同的损伤，产生裂缝或疏松降低对钢筋的保护作用，影响结构的承载能力和耐久性。用超声波检测表面损伤层厚度，既能反映混凝土被损害的程度，又为结构加固补强提供技术依据。

需要注意的是，由于水的声速比空气的声速大 4 倍多，如果受损伤而较疏松的表层混凝土很潮湿，则其声速测值偏高，与未损伤的内部混凝土声速差异减小，使检测结果产生较大误差。测试部位表面有接缝或饰面层，也会使声速测值不能反映损伤层混凝土实际情况。

混凝土表面损伤层检测，一般是将换能器放在同一测试面上进行单面平测，这种测试方法接收信号较弱，换能器主频愈高，接收信号愈弱。因此为便于测读，确保接收信号具有一定首波幅度，选用较低主频的换能器。测试时 T 换能器应耦合好，并保持不动，然后将 R 换能器依次耦合在间距为 30mm 的测点 1、2、3……位置上，如图 2-8 所示，读取相应的声时值 t_1、t_2、t_3……并测量每次 T、R 换能器内边缘之间的距离 l_1、l_2、l_3……每一测位的测点数不得少于 6 个，当损伤层较厚时，应适当增加测点数。当构件的损伤层厚度不均匀时，应适当增加测位数量。

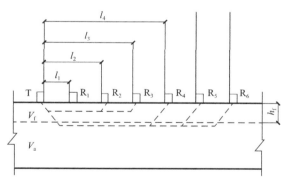

图 2-8　检测损伤层厚度示意图

用各测点的声时值 t_i 相应测距值 l_i 绘制 "时—距" 坐标图，如图 2-9 所示。由图 2-9 可得到声速改变所形成的转折点，该点前、后分别表示损伤和未损伤混凝土的 l 与 t 相关直线。用回归分析方法分别求出损伤、未损伤混凝土 l 与 t 的回归直线方程：

损伤混凝土 $\qquad\qquad\qquad l_f = a_1 + b_1 \cdot t_f \qquad\qquad\qquad$ （2-35）

未损伤混凝土 $\qquad\qquad\quad l_a = a_2 + b_2 \cdot t_a \qquad\qquad\qquad$ （2-36）

式中　　　l_f——拐点前各测点的测距（mm），对应于图 2-9 中的 l_1、l_2、l_3；

t_f——对应于图 2-9 中 l_1、l_2、l_3 的声时（us）t_1、t_2、t_3；

l_a——拐点后各测点的测距（mm），对应于图 2-9 中的 l_4、l_5、l_6；

t_a——对应于测距 l_4、l_5、l_6 的声时（us）t_4、t_5、t_6；

a_1、b_1、a_2、b_2——回归系数，即图 2-9 中损伤和未损伤混凝土直线的截距和斜率。

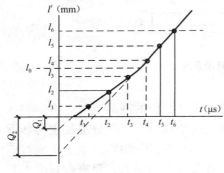

图 2-9　损伤层检测"时—距"图

损伤层厚度按下式计算：

$$l_0 = (a_1 b_2 - a_2 b_1)/(b_2 - b_1) \quad (2\text{-}37)$$

$$h_f = l_0/2 \cdot \sqrt{(b_2 - b_1)/(b_2 + b_1)} \quad (2\text{-}38)$$

式中　h_f——损伤层厚度（mm）。

2.5.7　灌注桩混凝土缺陷检测

一般灌注桩的直径（或边长）多在 0.6m 以上，由于灌注桩的特定施工条件，在混凝土灌注过程中，易产生夹泥、颈缩、空洞等缺陷。进行超声法检测灌注桩混凝土缺陷时，声测管的埋设数量应能保证沿灌注桩横断面有足够的检测范围，同时还要保证超声仪能够接收到清晰的信号。根据桩径大小预埋超声检测管（简称声测管），桩径为 0.6～1.0m 时埋 2 根管；桩径为 1.0～2.5m 时埋 3 根管，按等边三角形布置；桩径为 2.5m 以上时埋 4 根管，按正方形布置，如图 2-10 所示。声测管之间应保持平行。

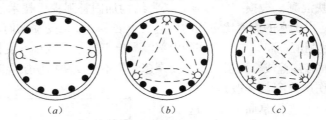

图 2-10　声测管埋设示意图
(a) 双管；(b) 三管；(c) 四管

声测管宜采用钢管，对于桩身长度小于 15m 的桩，可用硬质 PVC 塑料管。管的内径宜为 35～50cm，各段声测管宜用外加套管连接并保持通直，管的下端应封闭，上端应加塞子。声测管的埋设深度应与灌注桩的底部平齐，管的上端应高于桩顶表面 300～500m，同一根桩的声测管外露高度宜相同。声测管应牢靠固定在钢筋笼内侧。对于钢管，每 2m 间距设一个固定点，直接焊在架立筋上；对于 PVC 管，每 1m 间距设一固定点，应牢固绑扎在架立筋上。对于无钢筋笼的部位，声测管可用钢筋支架固定。

根据桩径大小选择合适频率的换能器和仪器参数，一经选定，在同批桩的检测过程中不得随意改变；将 T、R 换能器分别置于两个声测孔的顶部或底部，以同一高度或相差一定高度等距离同步移动，逐点测读声学参数并记录换能器所处深度，检测过程中应经常校核换能器所处高度。测点间距宜为 200～500m。在普测的基础上，对数据可疑的部位应进行复测或加密检测。当同一桩中埋有 3 根或 3 根以上声测管时，应以每两管为一个测试剖面，分别对所有剖面进行检测。

桩身混凝土的声时（t_{ci}）、声速（v_i）按下列公式计算：

$$t_{ci} = t_i - t_{00} \tag{2-39}$$

$$v_i = l_i / t_{ci} \tag{2-40}$$

式中　t_{00}——声时初读数；

　　　t_i——测点 i 的测读声时值；

　　　l_i——测点 i 处 2 根声测管内边缘之间的距离。

主频（f_i）：数字式超声仪直接读取；模拟式超声仪应根据首波周期按下式计算。

$$f_i = 1000 / T_{bi} \tag{2-41}$$

式中　T_{bi}——测点 i 的首波周期。

判断桩身混凝土缺陷可疑点的方法：（1）概率法，将同一桩同一剖面的声速、波幅、主频进行计算和异常值判别，当某一测点的一个或多个声学参数被判为异常值时，即存在缺陷的可疑点。（2）斜率法，用声时（t_c）—深度（h）曲线相邻测点的斜率 K 和相邻两点声时差值 Δt 的乘积 Z，绘制 Z—h 曲线，根据 Z—h 曲线的突变位置，并结合波幅值的变化情况可判定存在缺陷的可疑点或可疑区域的边界。

$$K = (t_i - t_{i-1}) / (d_i - d_{i-1}) \tag{2-42}$$

$$Z = K \cdot \Delta t \tag{2-43}$$

当需用声速评价一个桩的混凝土质量匀质性时，可按下列各式计算测点混凝土声速值（v_i）和声速的平均值（m_v）标准差（S_v）及离差系数（C_v）。根据声速的离差系数可评价灌注桩混凝土匀质性的优劣。

$$v_i = l_i / t_{ci} \tag{2-44}$$

$$m_v = \left(\sum v_i \right) / n \tag{2-45}$$

$$S_v = \sqrt{\left(\sum v_i^2 - n \times m_v^2 \right) / (n-1)} \tag{2-46}$$

$$C_v = S_v / m_v \tag{2-47}$$

2.5.8　钢管混凝土缺陷检测

钢管混凝土检测应采用径向对测的方法，如图 2-11 所示。选择钢管与混凝土胶结良好的部位布置测点，布置测点时，可先测量钢管实际距长，再将圆距等分，在钢管测试部位画山若干根母线和等间距的环向线，线间距为 150～300mm。检测时可先做径向对测，在钢管混凝土每一环线上保持 T、R 换能器连线通过圆心，沿环向测试，逐点读取声时、波幅和主频。对于直径较大的钢管混凝土，也可采用预埋声测管的方法。

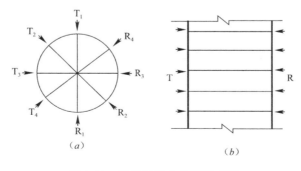

图 2-11　钢管混凝土检测示意图

（a）平面图；（b）立面图

2.5.9 超声波检测原始记录表

表2-5、表2-6提供了一种可作为超声波检测时原始记录的参考格式。

某构件超声法检测混凝土缺陷结果表　　　　表2-5

测点序号	测距（mm）	声时（us）	波速（km/s）	幅度（dB）

某构件超声法检测混凝土缺陷结果汇总表　　　　表2-6

声速临界值（km/s）		波幅临界值（dB）	
声速平均值（km/s）		波幅平均值（dB）	
声速标准差		波幅标准差	
异常点数目			

练习题

一、单项选择题

1. 《混凝土结构现场检测技术标准》（GB/T 50784—2013）中 7.3.3 条规定超声法检测混凝土构件内部缺陷时声学参数的测量应符合的规定中，下列不正确的是（　　）。

A. 应根据检测要求和现场操作条件，确定缺陷测试部位（简称测位）

B. 测位混凝土表面应清洁、平整，必要时可用砂轮磨平或用高强度快凝砂浆抹平

C. 在满足首波幅度测读精度的条件下，应选择较低频率的换能器

D. 换能器应通过耦合剂与混凝土测试表面保持紧密结合，耦合层内不应夹杂泥沙或空气

2. 超声法检测混凝土构件裂缝深度，当结构的裂缝部位只有一个可测表面，估计裂缝深度又不大于（　　）时，可采用单面平测法。

A. 600mm　　　　B. 800mm　　　　C. 500mm　　　　D. 700mm

3. 用超声法检测时应避免超声传播路径与内部钢筋轴线平行，当无法避免时，应使测线与该钢筋的最小距离不小于超声测距的（　　）。

A. 1/3　　　　B. 1/4　　　　C. 1/5　　　　D. 1/6

4. 进行混凝土声时的计算时，不同测距的声时值无可比性，须由测距换算成声速，为保证声速计算值不超过允许误差，现场测量测距时，要求测量误差不大于（　　）。

A. 1%　　　　B. 2%　　　　C. 3%　　　　D. 4%

5. 检测混凝土内部的不密实区或空洞，布置换能器时需要画出等间距的网格，对于工业与民用建筑，绘制的网格间距为（　　）。

A. 20～50mm　　B. 100～300mm　　C. 50～100mm　　D. 300～400mm

6. 采用径向对测的方法检测钢管混凝土缺陷，布置测点时，可先测量钢管实际距长，再将圆距等分，在钢管测试部位画出若干根母线和等间距的环向线，线间距为（　　）。

A. 20～50mm　　B. 50～150mm　　C. 150～300mm　　D. 300～400mm

二、多项选择题

1. 下列关于超声波检测仪的说法，正确的是（　　）。

A. 声时最小分度为 $0.5\mu s$

B. 具有最小分度为 1dB 的衰减系统

C. 电源电压波动范围在标称值 ±10% 的情况下要能正常工作

D. 接收放大器频响范围 10～50kHz，总增益不小于 80dB

E. 连续正常工作时间不少于 4h

2. 下列关于换能器的说法，正确的是（　　）。

A. 厚度振动式换能器的频率宜采用 20～60kHz

B. 径向振动式换能器的频率采用 20～250kHz，直径不宜大于 32mm

C. 对用于水中的换能器，其水密性应在 1MPa 水压下不渗漏

D. 当接收信号较弱时，选用带前置放大器的接收换能器

E. 换能器的实测主频与标称频率相差应不大于 ±10%

3. 声时初读数的延时主要是（　　）。

A. 换能器外壳与耦合层的声延时

B. 操作人员的读数延时

C. 仪器电路传输过程和高频电缆的电延时

D. 接收信号前沿起点的延时

E. 混凝土质量缺陷产生的延时

三、简答题

1. 超声法检测混凝土构件缺陷的原理是什么？

2. 在检测混凝土构件裂缝深度时，单面平测法适用的情况是什么？

3. 如何判明混凝土内部缺陷的空间位置？

4. 混凝土结合面质量检测的原理是什么？

5. 在进行灌注桩混凝土缺陷检测时，如何根据桩径预埋超声检测管？

四、超声法检测混凝土缺陷案例（可供参考）

1. 工程概况

某房屋地下 1 层，地上共 30 层（不含屋顶机房），标准层层高 2.900m。房屋 1～30 层梁板混凝土设计强度等级 C30，－1～5 层柱混凝土设计强度等级 C45，6～10 层柱混凝土设计强度等级 C40，11～15 层柱混凝土设计强度等级 C35，16 层及 16 层以上楼层柱混凝土设计强度等级 C30。因该房屋 26 层结构构件浇筑的混凝土终凝时间异常，部分构件表面出现麻面和裂缝现象，需要对该房屋 26 层墙柱及顶板混凝土强度和外观质量缺陷进行现场检测。房屋 26 层结构平面布置示意图如图 1 所示。

2. 检测评定的依据和资料

（1）《混凝土结构现场检测技术标准》（GB/T 50784—2013）；

（2）《超声法检测混凝土缺陷技术规程》（CECS 21—2000）；

（3）委托方提供的设计图纸及其他相关资料。

3. 主要检测仪器设备

非金属超声检测仪。

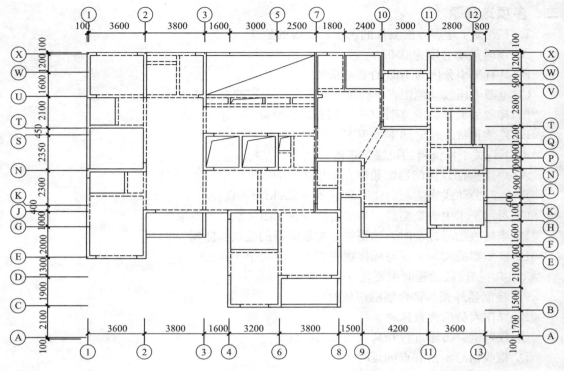

图 1　房屋 26 层结构平面示意图

4. 检测结果

检测混凝土内部的不密实区或空洞采用穿透法，依据各测点的声速、波幅和主频的相对变化，寻找异常测点的坐标位置，从而判定缺陷范围。

当构件具有两对相互平行的测试面时，可采用对测法。如图 2-4 所示，在测试部位两对相互平行的测试面上，分别画出等间距的网格（网格间距：工业与民用建筑为 100～300mm，其他大型结构物可适当放宽），并编号确定对应的测点位置。

采用超声法检测该房屋第 26 层㉟～㊱×①轴剪力墙混凝土缺陷，测点的布置满足现场实际条件和相关规范要求。测点布置示意图如图 2 所示，检测结果见表 1。

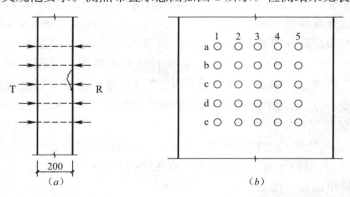

图 2　㉟～㊱×①轴剪力墙测点布置图

(a) 平面图；(b) 立面图

测点序号	测距（mm）	声时（us）	波速（km/s）	幅度（dB）	备注
1-a	200	45.20	4.425	70.30	
2-a	200	46.20	4.329	69.40	
3-a	200	47.60	4.202	72.46	
4-a	200	50.40	3.968	69.93	
5-a	200	65.83	3.038	40.12	异常
1-b	200	52.30	3.824	75.74	
2-b	200	46.70	4.283	77.36	
3-b	200	48.00	4.167	68.74	
4-b	200	64.18	3.116	41.80	异常
5-b	200	49.70	4.024	70.73	
1-c	200	66.14	3.024	41.05	异常
2-c	200	46.20	4.329	69.07	
3-c	200	48.34	4.137	70.91	
4-c	200	45.40	4.405	76.22	
5-c	200	45.86	4.361	69.97	
1-d	200	44.90	4.454	76.15	
2-d	200	46.00	4.348	75.91	
3-d	200	47.10	4.246	69.49	
4-d	200	49.70	4.024	70.99	
5-d	200	66.29	3.017	55.84	异常
1-e	200	44.50	4.494	76.22	
2-e	200	45.60	4.386	75.91	
3-e	200	47.00	4.255	69.82	
4-e	200	48.50	4.124	69.91	
5-e	200	46.70	4.283	71.17	

检测结果表明，该剪力墙 5-a、4-b、1-c、5-d 测点处声速异常，经斜测后未测到声速异常值，26 层㉟～㊱×①轴剪力墙 5-a、4-b、1-c、5-d 测点处存在局部混凝土表面缺陷。

5. 结论

超声法检测结果表明，所检测的 26 层㉟～㊱×①轴剪力墙部分测点声速异常，经斜测后未测到声速异常值，所检测构件存在局部混凝土表面缺陷。

2.6　钢筋位置测试仪检测钢筋位置、钢筋保护层厚度

混凝土中的钢筋检测可分为钢筋数量和间距、混凝土保护层厚度、钢筋直径、钢筋力学性能及钢筋锈蚀状况等检测项目。检测钢筋的仪器主要为钢筋位置测试仪。

2.6.1　钢筋位置测试仪检测基本原理

在构件混凝土表面向内部发射电磁波，形成电磁场，混凝土内部的钢筋切割磁感线产生感应电磁场，由于感应电磁场的强度及空间梯度变化与钢筋位置、直径、保护层厚度有关，通过测量感应电磁场的梯度变化，并通过分析处理，就能确定钢筋位置、保护层厚度。

钢筋位置测试仪采用原位无损检测方法，相对于局部破损方法而言，该方法具有操作简单、工作效率高的优点，但量测结果不如局部破损方法精确。

本检测方法的适用范围如下：

(1) 适用于混凝土结构及构件中钢筋间距和钢筋保护层厚度的现场检测；

(2) 不适合含有铁磁性物质的混凝土检测；

(3) 对于具有饰面层的结构和构件，应清除饰面层后在混凝土面上进行检测。

2.6.2 检测设备

钢筋位置测定仪是一种工程检测仪器，该仪器可用于对现有及新建钢筋混凝土结构进行钢筋的位置、走向及布筋情况的测定，已知钢筋直径时可检测混凝土保护层的厚度，未知钢筋直径时可同时估测钢筋的直径和保护层厚度。此外，该仪器还可用于对钢筋混凝土结构进行剖面检测和网格检测。

1. 主要特点

(1) 主要用于检测钢筋的位置、保护层厚度、钢筋直径。

(2) 检测数据可以自动存储，也可以现场查看，一些先进的设备还可将检测数据传入计算机，进行后期处理。

2. 主要技术指标

(1) 钢筋直径适应范围：6～50mm。

(2) 保护层厚度最大允许误差见表2-7。

保护层厚度最大允许误差（mm）   表2-7

最大允许误差	第一测量范围	第二测量范围
±1	5～59	5～79
±2	60～69	80～129
±4	70～100	130～190

(3) 工作环境要求：环境温度：－5～＋40℃；相对湿度：＜90%；电磁干扰：无电磁场。

3. 工作原理

钢筋位置测定仪由探头、信号发射、信号接收、信号处理、显示、键盘、数据传输等单元组成，如图2-12所示。首先由信号发射单元向混凝土内部发射脉冲电磁波，当混凝土内部有钢筋存在时，钢筋产生二次感应磁场，并由信号接收钢筋感应的二次场，由于不同直径和不同保护层厚度的钢筋产生二次场强度不同，信号经处理单元分析、运算后，以数值和图形的方式显示出来，据此判定钢筋的平面位置、保护层的厚度以及钢筋的直径。

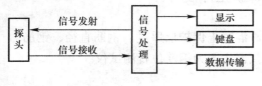

图2-12 工作原理框图

4. 仪器的检验及保养

为了保持仪器的正常使用和检测结果的准确性，应定期对仪器进行检验，仪器的检验为一般性检验和功能性检验，前者是经常性，后者不宜频繁进行。

仪器的一般性检验在标定器上进行，检验方法是把仪器探头放在标定器四边上分别测试钢筋到探头的距离（保护层厚度），示值误差应在要求范围内。并用仪器测试钢筋直径，示值误差也应符合要求，一般性检验应在仪器使用前后进行。

2.6.3 钢筋位置测试仪检测技术

1. 检测步骤

使用钢筋位置测试仪检测钢筋位置和钢筋保护层厚度，主要包含以下步骤：

（1）资料收集

在检测前，应该收集以下资料：

1）工程名称、结构及构件名称以及相应的钢筋设计图纸；

2）建设、设计施工及监理单位名称；

3）混凝土中含有的铁磁性物质；

4）检测部位钢筋品种、牌号、设计规格、设计保护层厚度和间距，结构构件中预留管道、金属预埋件等；

5）施工记录等相关资料；

6）检测原因。

（2）抽样

抽样原则：

1）钢筋保护层厚度检验的结构部位，应由监理（建设）施工等各方根据结构构件的重要性共同选定。

2）对梁、板类构件，应各抽取构件数量的 2% 且不少于 5 个构件进行检验；当有悬挑构件时，抽取的构件中悬挑梁类、板类所占比例均不宜小于 50%。

（3）布置测区、测点

布置测区、测点时，要求如下：

1）对选定的梁类构件，应对全部纵向受力钢筋的保护层厚度进行检验。

2）对选定的板类构件，应抽取不少于 6 根纵向受力钢筋的保护层厚度进行检验。

3）对每根钢筋，应在有代表性的部位测量 1 点。

4）在测定钢筋保护层厚度时，须标记检测范围内设计间距相同的连续钢筋轴线位置，连续量测构件钢筋的间距。

5）当遇到下列情况之一时，应选取不少于 30% 的已测钢筋且不应少于 6 处（当实际检测数量不到 6 处时全部选取），采用钻孔、剔凿等方法验证，并填写相应的记录表：认为相邻钢筋对检测结果有影响时；钢筋工程直径未知或有异议；钢筋实际根数、位置与设计有较大偏差；钢筋以及混凝土材质与校准试件有显著差异。

（4）仪器操作

1）仪器连接。

2）开机和预设：仪器开机，进入选项菜单，然后预设钢筋直径。

3）清零：拿起探头放在空气中，离开混凝土构件表面和金属物至少 30cm，检查钢筋探测仪是否偏离调零时的零点状态。

4）钢筋位置及保护层厚度测定：将探头平行于钢筋，放在测区起始位置混凝土表面，沿混凝土表面垂直钢筋方向移动探头，移动过程中，指示条增长，保护层厚度数值减小，说明探头正在向钢筋位置移动，当钢筋轴线和探头中心线重合时，指示条最长，保护层厚度最小，读取第 1 次检测的混凝土保护层厚度检测值，在被测钢筋的同一位置应重复检测

1次，读取第2次混凝土保护层厚度检测值。同时，将钢筋的轴线位置标记出来。在测试完该测区钢筋保护层厚度后，依次量测出已经标记的相邻钢筋的间距。

2. 注意事项

检测过程中应避开钢筋接头绑丝，同一处读取的2个混凝土保护层厚度检测值相差大于1mm时，该组检测数据无效，并查明原因，在该处重新检测。仍不满足要求时，应更换钢筋探测仪或采用钻孔、剔凿的方法验证。

探头移动速度不得大于2cm/s，尽量保持匀速移动，避免在找到钢筋前向相反方向移动，否则会造成较大的检测误差甚至漏筋。

如果连续工作时间较长，为了提高检测精度，应注意每隔5min将探头拿到空气中，远离金属，按确认键复位。对检测结果有异议，也可这样操作。

正确设置钢筋直径，否则影响检测结果。

2.6.4　现场检测技术要求

1. 钢筋数量和间距检测

混凝土中钢筋数量和间距可采用钢筋探测仪或雷达仪进行检测，仪器性能和操作要求应符合现行行业标准《混凝土中钢筋检测技术规程》（JGJ/T 152—2008）的有关规定。

（1）当遇到下列情况之一时，应采取剔凿验证的措施：

1）相邻钢筋过密，钢筋间最小净距小于钢筋保护层厚度；

2）混凝土（包括饰面层）含有或存在可能造成误判的金属组分或金属件；

3）钢筋数量或间距的测试结果与设计要求有较大偏差；

4）缺少相关验收资料。

（2）检测梁、柱类构件主筋数量和间距时应符合下列规定：

1）测试部位应避开其他金属材料和较强的铁磁性材料，表面应清洁、平整。

2）应将构件测试面一侧所有主筋逐一检出，并在构件表面标注出每个检出钢筋的相应位置。

3）应测量和记录每个检出钢筋的相对位置。

（3）检测墙、板类构件钢筋数量和间距时应符合下列规定：

1）在构件上随机选择测试部位，测试部位应避开其他金属材料和较强的铁磁性材料，表面应清洁、平整。

2）在每个测试部位连续检出7根钢筋，少于7根钢筋时应全部检出，并宜在构件表面标注出每个检出钢筋的相应位置。

3）应测量和记录每个检出钢筋的相对位置。

4）可根据第一根钢筋和最后一根钢筋的位置，确定这两个钢筋的距离，计算出钢筋的平均间距。

5）必要时应计算钢筋的数量。

（4）梁、柱类构件的箍筋可按第（3）条检测，当存在箍筋加密区时，宜将加密区内箍筋全部测出。

（5）单个构件的复合型判定应符合下列规定：

1）梁、柱类构件主筋实测根数少于设计根数时，该构件配筋应判定为不符合设计要求。

2）梁、柱类构件主筋的平均间距与设计要求的偏差大于相关标准规定的允许偏差时，该构件配筋应判定为不符合设计要求。

　　3）墙、板类构件钢筋的平均间距与设计要求的偏差大于相关标准规定的允许偏差时，该构件配筋应判定为不符合设计要求。

　　4）梁、柱类构件的箍筋可按墙、板类构件钢筋进行判定。

　　（6）批量检测钢筋数量和间距时应符合下列规定：

　　1）将设计文件中钢筋配置要求相同的构件作为一个检验批。

　　2）按《混凝土结构现场检测技术标准》（GB/T 50784—2013）表 3.4.4 的规定确定抽检构件的数量。

　　3）随机选取受检构件。

　　4）按第（2）条或第（3）条的方法对单个构件进行检测。

　　5）按第（5）条对受检构件逐一进行符合性判定。

　　（7）对检验批符合性判定应符合下列规定：

　　1）根据检验批中受检构件的数量和其中不符合构件的数量应按《混凝土结构现场检测技术标准》（GB/T 50784—2013）表 3.4.5-1 进行检验批符合性判定。

　　2）对于梁、柱类构件，检验批中一个构件的主筋实测根数少于设计根数，该批应直接判为不符合设计要求。

　　3）对于墙、板类构件，当出现受检构件的钢筋间距偏差大于偏差允许值 1.5 倍时，该批应直接判为不符合设计要求。

　　4）对于判定为符合设计要求的检验批，可建议采用设计的钢筋数量和间距进行结构性能评定；对于判定为不符合设计要求的检验批，宜细分检验批后重新检测或进行全数检测。当不能进行重新检测或全数检测时，可建议采用最不利检测值进行结构性能评定。

　　2. 保护层厚度检测

　　混凝土保护层厚度宜采用钢筋探测仪进行检测并应通过剔凿原位检测法进行验证。剔凿原位检测混凝土保护层厚度应符合下列规定：

　　1）采用钢筋探测仪确定钢筋的位置。

　　2）在钢筋位置上垂直于混凝土表面成孔。

　　3）以钢筋表面至构件混凝土表面的垂直距离作为该测点的保护层厚度测试值。

　　（1）采用剔凿原位检测法进行验证时，应符合下列规定：

　　1）应采用钢筋探测仪检验混凝土保护层厚度。

　　2）在已测定保护层厚度的钢筋上进行剔凿验证，验证点数不应少于《混凝土结构现场检测技术标准》（GB/T 50784—2013）表 3.4.4 中 B 类规定且不应少于 3 点；构件上能直接量测混凝土保护层厚度的点可计为验证点。

　　3）应将剔凿原位检测结果与对应位置钢筋探测仪检测结果进行比较，当两者的差异不超过±2mm 时，判定两个测试结果无明显差异。

　　4）当检验批有明显差异校准点数在《混凝土结构现场检测技术标准》（GB/T 50784—2013）表 3.4.5-2 控制的范围之内时，可直接采用钢筋探测仪检测结果。

　　5）当检验批有明显差异校准点数超过《混凝土结构现场检测技术标准》（GB/T 50784—2013）表 3.4.5-2 控制的范围时，应对钢筋探测仪量测的保护层厚度进行修正；当不能修正时应采取剔凿原位检测的措施。

（2）工程质量检测时，混凝土保护层厚度的抽检数量及合格判定规则，宜按现行国家标准《混凝土结构工程施工质量验收规范》（GB 50204—2015）的有关规定执行。

（3）结构性能检测时，检验批混凝土保护层厚度检测应符合下列规定：

1）应将设计要求的混凝土保护层厚度相同的同类构件作为一个检验批，按《混凝土结构现场检测技术标准》（GB/T 50784—2013）表 3.4.4 中 A 类确定受检构件的数量。

2）随机抽取构件，对于梁、柱类应对全部纵向受力钢筋混凝土保护层厚度进行检测；对于墙、板类应抽取不少于 6 根钢筋（少于 6 根钢筋时应全检），进行混凝土保护层厚度检测。

3）将各受检钢筋混凝土保护层厚度检测值按《混凝土结构现场检测技术标准》（GB/T 50784—2013）第 3.4.7 条计算均值推定区间。

4）当均值推定区间上限值与下限值的差值不大于其均值的 10% 时，该批钢筋混凝土保护层厚度检测值可按推定区间上限值或下限值确定。

5）当均值推定区间上限值与下限值的差值大于其均值的 10% 时，宜补充检测或重新划分检验批进行检测。当不具备补充检测或重新检测条件时，应以最不利检测值作为该检验批混凝土保护层厚度检测值。

3. 混凝土构件中钢筋检测原始记录表

表 2-8、表 2-9 提供了一种可作为混凝土构件中钢筋检测原始记录的参考格式。

梁柱构件配筋检测原始记录表 表 2-8

构件名称/位置	检测内容	测点实测值（mm）	平均值	设计值
	纵向筋根数			
	箍筋间距（端部）			
	箍筋间距（中部）			
	纵向筋根数			
	箍筋间距（端部）			
	箍筋间距（中部）			
	x 方向是指： y 方向是指：			
备注	执行标准：《混凝土中钢筋检测技术规程》（JGJ/T 152—2008） 设备名称： 设备型号： 设备编号：			

检测人：	校核人：	日期： 年 月 日		

板配筋检测原始记录表 表 2-9

构件名称/位置	检测内容	测点实测值（mm）	平均值	设计值
	板底筋 x 向间距			
	板底筋 y 向间距			
	板面筋 x 向间距			
	板面筋 y 向间距			
	板底筋 x 向间距			
	板底筋 y 向间距			
	板面筋 x 向间距			
	板面筋 y 向间距			

构件名称/位置	检测内容	测点实测值（mm）	平均值	设计值
备注	x 方向是指： y 方向是指： 执行标准：《混凝土中钢筋检测技术规程》（JGJ/T 152—2008） 设备名称： 设备型号： 设备编号：			

检测人：   校核人：   日期：   年   月   日

练习题

一、单项选择题

1. 采用钢筋位置测试仪检测钢筋配置情况，下列说法不正确的是（   ）。

A. 适用于混凝土结构及构件中钢筋间距和钢筋保护层厚度的现场检测

B. 适合含有铁磁性物质的混凝土检测

C. 对于具有饰面层的结构和构件，应清除饰面层后在混凝土面上进行检测

D. 钢筋位置测试仪采用原位无损检测方法

2. 使用钢筋位置测试仪检测钢筋保护层厚度的抽样原则：对梁类、板类构件，应各抽构件数量的（   ）且不少于（   ）个构件进行检验。

     A. 1%；3   B. 2%；4   C. 2%；5   D. 3%；6

3. 下列说法不正确的是（   ）。

A. 检测过程中应避开钢筋接头绑丝，同一处读取的 2 个混凝土保护层厚度检测值相差小于 1mm 时，该组检测数据无效

B. 探头移动速度不得大于 2cm/s，尽量保持匀速移动，避免在找到钢筋前向相反方向移动，否则会造成较大的检测误差甚至漏筋

C. 如果连续工作时间较长，为了提高检测精度，应注意每隔 5min 将探头拿到空气中，远离金属，按确认键复位。对检测结果有异议，也可这样操作

D. 正确设置钢筋直径，否则影响检测结果

4. 在检测墙、板类构件钢筋数量和间距时，下列说法不正确的是（   ）。

A. 在构件上随机选择测试部位，测试部位应避开其他金属材料和较强的铁磁性材料，表面应清洁、平整

B. 在每个测试部位连续检出 5 根钢筋，少于 5 根钢筋时应全部检出，并宜在构件表面标注出每个检出钢筋的相应位置

C. 应测量和记录每个检出钢筋的相对位置

D. 可根据第一根钢筋和最后一根钢筋的位置，确定这两个钢筋的距离，计算出钢筋的平均间距

二、多项选择题

1. 关于单个构件的复合型判定，下列说法正确的是（   ）。

A. 梁、柱类构件主筋实测根数少于设计根数时，该构件配筋应判定为不符合设计要求

B. 梁、柱类构件主筋的平均间距与设计要求的偏差小于相关标准规定的允许偏差时，该构件配筋应判定为不符合设计要求

C. 梁、柱类构件相邻主筋的间距与设计要求的偏差大于相关标准规定的允许偏差时，该构件配筋应判定为不符合设计要求

D. 墙、板类构件钢筋的平均间距与设计要求的偏差大于相关标准规定的允许偏差时，该构件配筋应判定为不符合设计要求

E. 梁、柱类构件的箍筋可按墙、板类构件钢筋进行判定

2. 关于检验批符合性判定，下列说法正确的是（   ）。

A. 根据检验批中受检构件的数量和其中不符合构件的数量应按《混凝土结构现场检测技术标准》（GB/T 50784—2013）表 3.4.5-1 进行检验批符合性判定

B. 对于梁、柱类构件，检验批中 2 个构件的主筋实测根数少于设计根数，该批应直接判为不符合设计要求

C. 对于墙、板类构件，当出现受检构件的钢筋间距偏差大于偏差允许值 2 倍时，该批应直接判为不符合设计要求

D. 对于判定为符合设计要求的检验批，可建议采用设计的钢筋数量和间距进行结构性能评定

E. 对于判定为不符合设计要求的检验批，宜细分检验批后重新检测或进行全数检测，当不能进行重新检测或全数检测时，可建议采用最不利检测值进行结构性能评定

三、简答题

1. 在哪些情况下，应采取剔凿验证的措施？

2. 试简述钢筋位置测试仪检测步骤。

3. 检测梁、柱类构件主筋数量和间距时应符合哪些规定？

4. 检测墙、板类构件钢筋数量和间距时应符合哪些规定？

四、混凝土构件中钢筋配置情况检测案例（可供参考）

1. 工程概况

某 6 层底框结构房屋，1 层为现浇钢筋混凝土框架结构，以上各层为砖混结构。房屋建筑高度为 18.5m。房屋屋面为现浇钢筋混凝土坡屋面，各层楼板采用钢筋混凝土现浇板，各层均设有钢筋混凝土圈梁和构造柱。因业主为房屋办理相关手续，需要对该房屋钢筋配置情况进行检测。该房屋结构平面布置示意图如图 1、图 2 所示。

2. 检测的依据和资料

1)《混凝土结构现场检测技术标准》（GB/T 50784—2013）；

2)《混凝土中钢筋检测技术规程》（JGJ/T 152—2008）；

3)《混凝土结构工程施工质量验收规范》（GB 50204—2015）；

4) 现场调查及委托方提供的施工图等文件。

3. 主要检测仪器设备

ZBL-R630 钢筋位置探测仪。

4. 构件钢筋配置情况检测结果

采用 ZBL-R630 钢筋探测仪对该房屋钢筋混凝土构件配置的钢筋数量、间距、保护层厚度等进行抽检。

检测梁、柱类构件主筋数量和间距时应符合下列规定：

(1) 测试部位应避开其他金属材料和较强的铁磁性材料，表面应清洁、平整。

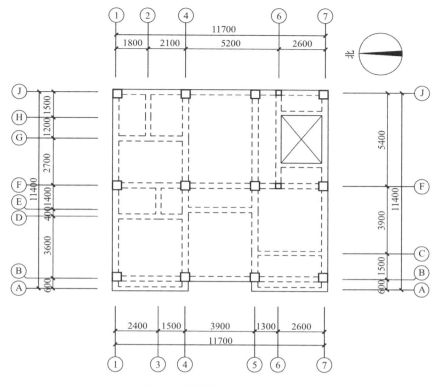

图 1　1 层结构平面布置示意图

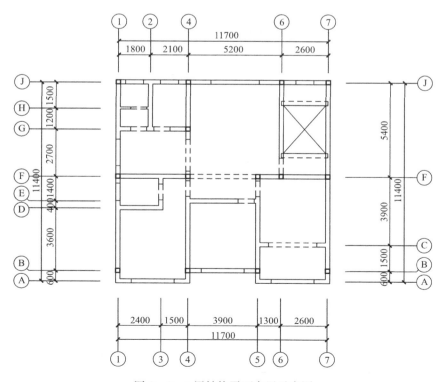

图 2　2～6 层结构平面布置示意图

（2）应将构件测试面一侧所有主筋逐一检出，并在构件表面标注出每个检出钢筋的相应位置。

（3）应测量和记录每个检出钢筋的相对位置。

检测墙、板类构件钢筋数量和间距时应符合下列规定：

（1）在构件上随机选择测试部位，测试部位应避开其他金属材料和较强的铁磁性材料，表面应清洁、平整。

（2）在每个测试部位连续检出7根钢筋，少于7根钢筋时应全部检出，并宜在构件表面标注出每个检出钢筋的相应位置。

（3）应测量和记录每个检出钢筋的相对位置。

（4）可根据第一根钢筋和最后一根钢筋的位置，确定这两个钢筋的距离，计算出钢筋的平均间距。

（5）必要时应计算钢筋的数量。

检测结果见表1～表3。

混凝土柱钢筋检测结果汇总表　　表1

构件名称 及位置	纵向钢筋 设计值	纵向钢筋 实测值	箍筋间距 设计值（mm）	实测箍筋间距平均值 （mm）	保护层厚度 （mm）
1层④×Ｆ轴柱	2Φ22+2Φ18	4根	Φ8@100	105	25～32
1层⑤×Ｆ轴柱	2Φ22+2Φ18	4根	Φ8@100	102	27～33
1层④×Ｊ轴柱	2Φ18+1Φ16	3根	Φ8@100	104	27～30
1层⑤×Ｂ轴柱	2Φ22+1Φ18	3根	Φ8@100	101	29～34

混凝土梁钢筋检测结果汇总表　　表2

构件名称 及位置	梁底纵向钢筋 设计值	纵向钢筋 实测值	箍筋间距 设计值（mm）	实测箍筋间距平均值 （mm）	保护层厚度 （mm）
2层④～⑤×Ｆ轴楼面梁	3Φ16	3根	Φ8@200	203	23～28
2层Ｆ～Ｊ×⑤轴楼面梁	4Φ18	4根	Φ8@200	204	24～26
2层①～④×Ｆ轴楼面梁	2Φ25+2Φ20	4根	Φ10@200	202	22～25
2层Ｆ～Ｊ×④轴楼面梁	6Φ25	6根	Φ8@100	101	24～27

楼面板板底钢筋检测结果　　表3

检测位置	方向	底筋设计值	实测大小	实测平均间距（mm）	实测保护层厚度（mm）
2层④～⑤×Ｆ～Ｊ轴 现浇楼面板	x	Φ8@200	8～10	203	底筋：13～18
	y	Φ8@200	8～10	202	底筋：22～24
3层④～⑤×Ｂ～Ｅ轴 现浇楼面板	x	Φ8@200	8～10	204	底筋：14～17
	y	Φ8@200	8～10	203	底筋：21～25
4层④～⑤×Ｂ～Ｅ轴 现浇楼面板	x	Φ8@200	8～10	201	底筋：14～16
	y	Φ8@200	8～10	203	底筋：21～23
5层④～⑤×Ｂ～Ｅ轴 现浇楼面板	x	Φ8@200	8～10	202	底筋：15～18
	y	Φ8@200	8～10	205	底筋：23～24
6层④～⑤×Ｂ～Ｅ轴 现浇楼面板	x	Φ8@200	8～10	201	底筋：12～18
	y	Φ8@200	8～10	202	底筋：24～26

检测结果表明，所检测构件配置的钢筋数量、箍筋间距满足设计要求，混凝土保护层

厚度满足《混凝土结构工程施工质量验收规范》(GB 50204—2015)附录 E 关于受力主筋保护层厚度偏差限值的要求(梁类构件＋10mm，－7mm；板＋8mm，－5mm)。

5. 结论

所检测构件配置的钢筋数量、箍筋间距满足设计要求，混凝土保护层厚度满足《混凝土结构工程施工质量验收规范》(GB 50204—2015)附录 E 关于受力主筋保护层厚度偏差限值的要求(梁类构件＋10mm，－7mm；板＋8mm，－5mm)。

2.7　检测楼板厚度的基本方法和技术

现浇钢筋混凝土楼板厚度可以用钢尺检测，也可以用水准仪检测确定，还可以用超声波探测等方法检测楼板厚度。若需要检测的楼板已经进行过装饰装修，则在检测楼板的厚度前需要先去除装饰装修层，以消除装饰装修层对楼面厚度检测结果的影响。

2.7.1　基本检测方法

1. 钢卷尺检测法

由于一般现浇钢筋混凝土楼板是以现浇钢筋混凝土梁为边界，而梁高与楼板的厚度是在数值上有差别，无法在楼板的边缘直接利用钢尺量取楼板的厚度。因此在用钢卷尺检测现浇钢筋混凝土楼板的厚度前需要开凿孔洞或是在现浇钢筋混凝土楼板预留孔洞处进行测量。

利用钢卷尺检测钢筋混凝土楼板厚度具有操作上简单易行的优点，缺点则是会对楼板造成一定程度上的损伤，影响楼板的受力性能。

考虑到钢卷尺检测现浇钢筋混凝土楼板的缺点，可以将此种方法作为其他楼板厚度无损检测方法的校核使用。

2. 水准仪检测法

利用水准仪检测楼板厚度是一种间接测量方法，通过测量楼板面的高程以及楼板底的高程，计算出两者的差值则能确定相应测点的楼板厚度。

水准仪检测楼板厚度操作的难度不大，而且该方法是一种无损检测方法。因此该方法适合用来作为施工方自检方法。

3. 超声波对测法

超声波对测法检测楼板厚度时，利用一个超声波发射探头和一个超声波接收探头完成工作。检测时，发射探头置于楼板底面，接收探头置于楼板顶面，让接收探头在楼板顶面来回移动，直到显示屏上显示的数值最小为止，该最小值则为楼板的厚度。

超声波对测法具有精度高，对检测对象无损伤等优点，缺点就是需要专门的工作人员进行操作，不具有普遍性。因此，该方法适合作为中介检验机构在受委托时进行验收性检验时采用。

2.7.2　测区和布点

不管采用何种方法检测楼板的厚度，都需要在检测前选定测区和测点，使得检测结果更加科学，更具有代表性。下面提供一种边样及测点布置的方案作为参考。边样及其检测点布置如下：

(1) 各个边样布置在平行且距离边梁 30cm 的狭长地带上，检测点分布在一条直线上。

(2) 检测点距离梁端不小于 20cm。

(3) 在各个边样的中点布置一个检测点，然后向两端每隔 1m 布置一个检测点。如果最后两端还剩下不小于 50cm 的区域没有布置检测点，则在距离两端 20cm 处各额外布置一个检测点。

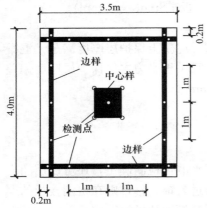

图 2-13　楼板厚度检测点布置示意图

（4）每个边样的检测点不应少于 3 个。

中心样及其检测点布置：

1）中心样位于楼板中心，边长为板边 1/5 的矩形区域。如果板边为多边形，则取楼板中心 50cm×50cm 的矩形区域。

2）检测点布置在矩形的 4 个端点和中心点上。

图 2-13 是一块 3.5m×4m 的检测样和检测点布置示意图。

2.7.3　数据记录

表 2-10 提供了一种可作为混凝土构件中钢筋检测原始记录的参考格式。

楼板厚度检测原始记录表　　　　　　　　　　　表 2-10

工程名称：　　　　　　　　　　　施工单位：
建设单位：　　　　　　　　　　　监理单位：
委托单位：　　　　　　　　　　　试验地点：　　　　　　　第　　页，共　　页

楼层号	构件名	检测部位	测点厚度（mm）	最小值	最大值	平均值	设计值
备注	执行标准： 设备名称： 设备型号： 设备编号：						

检测人：　　　　　　校核人：　　　　　　　　　日期：　　年　　月　　日

练习题

一、单项选择题

1. 检测楼板厚度时，关于边样及其检测点布置的说法不正确的是（　　）。

A. 各个边样布置在平行且距离边梁 30cm 狭长地带上，检测点分布在一条直线上

B. 检测点距离梁端不小于 20cm

C. 在各个边样的中点布置一个检测点，然后向两端每隔 1m 布置一个检测点，如果最后两端还剩下不小于 50cm 的区域没有布置检测点，则在距离两端 20cm 处各额外布置一个检测点

D. 每个边样的检测点不应少于 2 个

2. 关于超声波对测法检测楼板厚度说法不正确的是（　　）。

A. 利用一个超声波发射探头和一个超声波接收探头完成工作

B. 检测时，接收探头置于楼板底面

C. 接收探头置于楼板顶面

D. 让接收探头在楼板顶面来回移动，直到显示屏上显示的数值最小为止，该最小值则为楼板的厚度

3. 关于超声波对测法的优缺点说法不正确的是（　　）。

A. 超声波对测法精度高

B. 对检测对象有损伤

C. 缺点是需要专门的工作人员进行操作，不具有普遍性

D. 该方法适合作为中介检验机构在受委托时进行验收性检验时采用

4. 中心样及其检测点布置时，中心样位于楼板中心，边长为板边 1/5 的矩形区域。如果板边为多边形，则取楼板中心（　　）的矩形区域。

A. 40cm×40cm　　B. 50cm×50cm　　　　　C. 60cm×60cm　　　　　D. 70cm×70cm

二、简答题

1. 对于钢卷尺检测法，为什么需要开凿孔洞？

2. 钢卷尺检测钢筋混凝土楼板厚度的优缺点是什么？

3. 水准仪检测楼板厚度的原理是什么？

三、房屋楼板厚度检测案例（可供参考）

1. 工程概况

某房屋 19 层住宅。标准层层高为 3.0m。结构形式采用剪力墙结构。房屋楼面、屋面板均为现浇钢筋混凝土构件。现因该房屋部分楼层⑪～Ⓜ×㊹～㊽轴区域现浇楼面板出现裂缝，需要对该房屋⑪～Ⓜ×㊹～㊽轴现浇楼面板厚度进行检测。该房屋检测区域局部结构平面布置如图 1 所示。

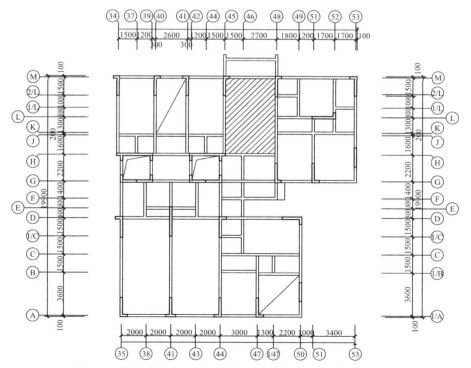

图 1　房屋标准层结构平面布置示意图（阴影部分为检测区域）

2. 检测评定的依据和资料

(1)《混凝土结构现场检测技术标准》（GB/T 50784—2013）；

(2)《混凝土结构工程施工质量验收规范》（GB 50204—2015）。

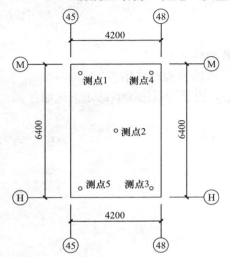

图 2　楼板测点布置示意图

3. 主要检测仪器设备

ZBL-T710 楼板厚度检测仪。

4. 检测与评定结果

相关单位采用超声波对测法检测楼板厚度，利用一个超声波发射探头和一个超声波接收探头完成工作。

检测时，发射探头置于楼板底面，接收探头置于楼板顶面，让接收探头在楼板顶面来回移动，直到显示屏上显示的数值最小为止，该最小值则为楼板的厚度。超声波对测法具有精度高，对检测对象无损伤等优点，选取的仪器为 ZBL-T710 楼板厚度仪。

对该房屋部分楼层的Ⓗ～Ⓜ×㊺～㊽轴现浇楼面板进行检测，测点布置位置如图 2 所示，检测结果见表 1。

楼面板厚度检测结果　　　　　　　　　　　　　　　　　　　　　　　　表 1

检测部位	测点	楼板实际厚度（mm）	平均值（mm）	楼板厚度设计值（mm）	偏差允许值（mm）
15 层 Ⓗ～Ⓜ×㊺～㊽轴 现浇楼面板	测点 1	118	119.6	120	+10，−5
	测点 2	119			
	测点 3	122			
	测点 4	118			
	测点 5	121			
6 层 Ⓗ～Ⓜ×㊺～㊽轴 轴现浇楼面板	测点 1	122	123.2	120	+10，−5
	测点 2	123			
	测点 3	126			
	测点 4	121			
	测点 5	124			

检测结果表明，所检测的 15 层及 6 层Ⓗ～Ⓜ×㊺～㊽轴现浇楼面板板厚满足《混凝土结构工程施工质量验收规范》（GB 50204—2015）关于现浇构件尺寸允许偏差的要求（+10mm，−5mm）。

5. 结论

所检测的Ⓗ～Ⓜ×㊺～㊽轴现浇楼面板板厚满足设计及《混凝土结构工程施工质量验收规范》（GB 50204—2015）关于现浇构件尺寸允许偏差限值的要求（+10mm，−5mm）。

2.8 后锚固件拉拔试验、碳纤维片正拉粘结强度试验

2.8.1 后锚固件拉拔试验

1. 适用范围及应用条件

本方法适用于混凝土结构后锚固工程质量的现场检验，后锚固工程质量应按锚固件抗拔承载力的现场抽样检验结果进行评定。

后锚固件应进行抗拔承载力现场非破损检验，但对于安全等级为一级的后锚固构件、悬挑结构和构件以及对后锚固设计参数或对该工程锚固质量有怀疑时，还应进行破坏性检验。受现场条件限制无法进行原位破坏性检验时，可在工程施工的同时，现场浇筑同条件的混凝土块体作为基材安装锚固件，并应按规定的时间进行破坏性检验，且应事先征得设计和监理单位的书面同意，并在现场见证实验。

2. 抽样规则

锚固质量现场检验抽样时，应以同品种、同规格、同强度等级的锚固件安装于锚固部位基本相同的同类构件为一检验批，并应从每一检验批所含的锚固件中进行抽样。

（1）破坏性检验

现场破坏性检验宜选择锚固区以外的同条件位置，应取每一检验批锚固件总数的0.1%且不少于5件进行检验。锚固件为植筋且数量不超过100件时，可取3件进行检验。

（2）锚栓锚固质量的非破损检验

1）对重要结构构件及生命线工程的非结构构件，应按表2-11规定的抽样数量对该检验批的锚栓进行检验。

重要结构构件及生命线工程的非结构构件锚栓锚固质量非破损检验抽样表 表2-11

检验批的锚栓总数	≤100	500	1000	2500	≥5000
按检验批锚栓总数计算的最小抽样量	20%且不少于5件	10%	7%	4%	3%

注：当锚栓总数介于两栏之间时，可按线性内插法确定抽样数量。

2）对一般结构构件，应取重要结构构件抽样量的50%且不少于5件进行检验。

3）对非生命线工程的非结构构件，应取每一检验批锚固件总数的0.1%且不少于5件进行检验。

（3）植筋锚固质量的非破损检验

1）对重要结构构件及生命线工程的非结构构件，应取每一检验批植筋总数的3%且不少于5件进行检验。

2）对一般结构构件，应取每一检验批植筋总数的1%且不少于3件进行检验。

3）对非生命线工程的非结构构件，应取每一检验批锚固件总数的0.1%且不少于3件进行检验。

胶粘的锚固件，其检验宜在锚固胶达到其产品说明书标示的固化时间的当天进行。若因故需推迟抽样与检验日期，除应征得监理单位同意外，推迟不应超过3d。

3. 仪器设备

（1）拉拔仪

设备的加荷能力应比预计的检验荷载值至少大20%。且不大于检验荷载的2.5倍，应

能连续、平稳、速度可控地运行。

加载设备应能够按照规定的速度加载，测力系统整机允许偏差为全量程的±2%。

设备的液压加荷系统持荷时间不超过5min时，其降荷值不应大于5%。

加载设备应能够保证所施加的拉伸荷载始终与后锚固构件的轴线一致。

（2）支撑环

加载设备支撑环内径 D_0 应符合下列规定：

1）植筋：D_0 不应小于12d 和250mm 的较大值。

2）膨胀型锚栓和扩底型锚栓：D_0 不应小于4h_{ef}。

3）化学锚栓发生混合破坏及钢材破坏时：D_0 不应小于12d 和250mm 的较大值。

4）化学锚栓发生混凝土锥体破坏时：D_0 不应小于4h_{ef}。

（3）位移仪表

当检测重要结构锚固件的荷载—位移曲线时，仪表的量程不应小于50mm，其测量的允许偏差应为±0.02mm。测量位移装置应能与测力系统同步工作，连续记录，测出锚固件相对于混凝土表面的垂直位移，并绘制荷载—位移的全程曲线。

现场检验用的仪器设备应定期由法定计量检定机构进行检定。遇到读数出现异常、拆卸检查或更换零部件等，还应重新检定。

4. 加载方式

检验锚固拉拔承载力的加载方式可为连续加载或分级加载，可根据实际条件选用。

进行非破损检验时，施加荷载的主要规定如下：

（1）连续加载时，应以均匀速率在2～3min 时间内加载至设定的检验荷载，并持荷2min。

（2）分级加载时，应将设定的检验荷载均分为10级，每级持荷1min，直至设定的检验荷载，并持荷2min。

（3）荷载检验值应取 $0.9f_{yk}A_s$ 和 $0.8N_{Rk}$ 的较小值。N_{Rk} 为非钢材破坏承载力标准值，可按现行《混凝土结构后锚固技术规程》（JGJ 145—2013）有关规定计算。

进行破坏性检验时，施加荷载应符合下列规定：

1）连续加载时，对锚栓应以均匀速率在2～3min 时间内加荷至锚固破坏，对植筋应以均匀速率在2～7min 时间内加荷至锚固破坏。

2）分级加载时，前8级，每级荷载增量应取为 $0.1N_u$，且每级持荷1～1.5min；自第9级起，每级荷载增量应取为 $0.05N_u$，且每级持荷30s，直至锚固破坏。N_u 为计算的破坏荷载值。

5. 检验结果评定

（1）非破损检验的评定

1）试样在持荷期间，锚固件无滑移、基材混凝土无裂纹或其他局部损坏迹象出现，且加载装置的荷载示值在2min 内无下降或下降幅度不超过5%的检验荷载时，应评定为合格。

2）一个检验批所抽取的式样全部合格时，该检验批应评定为合格检验批。

3）一个检验批中不合格的式样不超过5%时，应另抽3根试样进行破坏性检验，若检验结果全部合格，该检验批仍可评定为合格检验批。

4）一个检验批中不合格的试样超过5%时，该检验批应评定为不合格，且不应重做检验。

（2）破损检验的评定

后锚固破坏性检验发生混凝土破坏，检验结果满足下列要求时，其锚固质量应评定为合格：

$$N_{Rm}^c \geqslant \gamma_{u.lim} N_{Rk} \qquad (2-48)$$

$$N_{Rmin}^c \geqslant N_{Rk} \qquad (2-49)$$

式中　N_{Rm}^c——受检验锚固件极限抗拔力实测平均值（N）；

　　　N_{Rmin}^c——受检验锚固件极限抗拔力实测最小值（N）；

　　　N_{Rk}——混凝土破坏受检验锚固件极限抗拔力标准值（N），按现行《混凝土结构后锚固技术规程》（JGJ 145—2013）有关规定计算；

　　　$\gamma_{u.lim}$——锚固承载力检验系数允许值，$\gamma_{u.lim}$取为 1.1。

锚栓破坏性检验发生钢材破坏，检验结果满足下列要求时，其锚固质量应评定为合格。

$$N_{Rmin}^c \geqslant \frac{f_{stk}}{f_{yk}} N_{Rk.s} \qquad (2-50)$$

式中　N_{Rmin}^c——受检验锚固件极限抗拔力实测最小值（N）；

　　　$N_{Rk.s}$——锚栓钢材破坏受拉承载力标准值（N），按现行《混凝土结构后锚固技术规程》（JGJ 145—2013）有关规定计算。

植筋破坏性检验结果满足下列要求时，其锚固质量应评定为合格：

$$N_{Rm}^c \geqslant 1.45 f_y A_s \qquad (2-51)$$

$$N_{Rmin}^c \geqslant 1.25 f_y A_s \qquad (2-52)$$

式中　N_{Rm}^c——受检验锚固件极限抗拔力实测平均值（N）；

　　　N_{Rmin}^c——受检验锚固件极限抗拔力实测最小值（N）；

　　　f_y——植筋用钢筋的抗拉强度设计值（N/mm^2）；

　　　A_s——钢筋洁面面积（mm^2）。

当检验结果不满足以上几条检验结果评定条件时，应判定该检验批后锚固连接不合格，并会同有关部门根据检验结果，研究采取专门措施处理。

2.8.2　碳纤维片正拉粘结强度试验技术

1. 适用范围

本方法适用于纤维复合材与基材混凝土，以结构胶粘剂、界面胶（剂）为粘结材料粘合，在均匀拉应力作用下发生内聚、粘附或混合破坏的正拉粘结强度测定。不适用于测定室温条件下涂刷、粘合与固化的，质量大于 300g/m^2 碳纤维织物与基材混凝土的正拉粘结强度。本节主要内容参照《建筑结构加固工程施工质量验收规范》（GB 50550—2010）附录 E，规范中是对室内试验的规定，但工程现场检测碳纤维片材粘结强度的方法和原理与之是一致的。

2. 试验装置

（1）拉力试验机

拉力试验机的力值量程选择，应使试样的破坏荷载，发生在该机标定的满负荷的 20%～80% 之间；力值的示值误差不得大于 1%。试验机夹持器的构造应能使试件垂直对中固定，不产生偏心和扭转的作用。

（2）试件夹具

试件夹具应由带拉杆的钢夹套与带螺杆的钢标准块构成，且应以 45 号碳钢制作；其形状及主要尺寸如图 2-14 所示。

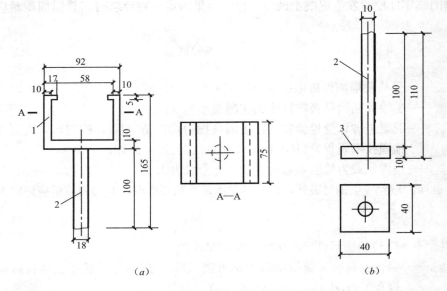

图 2-14　试件夹具及钢标准块尺寸

(a) 带拉杆钢夹具；(b) 带螺杆钢标准块

1—钢夹具；2—螺杆；3—标准块

（3）试件

实验室条件下测定正拉粘结强度采用的是组合式试件，在现场检测时，混凝土构件与表面粘贴的碳纤维片材通过胶粘剂组成一个整体，也可视为组合式试件。以胶粘剂为粘结材料的试件由混凝土试块（图 2-15）胶粘剂、加固材料（纤维复合材）及钢标准块相互粘合而成（图 2-16）。

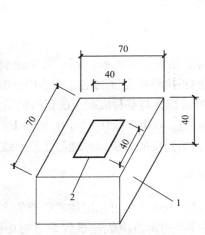

图 2-15　混凝土试块样式及尺寸

1—混凝土试块；2—预切缝

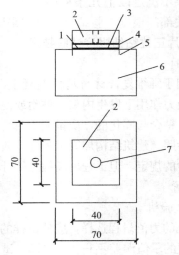

图 2-16　正拉粘结强度试验的试件

1—加固材料；2—钢标准块；3—受检胶的胶缝；

4—粘结标准块的快固胶；5—预切缝；

6—混凝土试块；7—Φ10 螺孔

（4）试样组成部分的制备

1）受检粘结材料应按产品使用说明书规定的工艺要求进行配置和使用。

2）混凝土试块的尺寸应为 70mm×70mm×40mm；其混凝土强度等级，对 A 级和 B 级胶粘剂均应为 C40～C45；对 A 级和 B 级界面胶（剂），应分别为 C40 和 C25。试块浇筑后应经 28d 标准养护；试块使用前，应以专用的机械切出深度为 4～5mm 的预切缝，缝宽约 2mm。预切缝围成的方形平面，其净尺寸应为 40mm×40mm，并应位于试块的中心。混凝土试块的粘贴面（方形平面）应做打毛处理。打毛深度应达骨料新面，且手感粗糙，无尖锐突起。试块打毛后应清理洁净，不得有松动的骨料和粉尘。

（5）加固材料的取样

纤维复合材应按规定的抽样规则取样；从纤维复合材中间部位裁剪出尺寸为 40mm×40mm 的试件；试件外观应无划痕和折痕；粘合面应洁净，无油脂、风尘等影响胶粘的污染物。

（6）钢标准块

钢标准块用 45 号碳钢制作；其中心应有安装 Φ10 螺杆用的螺孔。标准块与加固材料粘合的表面应经喷砂或其他机械方法的糙化处理；糙化程度应以喷砂效果为准。标准块可重复使用，但重复使用前应完全清除粘合面上的粘结材料层和污迹，并重新进行表面处理。

3. 试件的粘合、浇筑与养护

首先在混凝土试块的中心位置，按规定的粘合工艺粘贴加固材料（纤维复合材），若为多层粘贴，应在胶层指干时立即粘贴下一层。试件粘贴时，应采取措施防止胶液流入预切缝。粘贴完毕后，应按产品使用说明书规定的工艺要求进行加压、养护；经 7d 固化（胶粘剂）后，用快固化的高强胶粘剂将钢标准块粘贴在试件表面。每一道作业均应检查各层之间的对中情况。

对结构胶粘剂的加压、养护，若工期紧，且征得有关各方同意，允许采用快速固化养护制度：在 40℃ 条件下烘 24h；烘烤过程中仅允许有 2℃ 的正偏差；自然冷却至 23℃ 后，再静置 16h，即可贴上标准块。

4. 试件步骤

（1）试件组装

试件应安装在钢夹具（图 2-17）内并拧上传力螺杆。安装完成后各组成部分的对中标志线应在同一轴线上。

常规实验的试样数量每组不应少于 5 个；仲裁试验的试样数量应加倍。

（2）试验环境

试验环境应保持在：温度为 23±2℃、相对湿度为 50%±5%～65%±10%（仲裁性试验的试验室相对湿度应控制在 45%～55%）。若试样系在异地制备后送检，应在试验标准环境条件下放置 24h 后才进行试验，且应做异地制备的记载于检验报告上。

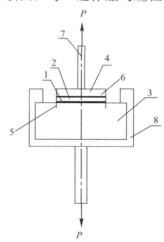

图 2-17　试件组装

1—受检胶粘剂；2—被粘合的纤维复合材；3—混凝土试块；4—钢标准块；5—混凝土试块预切缝；6—快固化高强胶粘剂的胶缝；7—传力螺杆；8—钢夹具

（3）试验步骤

将安装在夹具内的试件（图 2-17）置于试验机上下夹持器之间，并调整至对中状态后夹紧。以 3mm/min 的均匀速率加荷直至破坏。记录试样破坏时的荷载值，并观测其破坏形式。

5. 试验结果判别

正拉粘结强度应按下式计算：

$$f_{ti} = p_i / A_{ai} \tag{2-53}$$

式中　f_{ti}——试样 i 的正拉粘结强度（MPa）；

　　　p_i——试样 i 破坏时的荷载值（N）；

　　　A_{ai}——金属标准块 i 的粘合面面积（mm²）。

（1）试样破坏形式及其正常性判别

1）试样破坏形式

① 内聚破坏：应分为基材混凝土内聚破坏和受检粘结材料的内聚破坏；后者可见于使用低性能、低质量的胶粘剂的场合。

② 粘附破坏（层间破坏）：应分为胶层与基材之间的界面破坏及胶层与纤维复合材或钢板之间的界面破坏。

③ 混合破坏：粘合面出现两种或两种以上的破坏形式。

2）破坏形式正常性判别

① 当破坏形式为基材混凝土内聚破坏，或虽出现两种或两种以上的混合破坏形式，但基材混凝土内聚破坏形式的破坏面积占粘合面面积 85％以上，均可判为正常破坏。

② 当破坏形式为粘附破坏、粘结材料内聚破坏或基材混凝土内聚破坏面积少于 85％的混合破坏时，均应判为不正常破坏。

钢标准块与检验用高强、快固化胶粘剂之间的界面破坏，属检验技术问题，应重新粘贴；不参与破坏形式正常性评定。

（2）试验结果的合格评定

1）组试验结果的合格评定

① 当一组内每一试件的破坏形式均属正常时，应舍去组内最大值和最小值，而以中间三个值的平均值作为该组试验结果的正拉粘结强度推定值；若该推定值不低于现行国家标准《混凝土结构加固设计规范》（GB 50367—2013）规定的相应指标（对界面胶、界面剂暂按底胶的指标执行）时，则可评该组试件正拉粘结强度检验结果合格。

② 当一组内仅有一个试件的破坏形式不正常，允许以加倍试件重做一组试验。若试验结果全数达到上述要求，则仍可评该组为试验合格组。

2）检验批试验结果的合格评定应符合下列要求：

① 若一检验批的每一组均为试验合格组，则应评该批粘结材料的正拉粘结性能符合安全使用要求。

② 若一检验批中有一组或一组以上为不合格组，则应评该批粘结材料的正拉粘结性能不符合安全使用要求。

③ 若检验批由不少于 20 组试件组成，且仅有一组被评为试验不合格组，则仍可评该批粘结材料的正拉粘结性能符合使用要求。

练习题

一、单项选择题

1. 检验锚固拉拔承载力的加载方式可为连续加载或分级加载，可根据实际条件选用。分级加载时，应将设定的检验荷载均分为（　　）级，每级持荷 1min，直至设定的检验荷载，并持荷 2min。

A. 8 　　　　B. 9 　　　　C. 10 　　　　D. 11

2. 对后锚固件拉拔试验进行破坏性检验时，现场破坏性检验宜选择锚固区以外的同条件位置，应取每一检验批锚固件总数的 0.1% 且不少于（　　）件进行检验。

A. 3 　　　　B. 4 　　　　C. 5 　　　　D. 6

3. 植筋锚固质量的非破损检验时，对重要结构构件及生命线工程的非结构构件，应取每一检验批植筋总数的 3% 且不少于（　　）件进行检验。

A. 1 　　　　B. 3 　　　　C. 4 　　　　D. 5

4. 后锚固件拉拔试验的仪器设备中，当检测重要结构锚固件的荷载—位移曲线时，位移仪表的量程不应小于（　　）mm。

A. 30 　　　　B. 50 　　　　C. 60 　　　　D. 70

二、多项选择题

1. 后锚固件拉拔试验进行破坏性检验时，施加荷载应符合（　　）规定。

A. 连续加载时，对锚栓应以均匀速率在 4～5min 时间内加荷至锚固破坏

B. 对植筋应以均匀速率在 2～7min 时间内加荷至锚固破坏

C. 分级加载时，前 8 级，每级荷载增量应取为 $0.1N_u$，且每级持荷 1～1.5min

D. 自第 6 级起，每级荷载增量应取为 $0.05N_u$，且每级持荷 30s，直至锚固破坏

E. 荷载检验值应取 $0.9f_{yk}A_s$ 和 $0.8N_{Rk}$ 的较小值

2. 关于后锚固件拉拔试验拉力试验机的使用要求，下列说法不正确的是（　　）。

A. 拉力试验机的力值量程选择，应使试样的破坏荷载发生在该机标定的满负荷的 10%～70% 之间

B. 力值的示值误差不得大于 3%

C. 试验机夹持器的构造应能使试件垂直对中固定

D. 不产生偏心和扭转的作用

E. 试件夹具应由带拉杆的钢夹套与带螺杆的钢标准块构成

3. 关于碳纤维片正拉粘结强度试验钢标准块说法正确的是（　　）。

A. 钢标准块用 45 号碳钢制作

B. 其中心应有安装 Φ20 螺杆用的螺孔

C. 标准块与加固材料粘合的表面应经喷砂或其他机械方法的糙化处理

D. 糙化程度应以喷砂效果为准

E. 标准块不可重复使用

三、综合题

1. 后锚固件拉拔试验的抽样规则是什么？

2. 碳纤维片正拉粘结强度试验技术的适用范围是什么？

3. 检验批试验结果的合格评定应符合什么要求？

2.9　混凝土构件力学性能试验方法

混凝土构件力学性能主要指构件在设计使用荷载作用下的承载能力、挠度变形、裂缝等主要技术指标。通常构件荷载试验是检验结构性能的最常用方法，主要通过对试验构件施加荷载，观测结构构件的受力反应（变形、裂缝、承载力），相关的国家标准和试验设计依据主要有《混凝土结构工程施工质量验收规范》（GB 50204—2015）、《混凝土结构试验方法标准》（GB/T 50152—2012）、《混凝土结构设计规范》（GB 50010—2010）、《建筑结构荷载规范》（GB 50009—2012）、《建筑结构检测技术标准》（GB/T 50344—2004）等。

混凝土力学性能检测的测区或取样位置应布置在无缺陷、无损伤且具有代表性的部位；当发现构件存在缺陷、损伤或性能裂化现象时，应在检测报告中予以描述。当委托方有特定要求时，可对存在缺陷、损伤或性能裂化现象的部位进行混凝土力学性能的专项检测。

2.9.1　量测仪器仪表

混凝土结构试验用的量测仪表，需要满足一定的参数要求：水准仪和经纬仪的精度分别不应低于 3 级精度（DS3）和 2 级精度（DS2）；位移传感器的准确度不应低于 1.0 级；指示仪表的最小分度值不宜大于所测总位移的 1.0%，示值误差应为满量程的 ±1.0‰；倾角仪的最小分度值不宜大于 $5''$；电子倾角计的示值误差应为满量程的 ±1.0%；千分表、百分表和位移传感器等构成的应变量测装置，其标距误差应为 ±1.0%，最小分度值不宜大于被测总应变的 1.0%；双杠杆应变计的示值误差和标距误差均应为 ±1.0%，最小分度值不宜大于被测总应变的 2.0%；静态电阻应变仪的精度不应低于 B 级，最小分度值不宜大于 10×10^{-6}；动态电阻应变仪的精度不应低于 B 级，基准量程不宜小于 200×10^{-4}，输出灵敏度不宜低于 $0.1 \text{mA}/10^{-6}$ 或 $0.1 \text{mV}/10^{-6}$，载波频率不宜低于 10 倍被测应变的频率；电阻应变计的精度不应低于 C 级；对于疲劳试验精度不应低于 B 级；观测裂缝宽度的仪表，其最小分度值不宜大于 0.05mm。同时，各种力值量测仪表的精度、误差等应分别满足下列规定：弹簧式拉力、压力测力计的最小分度值不应大于满量程的 2.0%，示值误差应为 ±1.5%；负荷传感器的精度不应低于 C 级，对于长期试验，精度不应低于 B 级；负荷传感器的指示仪表的最小分度值不宜大于被测力值总量的 1.0%，示值误差应为满量程的 ±1.0%。并且各种记录仪表精度、误差等应分别满足下列规定：$x—y$ 函数记录仪的准确度不应低于 1.0 级；光线示波器应符合现行标准《光线示波器》（JB/T 9304—1999）的规定；笔式记录器的准确度不应低于 1.0 级；磁带记录器的信噪比不应小于 35dB，带速误差应为 ±0.7%，线性误差不应大于 0.5%。

2.9.2　试验加载设备

混凝土结构试验用的各种试验机应满足标准规定的精度等级要求，并应有计量部门定期检验的合格证书。经修理的试验机应重新检验，领取新的合格证书。当使用其他加载设备对试验结构构件加荷载时，加载量误差应为 ±3.0%，对于现场试验的误差应为 ±5.0%。同时，采用各种重物产生的重力作试验荷载时，称量重物的衡器示值误差应为 ±1.0%，重物应满足相应的规定。铁块、混凝土块等块状重物应逐块或逐级分堆称量，最大块重应满足加载分级的需要，并不宜大于 25kg；红砖等小型块状材料，宜逐级分堆称量；对于块体大小均匀，含水量一致又经抽样核实块重确系均匀的小型块材，可按平均块重计算加载量；砂石等散粒状材料应装袋，或装入放在试验构件表面上的无底箱中，并逐级称量加载。当采用静水压力作均布试验荷载时，水中不应含有泥砂等杂物，可采用水柱高度或精度不低于 1.0 级水表计算加载量。同时，采用千斤顶加载，按标准规定的力值量测仪表直接测定它的加载量。当条件受到限制而需用油压表测定油压千斤顶的加载量时，油压表精度不应低于 1.5 级，并应对配套的千斤顶进行标定，绘出标定曲线，曲线的重复性误差应为±50%。当采用相互并联的数个同规格液压加载器施加静荷载时，可只在一个加载器上测定作用力，并计算总的加载量，此时各加载器的实测摩阻系数与平均值的偏差应为±2.0%，各加载器间的高差不应大于 5m。

当采用卷扬机、捯链等机具加载时，应采用串联在绳索中的力值量测仪表直接测定加载量，当绳索需通过导向轮或滑轮组对结构加载时，力值量测仪表宜串联在靠近试验结构一端的绳索中。同时，加载用的各种试验机精度、误差等应分别满足相应规定。

2.9.3 试验装置

试验装置的设计和配置应满足相应的要求。试验结构构件的跨度、支承方式、支撑等条件和受力状态应符合设计计算简图，且在整个试验过程中保持不变；试验装置不应分担试验结构构件承受的试验荷载，且不应阻碍结构构件的变形自由发展；试验装置应有足够刚度，最大试验荷载作用下应有足够承载力和稳定性。

1. 试验结构构件的支座

单跨简支结构构件和连续梁的支座除一端支座应为固定铰支座外，其他支座应为滚动铰支座，安装时各支座轴线应彼此平行并垂直于试验结构构件的纵轴线，各支座轴线间的距离取为结构构件的试验跨度；滚动铰支座和固定铰支座的构造分别如图 2-18 和图 2-19 所示。

铰支座的长度不应小于试验结构构件在支承处的宽度，上垫板宽度 c 宜与试验结构构件的设计支承长度一致，厚度不应小于 $c/6$。钢滚轴直径宜按表 2-12 取用。

钢滚轴直径表　　　　　　　　　　　　　　　　　　　　　　　　　　　　　　表 2-12

滚轴荷载（kN/mm）	钢滚轴直径（mm）
＜2.0	50
2.0～4.0	60～80
4.0～6.0	80～100

而且，悬臂梁的嵌固端支座宜按图 2-18～图 2-20 设置。上支座中心线和下支座中心线至梁端的距离应分别为设计嵌固长度 c 的 1/6 和 6/5，拉杆应有足够强度和刚度；四角支承和四边简支支承双向板的支座应分别按图 2-21 的形式设置。四边支承板的滚珠间距取板在支承处厚度 h 的 3～5 倍。

此外，轴心受压和偏心受压试验结构构件两端应分别设置刀口式支座（图 2-22），刀口的长度不应小于试验结构构件截面宽度；安装时上下刀口应在同一平面内，刀口的中心线应垂直于试验结构构件发生纵向弯曲的所在平面，并应与试验机或荷载架的中心线重合；刀口中心线与试验结构构件截面形心间的距离应取为加载偏心距 e_0。

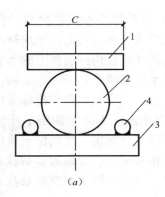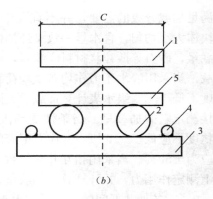

图 2-18　滚动铰支座

(a) 滚轴式；(b) 刀口式

1—上垫板；2—钢滚轴；3—下垫板；4—限位钢筋；5—刀口式垫板

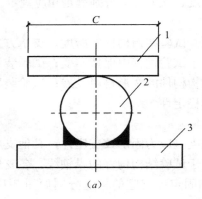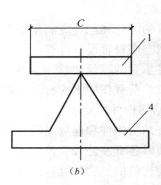

图 2-19　固定铰支座

(a) 滚轴式；(b) 刀口式

1—上垫板；2—钢滚轴；3—下垫板；4—刀口式垫板

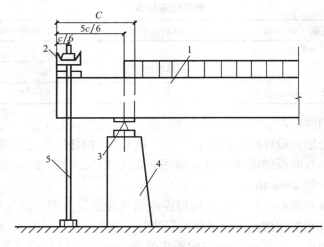

图 2-20　嵌固端支座设置

1—试验构件；2—上支座刀口；3—下支座刀口；4—支墩；5—拉杆

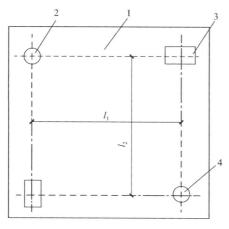

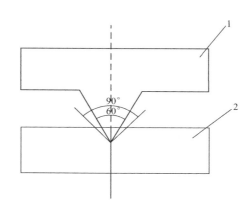

图 2-21 四角支撑板支座设置
1—试验板；2—滚珠；3—滚轴；4—固定滚珠

图 2-22 受压构件的刀口式支座
1—刀口；2—刀口座

当在压力试验机上做短柱轴心受压强度试验时，若试验机上、下压板之一已有球铰，短柱两端可不再设置刀口式支座。除此之外，对于双向偏心受压试验结构构件，两端应分别设置球形支座或双层正交刀口；球铰中心应与加载点重合，双层刀口的交点应落在加载点上。

2. 传递试验荷载的方法和装置

采用重物的重力做均布试验荷载时，重物在单向试验结构构件受荷面上应分堆堆放，沿试验结构构件的跨度方向的每堆长度不应大于试验结构构件跨度的 1/6；对于跨度为 4m 和 4m 以下的试验结构构件，每堆长度不应大于构件跨度的 1/4；堆间宜留 50～150mm 的间隙；对于双向受力板的试验，堆放重物在两个跨度方向上的每堆长度和间隙均应满足上述要求；当采用装有散粒材料的无底箱子加载时，沿试验结构构件跨度方向放置的箱数不应少于两个；同时，集中试验荷载作用点下的试验结构构件表面上，应设置足够厚度的钢垫板，钢垫板的面积应由混凝土局部受压承载力验算决定，对于柱等试验构件，必要时还可增设钢柱帽，防止柱端局部压坏；对于梁、桁架等简支试验结构构件，当采用千斤顶等施加集中荷载时，加载设备不应影响试验结构构件跨度方向的自由变形；而且，采用分配梁传递试验荷载时，分配比例不宜大于 4∶1；分配梁应为单跨简支，其支座构造应和简支试验结构构件的支座构造相同；此外，采用杠杆施加试验荷载时，杠杆的三支点应明确，并应在同一直线上，杠杆的放大比不宜大于 5。

在试验平面外稳定性较差的屋架、析架、薄腹梁等结构时，应按结构的实际工作条件设置平面外支撑。平面外支撑应有足够的刚度和承载力，且应可靠地锚固，并不应阻碍试验结构构件在平面内的变形发展。

同时，试验结构构件支座下的支墩和地基应分别符合下列规定：支墩和地基应有足够刚度，在试验荷载作用下的总压缩变形不宜超过试验结构构件挠度的 1/10；对于连续梁，四角支承和四边支承双向板等结构试验需要两个以上支墩时，各支墩的刚度应相同。单向简支试验结构构件的两个铰支座的高差应符合结构构件支座设计高差的要求，其偏差不宜大于试验结构构件跨度的 1/200；双向板支墩在两个跨度方向的高差和偏差均应满足上述要求；连续梁各中间支墩应采用可调式支墩，并宜安装力值量测仪表，按支座反力的大小调节支墩高度。

2.9.4　试验荷载和加载方法

试验荷载应该在进行混凝土结构试验前确定。试验结构构件加载方案通常采用与其实际工作状态相一致的正位试验。当需要采用异位（卧位、反位）试验时，应防止试验结构构件在就位过程中产生裂缝，不可恢复的挠曲或其他附加变形，并应考虑构件自重的作用方向与实际作用方向不一致的影响。

试验结构构件的加载图式必须符合计算简图，当试验条件受限制时，可采用控制截面（或部位）上产生与某一相同作用效应的等效荷载进行加载，但也要考虑等效荷载对结构构件试验结果的影响。当一种加载图式不能反映试验要求的几种极限状态时，应采用几种不同的加载图式分别在几个试验结构构件上进行试验。如果在一种试验结构构件上做过第一种加载图式试验后经采取措施能确保对第二种加载图式的试验结果不会带来影响时，可在同一试件上先后进行两种不同加载图式的试验。对试验结构构件施加荷载的装置和方法应根据结构构件的类型、加载图式及设备条件进行选择。

1. 使用状态短期试验荷载值

对结构构件的挠度、裂缝宽度试验，应确定正常使用极限状态试验荷载值（简称为使用状态试验荷载值）；对结构构件的抗裂试验，应确定开裂试验荷载值；对结构构件的承载力试验，应确定承载能力极限状态试验荷载值，简称为承载力试验荷载值。

试验结构构件的使用状态短期试验荷载值应根据结构构件控制截面上的荷载短期效应组合的设计值 S_s 和试验加载图式经换算确定，荷载短期效应组合的设计值 S_s 应按现行国家标准《建筑结构荷载规范》（GB 50009—2012）计算确定，或由设计文件提供；试验结构构件的开裂试验荷载应根据结构构件的开裂内力计算值和试验加载图式经换算确定。

正截面抗裂检验的开裂内力计算值应按下式计算：

$$S_{cr}^c = [\nu_{cr}]S_s \tag{2-54}$$

$$[\nu_{cr}] = 0.95 \frac{\sigma_{pc} + \gamma f_{tk}}{\sigma_{sc}} \tag{2-55}$$

式中　S_{cr}^c——正截面抗裂检验的开裂内力计算值；

　　$[\nu_{cr}]$——构件扰裂检验系数允许值；

　　σ_{sc}——荷载的短期效应组合下抗裂验算边缘的混凝土法向应力（N/mm²）；

　　γ——受拉区混凝土塑性影响系数，应按现行国家标准《混凝土结构设计规范》（GB 50010—2010）的有关规定取用；

　　f_{tk}——试验时的混凝土抗拉强度标准值（N/mm²），应根据设计的混凝土立方体抗压强度值，按现行国家标准《混凝土结构设计规范》（GB 50010—2010）规定的指标取用；

　　σ_{pc}——试验时在抗裂验算边缘的混凝土预应力计算值（N/mm²），应按现行国家标准《混凝土结构设计规范》（GB 50010—2010）的有关规定确定；计算预压应力值时，混凝土的收缩、徐变引起的预应力损失值应考虑时间因素的影响；

　　S_s——荷载短期的效应组合的设计值。

2. 承载力试验荷载值

试验结构构件的承载力试验荷载应根据构件达到承载能力极限状态时的内力计算值和

试验加载图式经换算确定。

检验性试验结构构件达到承载能力极限状态时的内力计算值的计算方法如下：

$$S_{u1}^c = \gamma_0 [\nu_u] S \tag{2-56}$$

式中　S_{u1}^c——当按设计规范规定进行检验时，结构构件达到承载力极限状态时的内力计算值，也可称为承载力检验值（包括自重产生的内力）；

γ_0——结构构件的重要性系数；

$[\nu_u]$——结构构件承载力检验系数允许值，按现行国家标准《混凝土结构工程施工质量验收规范》（GB 50204—2015）取用；

S——荷载效应组合的设计值（内力组合设计值）。

当设计要求按实配钢筋的构件承载力进行检验时按下式计算：

$$S_{u2}^c = \gamma_0 \eta [\nu_u] S \tag{2-57}$$

$$\eta = \frac{R(f_c, f_s, A_n^m \cdots)}{\gamma_0 S} \tag{2-58}$$

式中　S_{u2}^c——当设计要求按实配钢筋的构件承载力进行检验时，结构构件达到承载力极限状态时的内力计算值，也可称为承载力检验值（包括自重产生的内力）；

R——按实配钢筋面积确定的构件承载力计算值；

η——构件承载力检验的修正系数。

2.9.5　试验加载程序

结构试验开始前先进行预加载，预加载值不宜超过结构构件开裂试验荷载计算值的70%。试验开始后试验荷载采用分级的方式进行加载和卸载：在达到使用状态短期试验荷载值以前，每级加载值不宜大于使用状态短期试验荷载值的20%，超过使用状态短期试验荷载值后，每级加载值不宜大于使用状态短期试验荷载值的10%，接近抗裂检验荷载时，每级荷载不宜大于该荷载值的5%。试验构件开裂以后，每级加载值应恢复正常加载。同时，每级卸载值可取为使用状态短期试验荷载值的20%～50%；每级卸载后在构件上的试验荷载剩余值与加载时的某一荷载值相对应。而且，每级荷载加载或卸载后的持续时间不应少于10min，且宜相等；若须观测结构构件变形和裂缝宽度，在使用状态短期试验荷载作用下的持续时间不应少于30min；在抗裂检验荷载作用下宜持续10～15min；如荷载达到开裂试验荷载计算值时试验结构构件已经出现裂缝可不按上述规定持续作用。此外，对新结构构件、跨度较大的屋架、桁架及薄腹梁等试验，在使用状态短期试验荷载作用下的持续时间不宜少于12h；当试验要求获得结构构件的承载力实测值和破坏特征时，应加载至试验结构构件破坏。并且，试验结构构件的自重和作用在其上的加载设备的重力，应作为试验荷载的一部分。加载设备产生的重力应经实测，且不宜大于使用状态试验荷载的20%；施加于试验结构构件各个加载部位上的每级荷载，应按同一个比例加载和卸载。当试验要求在结构构件上按规定比例施加竖向和水平荷载时，试验开始施加水平荷载应考虑自重的影响，以保持要求的比例。

2.9.6　试验前的准备工作

结构构件试验前应制定试验计划，包括试验目的和要求；试验结构构件的设计和制作，检验构件的抽样；试验对象的考察和检查；试验结构构件的安装就位和试验装置；试验荷载、加载方法和加载设备；试验量测的内容、方法和测点仪表布置图；安全与防护措施；试验资料整理和数据分析的要求。

试验对象的考察与检查主要包括下列内容：收集试验对象的原始设计资料、设计图纸和计算书；施工与试件制作记录；原材料的物理力学性能试验报告等文件资料。对预应力混凝土构件，应有施工阶段预应力张拉的全部详细数据与资料；同时，对已经生产或使用中的结构构件，应调查收集生产和使用条件下试验对象的实际工作情况；而且，对结构构件的跨度、截面、钢筋的位置、保护层厚度等实际尺寸及初始挠曲、变形、原始裂缝、包括预应力混凝土结构在预应力传递区段或预拉区的裂缝和缺陷等应做详细量测，做出书面记录，绘制详图。需要时宜摄影或录像记录。对仰筋的位置、实际规格、尺寸和保护层厚度也可在试验结束后进行量测。试验前宜将试件表面刷白，并分格画线，分格大小可按构件尺寸确定。同时结构试验用的各类量测仪表的量程应满足结构构件最大测值的要求，最大测值不宜大于选用仪表最大量程的80％。试验结构构件、设备及量测仪表均应有防风、防雨、防晒和防摔等保护设施。

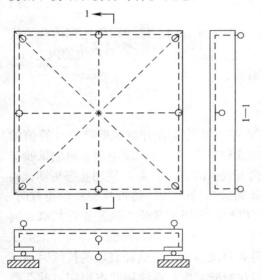

图 2-23 双向板挠度量测测点布置

2.9.7 变形的量测

结构构件整体变形的量测需要控制变形的结构构件，应量测其整体变形，测点布置应符合下列要求：对受弯或偏心受压构件的挠度测点应布置在构件跨中或挠度最大的部位截面的中轴线上；对宽度大于 600mm 的受弯或偏心受压构件，挠度测点应沿构件两侧对称布置；同时，对具有边肋的单向板，除应量测构件边肋挠度外，还宜量测板宽中央的最大挠度；对双向板、空间薄壳结构等双向受力结构，挠度测点应沿两个跨度方向或主曲率方向的跨中或挠度最大的部位布置（图 2-23）。

对屋架、桁架挠度测点应布置在下弦杆跨中或最大挠度的节点位置上，需要时亦宜在上弦杆节点处布置测点（图 2-24）。

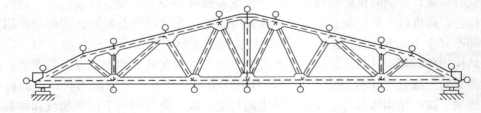

图 2-24 屋架挠度度量测点布置

在量测结构构件挠度时，还应在结构构件支座处布置测点。对具有固端连接的悬臂式结构构件，应量测结构构件自由端的位移和支座沉降及支座处截面转动所产生的角变位；量测支座沉降及转动的测点宜布置在支座截面的位置。对于屋架、桁架和具有侧向推力的结构构件，还应在跨度方向的支座两端布置水平测点，量测结构在荷载作用上沿跨度方向的水平位移（图 2-25）。

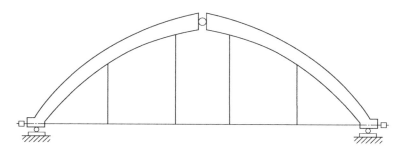

图 2-25　量测有侧向推力结构水平位移的测点布置

量测结构构件挠度曲线的测点布置应符合下列要求：受弯及偏心受压构件量测挠度曲线的测点应沿构件跨度方向布置，包括量测支座沉降和变形的测点在内，测点不应少于 5 点；对于跨度大于 6m 的构件，测点数量还应适当增多（图 2-26）。

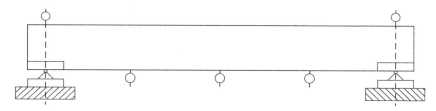

图 2-26　受弯构件挠度曲线量测测点布置

对双向板、空间薄壳结构量测挠度曲线的测点应沿两个跨度或主曲率方向布置，且任一方向的测点数包括量测支座沉降和变形的测点在内不应少于 5 点；屋架、桁架量测挠度曲线的测点应沿跨度方向各下弦节点处布置（图 2-26）。量测变形的仪表应安装在独立不动的仪表架上，现场试验应考虑地基变形对仪表支架的影响，当采用张线式安装时，应有消除张线温度影响的措施。当需要量测结构构件的极限变形时，宜采用位移传感器和自动记录仪器进行量测。

试验结构构件的局部变形需要进行应力应变分析的结构构件，应量测其控制截面的应变。量测结构构件应变时，测点布置应符合下列要求：对受弯构件应首先在弯矩最大的截面上沿截面高度布置测点，每个截面不宜少于两个（图 2-27a）；当需要量测沿载面高度的应变分布规律时，布置测点数不宜少于 5 个；在同一截面的受拉区主筋上应布置应变测点（图 2-27b）；对轴心受力构件，应在构件量测截面两侧或四侧沿轴线方向相对布置测点，每个截面不应少于两个（图 2-28）。对偏心受力构件，量测截面上测点不应少于两个（图 2-28）。如需量测截面应变分布规律时，测点布置与受弯构件相同；对于双向受弯构件，在构件截面边缘布置的测点不应少于 4 个。

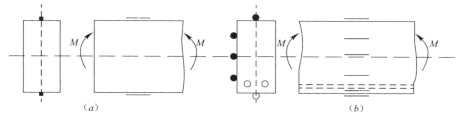

图 2-27　受弯构件截面应变量测测点布置

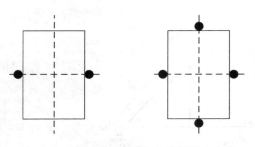

图 2-28　轴心受力构件应变量测测点布置

量测结构构件局部变形可采用千分表、杠杆应变仪、手持式应变仪或电阻应变计等各种量测应变的仪表或传感元件；量测混凝土应变时，应变计的标距应大于混凝土粗骨料最大粒径的 3 倍；当采用电阻应变计量测构件内部钢筋应变时，宜事先进行贴片，并做可靠的防护处理。采用机械式应变仪量测构件内部钢筋应变时，则应在测点位置处的混凝土保护层部位预留孔洞或预埋测点；也可在预留孔洞的钢筋上粘贴电阻应变计进行量测。当采用电阻应变计量测构件应变时，应有可靠的温度补偿措施。在温度变化较大的地方采用机械式应变仪量测应变时，应考虑温度影响进行修正。

试验结构构件变形的量测时间结构构件在试验加载前，应在没有外加荷载的条件下测读仪表的初始读数。同时，试验时在每级荷载作用下，应在规定的荷载持续时间结束时量测结构构件的变形。结构构件各部位测点的测读程序在整个试验过程中宜保持一致，各测点间读数时间间隔不宜过长。对在使用状态试验荷载作用下需要持续时间不少于 12h 的结构构件，在整个荷载持续时间内，宜在 10min、30mm、60min、2h、6h 和 12h 时分六次测读，并宜绘制结构构件的变形—时间关系曲线。当量测一般结构构件的残余变形时，在全部荷载卸载后的 45min 时间内，宜在 5min、10min、15min、30min、45min 时，量测变形恢复值及残余变形值。对需要在卸载后持续 18h 量测残余变形的结构构件，宜在 10min、30min、1h、2h、6h、12h 和 18h 时量测变形。

2.9.8　抗裂试验与裂缝量测

试验结构构件的抗裂试验结构构件进行抗裂试验时，应在加载过程中仔细观察和判别试验结构构件中第一次出现的垂直裂缝或斜裂缝，并在构件上绘出裂缝位置，标出相应的荷载值。当需要时，除应确定开裂荷载的实测值外，还应量测试验结构构件应力最大处的混凝土应变值以确定相应荷载下混凝土的应力状态。同时，垂直裂缝的观测位置应在结构构件的拉应力最大区段及薄弱环节，斜裂缝的观测位置应在弯矩和剪力均较大的区段及截面的宽度、高度等外形尺寸改变处。对于正截面出现裂缝的试验结构构件，可采用下列方法确定开裂荷载实测值：放大镜观察法用放大倍率不低于 4 倍的放大镜观察裂缝的出现，当在加载过程中第一次出现裂缝时，应取前一级荷载值作为开裂荷载实测值；当在规定的荷载持续时间内第一次出现裂缝时，应取本级荷载值与前一级荷载的平均值作为开裂荷载实测值；当在规定的荷载持续时间结束后第一次出现裂缝时，应取本级荷载值作为开裂荷载实测值。

荷载—挠度曲线判别法测定试验结构构件的最大挠度，取其荷载—挠度曲线上斜率首次发生突变时的荷载值作为开裂荷载实测值。连续布置应变计法在截面受拉区最外层表面，沿受力主筋方向在拉应力最大区段的全长范围内连续搭接布置应变计（图 2-29）监测应变值的发展，取任一应变计的应变增量有突变时的荷载值作为开裂荷载实测值。

对斜截面出现裂缝的构件，可采用放大倍率不低于 4 倍的放大镜观察裂缝的出现，也可在垂直于主要斜裂缝的方向布置数个应变计监测斜裂缝的出现（图 2-30），取任一应变计应变增量有突变时的荷载值作为开裂荷载实测值。

图 2-29　监测垂直裂缝出现的应变计布置
1—应变计；2—试件的受拉面

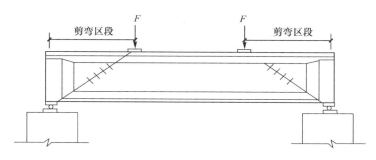

图 2-30　监测斜裂缝出现的应变计布置示意

　　试验结构构件开裂后应立即对裂缝的发生发展情况进行详细观测，并应量测使用状态试验荷载值作用下的最大裂缝宽度及各级荷载作用下的主要裂缝宽度、长度及裂缝间距，并应在试件上标出，绘制裂缝展开图。同时，垂直裂缝的宽度应在结构构件的侧面相应于受拉主筋高度处量测；斜裂缝的宽度应在斜裂缝与箍筋交汇处或斜裂缝与弯起钢筋交汇处量测。对无腹筋的结构构件应在裂缝最宽处量测斜裂缝宽度，并且在各级荷载持续时间结束时，应选 3 条或 3 条以上较大裂缝宽度进行量测，取其中的最大值为最大裂缝宽度。最大裂缝宽度应在使用状态短期试验荷载值持续作用 30s 结束时进行量测。

2.9.9　承载力的确定

　　对试验结构构件进行承载力试验时，在加载或持载过程中出现下列标志之一即认为该结构构件已达到或超过承载能力极限状态：轴心受拉、偏心受拉、受弯、大偏心受压的结构构件对有明显物理流限的热轧钢筋，其受拉主钢筋应力达到屈服强度，受拉应变达到0.01，对无明显物理流限的钢筋，其受拉主钢筋的受拉应变达到 0.01；受拉主钢筋拉断；受拉主钢筋处最大垂直裂缝宽度达到 1.5mm；挠度达到跨度的 1/50，对悬臂结构，挠度达到悬臂长的 1/25；受压区混凝土压坏；轴心受压或小偏心受压的结构构件混凝土受压破坏；受剪的结构构件斜裂缝端部受压区混凝土剪压破坏；沿斜截面混凝土斜向受压破坏；沿斜截面撕裂形成斜拉破坏；箍筋或弯起钢筋与斜裂缝交会处的斜裂缝宽度达到 1.5mm；钢筋和混凝土粘结锚固轴心受拉、偏心受拉、受弯、大偏心受压或受剪的结构构件，钢筋末端相对于混凝土的滑移值达到 0.2mm。进行承载力试验时，应取首先达到以上所列的标志之一时的荷载值，包括自重和加载设备重力来确定结构构件的承载力实测值。当在规定的荷载持续时间结束后出现以上所述的标志之一时，应以此时的荷载值作为试验结构构件极限荷载的实测值；当在加载过程中出现上述标志之一时，应取前一级荷载值作为结构构件的极限荷载实测值；当在规定的荷载持续时间内出现上述标志之一时，应取本级荷载值与前一级荷载的平均值为极限荷载实测值。

2.9.10　试验资料的整理分析

试验资料的整理分析主要分为如下几个方面：试验原始资料整理对试验对象的考察与检查；材料的力学性能试验结果；试验计划与方案及实施过程中的一切变动情况记录；测读数据记录及裂缝图；描述试验异常情况的记录；破坏形态的说明及图例照片。试验结构构件控制部位上安装的关键性仪表的测读数据，在试验进行过程中应及时整理、校核。同时，变形量测的试验结果整理确定简支梁、板、屋架、桁架等在各级荷载作用下的短期挠度实测值，应计算支座沉降、自重、加载设备重力和加载图式改变的影响。并确定悬臂构件自由端在各级试验荷载作用下的短期挠度实测值，应考虑支座转角、支座沉降、自重、加载设备重力的影响。

荷载—挠度曲线、各级试验荷载作用下结构构件的挠度曲线、使用状态试验荷载作用下的挠度—时间关系曲线、截面或支座的荷载—转角曲线等可根据试验目的绘制，并作必要说明；抗裂试验与裂缝量测的试验结果整理：对检验性试验，抗裂检验系数实测值应按下列公式计算：

在荷载短期效应组合下结构构件的抗裂检验系数实测值：

$$\nu_{cr,s}^{0} = \frac{S_{cr}^{0}}{S_{s}} \tag{2-59}$$

式中　$\nu_{cr,s}^{0}$——在荷载的短期效应组合下构件的抗裂检验系数实测值；

　　　S_{cr}^{0}——构件的开裂内力实测值，根据构件开裂荷载实测值（包括自重）确定；

　　　S_{s}——按荷载的短期效应组合的设计值（包括自重）。

对裂缝控制等级为二级的结构构件，在荷载长期效应组合下的抗裂检验系数实测值：

$$\gamma_{cr,l}^{0} = \frac{S_{cr}^{0}}{S_{l}} \tag{2-60}$$

式中　$\gamma_{cr,l}^{0}$——荷载的长期效应组合下，结构构件的抗裂检验系数实测值；

　　　S_{l}——按荷载的长期效应组合的设计值（包括自重）。

对需要做裂缝宽度检验的结构构件，应给出使用状态短期试验荷载下的最大裂缝宽度和最大裂缝所在位置及裂缝展开图。裂缝试验资料可根据试验目的按下列要求整理：各级试验荷载下的最大裂缝宽度和最大裂缝所在位置，并说明裂缝的种类；绘制各级试验荷载作用上的裂缝发生、发展的展开图；统计出各级试验荷载作用下的裂缝宽度平均值、裂缝间距平均值。

承载力试验结果整理对检验性试验，结构构件的承载力检验系数实测值应按下式计算：

$$\nu_{u}^{0} = \frac{S_{u}^{0}}{S} \tag{2-61}$$

式中　ν_{u}^{0}——结构构件的承载力检验系数实测值；

　　　S_{u}^{0}——结构构件内力实测值（包括自重）；

　　　S——荷载效应组合的设计值。

结构构件的应力、应变可根据下列要求分析整理：各级试验荷载作用下结构构件控制截面上的应力、应变分布；结构构件控制截面上最大应力（应变）—荷载关系曲线；结构构件的混凝土极限应变、钢筋的极限应变；结构构件复杂应力区的剪应力、主应力和主应力方向。应根据结构构件的破坏标志对结构构件的破坏过程及其特征进行分析和描述，并辅以图示或照片。

试验结果的误差及统计分析对试验结果应进行误差分析。试验数据的末位数字所代表的计量单位应与所用仪表的最小分度值相一致。对单次量测的直接量测结果的误差，可取所用量测仪表的精度作为基本的试验误差；对于间接量测结果的误差，应按误差传递法则进行间接量测值的误差分析。对有一定数量的同一类结构构件的直接量测试验结果，应计算平均值、标准差、变异系数（以百分率计）。同时，对试验结果作回归分析时，宜采用最小二乘法拟合试验曲线，求出经验公式，并应进行相关分析和方差分析，确定经验公式的误差范围。

练习题

一、单项选择题

1. 指示仪表的最小分度值不宜大于所测总位移的（　　）。

A. 0.5%　　　　　B. 1.0%　　　　　C. 1.5%　　　　　D. 2.0%

2. 静态电阻应变仪的载波频率不宜低于（　　）倍被测应变的频率。

A. 50　　　　　B. 20　　　　　C. 10　　　　　D. 5

3. 对于长期试验负荷传感器的精度不应低于（　　）级。

A. A　　　　　B. B　　　　　C. C　　　　　D. D

4. 当采用装有散粒材料的无底箱子加载时，沿试验结构构件跨度方向至少放置（　　）个箱子。

A. 1　　　　　B. 2　　　　　C. 3　　　　　D. 4

5. 结构试验开始前先进行预加载，预加载值不宜超过结构构件开裂试验荷载计算值的（　　）。

A. 90%　　　　　B. 80%　　　　　C. 70%　　　　　D. 60%

6. 采用分级加载制度进行试验时，每级荷载加载或卸载后的持续时间不应少于（　　）。

A. 10min　　　　　B. 15min　　　　　C. 20min　　　　　D. 30min

7. 若须观测结构构件变形和裂缝宽度，在使用状态短期试验荷载作用下的持续时间不应少于（　　）。

A. 10min　　　　　B. 15min　　　　　C. 20min　　　　　D. 30min

二、多项选择题

1. 量测结构构件局部变形可采用（　　）量测应变的仪表或传感元件。

A. 千分表　　　　B. 杠杆应变仪　　　　C. 手持式应变仪　　　　D. 电阻应变计

E. 负荷传感器

2. 对试验结构构件进行承载力试验时，在加载或持载过程中出现（　　）现象即认为该结构构件已达到或超过承载能力极限状态。

A. 受拉主筋断裂

B. 悬臂结构的挠度达到悬臂长的 1/30

C. 受压区混凝土压坏

D. 钢筋末端相对于混凝土的滑移值达到 0.2mm

E. 受拉主钢筋处最大垂直裂缝宽度达到 1.0mm

三、综合题

1. 荷载试验的加载程序是什么？

2. 轴心受压和偏心受压试验结构构件设置刀口式支座时应满足怎样的规定？

3. 受弯及偏心受压构件量测挠度曲线的测点应符合怎样的要求？

4. 试验资料的整理分析包括哪些方面？

5. 对抗裂试验进行裂缝量测时，垂直裂缝和斜裂缝的宽度如何量测？

2.10 裂缝检测技术

2.10.1 混凝土结构裂缝检测概述

房屋在建造和使用过程中会产生各种裂缝，当房屋裂缝影响房屋结构的安全及正常使用时，需进行相应的检测及处理工作。

结构构件裂缝检测的内容大体相同，但根据混凝土结构、砌体结构、钢结构、木结构类型不同，其裂缝检测内容可以适当调整。具体根据实际的结构构件选择以下项目：外观形态、部位、数量、长度、宽度、深度、动态观测。

裂缝的现场检测首先应在对结构构件裂缝宏观观测的基础上，绘制典型的和主要的裂缝分布图，并结合设计文件、建造记录和维修记录等综合分析裂缝产生的原因，以及对结构安全性、适用性、耐久性的影响，初步确定裂缝的严重程度。裂缝对结构的影响及其严重程度首先应根据裂缝在结构或构件上的宏观分布来判定。结合相应文件、记录，首先对裂缝作出初步评估。

《混凝土结构现场检测技术标准》（GB/T 50784—2013）中 8.5.1 条规定，裂缝检测时宜对受检范围内存在裂缝的构件进行全数检测，当不具备全数检测条件时，可根据约定抽样原则选取如下构件进行检测：重要的构件、裂缝较多或裂缝宽度较大的构件、存在变形的构件。

对于结构构件上已经稳定的裂缝可做一次性检测；对于结构构件上不稳定的裂缝，为了从宏观上准确把握裂缝发展的趋势，除按一次性观测做好记录统计外，还需进行持续性观测，每次观测应在裂缝末端标出观察日期和相应的最大裂缝宽度值，如有新增裂缝应标出发现新增裂缝的日期，从而对裂缝的原因和严重程度进行正确判断。

裂缝观测的数量应根据需要而定，并宜选择宽度大或变化大的裂缝进行观测。这是因为裂缝宽度最大处和裂缝变化最大处一般也是应力最集中的地方，这些部位一般为结构构件相对薄弱的环节，存在的安全隐患也相对较大。

对需要观测的裂缝进行统一编号，每条裂缝至少布设两组观测标志，其中一组布置在裂缝的最宽处，另一组布置在裂缝的末端。每组使用两个对应的标志，分别设在裂缝的两侧。裂缝宽度沿其长度方向一般是不均匀的，裂缝最宽处布设的观测标志是为了确定裂缝宽度的最大值；裂缝末端布设的观测标志是为了观察裂缝是否沿长度方向继续发展。

裂缝观测的周期视裂缝变化速度而定，且最长不超过 1 个月。裂缝观测周期若太长，则难以把握裂缝动态发展情况及其对结构的危险性，只有准确地掌握裂缝发展趋势，才能合理判断其对结构的影响程度并作出正确的决策。

对裂缝的观测，每次都绘出裂缝的位置、形态和尺寸，注明日期，并附上必要的照片资料。

2.10.2 裂缝检测的主要内容

对于混凝土结构和砌体结构数量不多且易于量测的裂缝，视标志形式不同，可采用比例尺、小钢尺或游标卡尺等工具定期量出标志间距离，测得裂缝变化值，或用方格网板定期读取"坐标差"，计算裂缝变化值；对于较大面积且不便于人工量测的大量裂缝，可采用近景摄影测量方法，测得裂缝变化值；对于需要连续监测变化情况的裂缝，可采用测缝计或传感器自动测记方法观测裂缝的变化。

1. 裂缝动态观测

目前常用石膏饼测量混凝土结构构件和砌体结构构件的裂缝发展情况，该方法操作简单，能够有效、定性地测出裂缝的发展情况，若裂缝有持续发展，则所贴石膏会有断裂裂缝，故须补贴新石膏饼以作进一步观察。具体操作如下：在宽度最大的裂缝处采用垂直于裂缝贴石膏饼的方法（石膏饼直径宜为100mm，厚度宜为10mm）进行持续观测，若发现石膏开裂，应立即在紧靠开裂石膏处补贴新石膏饼。

2. 裂缝宽度测量

测量裂缝宽度常用工具是裂缝比对卡和读数显微镜。裂缝比对卡上面有粗细不等并标注有宽度的平行线条，将其覆盖于裂缝上，可比较出裂缝的宽度；读数显微镜是配有刻度和游标的光学透镜，从镜中看到的是放大的裂缝，通过调节游标读出裂缝宽度。若裂缝仍在发展，则在裂缝宽度值上标明检测时间，便于分析裂缝变化。

结构构件裂缝宽度的测量具体可采用下列方法：

（1）塞尺或裂缝宽度对比卡：用于粗测，精度低。

（2）裂缝显微镜：读数精度在0.02～0.05mm，系目前裂缝测试的主要方法。

（3）裂缝宽度测试仪器，人工读数方式，测试范围：0.05～2.00mm；自动判读方式，读测精度0.05mm。

（4）对于某些特定裂缝，可使用柔性的纤维镜和刚性的管道镜观察结构的内部状况。

（5）当裂缝宽度变化时，宜使用机械检测仪测定，直接读取裂缝宽度。

混凝土结构构件和砌体结构构件裂缝宽度检测精度不小于0.1mm，测试部位（测位）表面保持清洁、平整，裂缝内部无灰尘或泥浆；木结构构件裂缝宽度测试读数精度不小于0.5mm，所以木结构构件裂缝宽度的测试读数精度没有混凝土结构和砌体结构裂缝宽度测试读数精度高。

3. 裂缝深度测量

结构构件裂缝深度检测部位，宜选取裂缝宽度最大处；裂缝深度沿其长度方向一般也是不均匀的，通常情况下，裂缝宽度最大处的裂缝深度最深，故裂缝深度的检测一般只针对裂缝宽度最大处。混凝土结构构件裂缝深度可用钻芯法和超声波法检测，钻芯法和超声波法是目前应用比较广泛的检测裂缝深度的方法，这两种方法技术比较成熟，测量结果比较准确。木结构构件裂缝深度可用探针检测，木结构构件裂缝深度检测方法比较简单，精度要求也不高，目前比较常用的方法是探针法。

采用混凝土钻芯法时，从混凝土钻芯和抽芯孔处测量裂缝深度。钻芯法属局部破损检测，不便于大面积使用，且适用裂缝深度也有一定限制，不适用于深度较大的裂缝检测。

超声波法属无损检测，有着广泛的应用。采用超声波法检测混凝土结构构件裂缝深度时，根据裂缝深度与被测构件厚度的关系以及可测试表面情况，可选择采用单面平测法、双面斜测法、钻孔对测法。

（1）当结构裂缝部位只有一个可测表面，估计的裂缝深度不大于被测构件厚度的一半且不大于 500mm 时，可采用单面平测法进行裂缝深度检测。

（2）当结构的裂缝部位具有两个相互平行的测试表面时，可采用双面穿透斜测法进行裂缝深度检测。

（3）当大体积混凝土的裂缝预测深度在 500mm 以上时，可采用钻孔对测法进行裂缝深度检测。

4. 斜裂缝测量

关于斜裂缝斜率的测量方法，应在斜裂缝中间及两端各量测 1 次，计算其倾斜高度，以最大的倾斜高度作为其斜裂缝斜率检测值。斜裂缝倾斜高度与斜裂缝沿构件纵向投影长度之比为斜裂缝斜率；木材中由于纤维排列的不正常而出现的倾斜纹理称为斜纹，在圆材中斜纹成螺旋状扭转。木结构构件的斜纹斜率对其承载力有一定的影响，故应对其斜纹斜率进行测量。在木结构构件两端各选 1m 材长量测 3 次，计算其平均倾斜高度，以最大的平均倾斜高度作为其木材的斜纹斜率检测值。

2.10.3　常见裂缝特征

根据混凝土结构裂缝的分布、形态和特征，可分别按表 2-13、表 2-14 判定裂缝所属类型，并初步评估裂缝的严重程度。

混凝土结构的典型荷载裂缝特征　　　　　　　　　　　　　表 2-13

原因	裂缝主要特征	裂缝表现
（1）轴心受拉	裂缝贯穿结构全截面，大体等间距（垂直于裂缝方向）；用带肋筋时，裂缝间出现位于钢筋附近的次裂缝	
（2）轴心受压	沿构件出现短而密的平行于受力方向的裂缝	
（3）偏心受压	弯矩最大截面附近从受拉边缘开始出现横向裂缝，逐渐向中和轴发展；用带肋钢筋时，裂缝间可见短向次裂缝	
	沿构件出现短而密的平行于受力方向的裂缝，但发生在压力较大一侧，且较集中	
（4）局部受压	在局部受压区出现大体与压力方向平行的多条短裂缝	

原因	裂缝主要特征	裂缝表现
（5）受弯	弯矩最大截面附近从受拉边缘开始出现横向裂缝，逐渐向中和轴发展，受压区混凝土压碎	
（6）受剪	沿梁端中下部发生约 45° 方向相互平行的斜裂缝	斜裂缝
	沿悬臂剪力墙支承端受力一侧中下部发生一条约 45° 方向的斜裂缝	
（7）受扭矩	某一面腹部先出现多条约 45° 方向斜裂缝，向相邻面以螺旋方向展开	
（8）受冲切	沿柱头板内四侧发生 45° 方向的斜裂缝；沿柱下基础体内柱边四侧发生 45° 方向斜裂缝	冲切裂缝 冲切裂缝

混凝土结构的典型非荷载裂缝特征　　　表 2-14

原因	一般裂缝特征	裂缝表现
(1) 框架结构一侧下沉过多	框架梁两端发生裂缝的方向相反 (一端自上而下, 另一端自下而上); 下沉柱上的梁柱接头处可能发生细微水平裂缝	
(2) 梁的混凝土收缩和温度变形	沿梁长度方向的腹部出现大体等间距的横向裂缝, 中间宽、两头尖, 呈枣核形, 至上下纵向钢筋处消失, 有时出现整个截面裂通的情况	
(3) 混凝土内钢筋锈蚀膨胀引起混凝土表面出现胀裂	形成沿钢筋方向的通长裂缝	
(4) 板的混凝土收缩和温度变形	沿板长度方向出现与板跨度方向一致的大体等间距的平行裂缝, 有时板角出现斜裂缝	
(5) 混凝土浇筑速度过快	浇筑 1~2h 后在板与墙、梁, 梁与柱交接部位的纵向裂缝	
(6) 水泥安定性不合格或混凝土搅拌、运输时间过长, 使水分蒸发, 引起混凝土浇筑时坍落度过低; 或阳光照射、养护不当	混凝土中出现不规则的网状裂缝	
(7) 混凝土初期养护时急骤干燥	混凝土与大气接触面上出现不规则的网状裂缝	类似本表 (6)
(8) 用泵送混凝土施工时, 为了保证流动性, 增加水和水泥用量, 导致混凝土凝结硬化时收缩量增加	混凝土中出现不规则的网状裂缝	类似本表 (6)
(9) 木模板受潮膨胀上棋	混凝土板面产生上宽下窄的裂缝	

原因	一般裂缝特征	裂缝表现
(10) 模板刚度不够，在刚浇筑混凝土的（侧向）压力作用下发生变形	混凝土构件出现与模板变形一致的裂缝	模板变形 模板变形
(11) 模板支撑下沉或局部失稳	已浇筑成型的构件产生相应部位的裂缝	基槽回填土浸水下沉 自然地面浸水下沉

　　表 2-13 及表 2-14 列举了混凝土结构常见裂缝产生的原因及其分布、形态特征，这都是根据工程实践经验及裂缝调查统计结果所得。其中包括荷载作用下混凝土结构的拉、压、弯、剪裂缝，外加变形或约束变形作用下、施工因素引起的结构裂缝。

　　各类裂缝有如下特征：

　　微裂缝：非常细微和短的裂缝，一部分在砂浆里，一部分在骨料和砂浆的界面上，通常只能用显微镜才能看见。这种裂缝由内应力或应力流的转向产生，需要用高灵敏度的超声检查。特别是沿混凝土浇筑方向的微裂缝会降低抗拉强度和增大抗拉强度的离散性。

　　贯穿裂缝：指贯穿构件整个横截面的裂缝，由于轴心受拉或小偏心受拉形成。

　　弯曲裂缝：这种裂缝始于受弯构件的受拉边缘，常止于中和轴以下。

　　中间裂缝和粘结裂缝：在通过配筋区的贯穿性裂缝之间，有时形成很小的中间裂缝，此种裂缝大部分只达到外层钢筋处，并可由早期的表面缝或小的内部粘结裂缝引起。

　　剪切裂缝：此种裂缝是由剪力或扭矩引起的斜向主拉应力造成，且与钢筋轴线成一定的夹角。由剪力引起的剪切裂缝，可由弯曲裂缝演变而成，或者在梁腹中开始。

　　沿钢筋的纵向裂缝：新浇筑混凝土凝固下沉受阻时产生，或者钢筋腐蚀时体积膨胀产生，有时也由高的粘结应力造成的横向拉力所致。这种裂缝可能伸延到表面，在钢筋间距密时与表面平行，并使混凝土保护层呈壳状剥落。在预应力结构中，如果混凝土保护层太薄或纵向压力太大，纵向裂缝就会沿着套管中大的预应力钢筋丝束产生；如果灌入砂浆太稀，在套管中存在过多的水而且冻结，也会产生纵向裂缝。

　　表面裂缝和网状裂缝：这种裂缝是由不均匀收缩、碳酸盐或温差引起的内应力造成的。如果产生内应力的内部约束力没有明显的方向，则网状裂缝可在任意方向形成。如果以拉应力方向为主，此种裂缝则平行分布。这类裂缝不深，大部分为几毫米至十几毫米，当温度和收缩差逐渐减小时，这种裂缝会自动闭合。

2.10.4　裂缝检测原始记录表

　　表 2-15～表 2-17 提供了几种可作为裂缝检测时原始记录的参考格式。

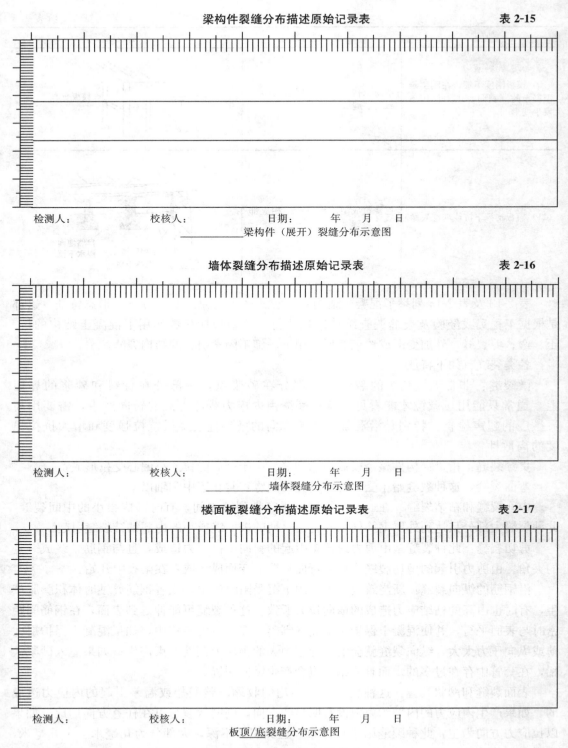

梁构件裂缝分布描述原始记录表　　　　　　　　表 2-15

检测人：　　　　　校核人：　　　　　日期：　　年　月　日

＿＿＿＿＿＿＿梁构件（展开）裂缝分布示意图

墙体裂缝分布描述原始记录表　　　　　　　　　表 2-16

检测人：　　　　　校核人：　　　　　日期：　　年　月　日

＿＿＿＿＿＿＿墙体裂缝分布示意图

楼面板裂缝分布描述原始记录表　　　　　　　　表 2-17

检测人：　　　　　校核人：　　　　　日期：　　年　月　日

板顶/底裂缝分布示意图

2.10.5　《房屋裂缝检测与处理技术规程》内容及特点介绍

1.《房屋裂缝检测与处理技术规程》编制背景

（1）编制《房屋裂缝检测与处理技术规程》的原因

自改革开放以来，由于社会经济的发展和人民生活水平的提高，我国建筑业发展十分迅速。目前，我国的建筑业已进入了空前繁荣时期，人们对建筑数量、质量和使用功能等方面都提出了越来越多的要求。随着建筑业的快速发展，各种新型材料、新型工艺不断涌现，它们在给人们带来众多惊喜的同时却没有很好地解决建筑业长久存在的一个问题——裂缝。大量既有民用与工业建筑和一般构筑物结构开裂是一个普遍但又无法回避的问题，由此引发的纠纷不计其数。但由于不同结构形式构件开裂原因及其对结构影响的复杂性不同，如何有效但又系统地给出裂缝处理的具体建议一直是建筑业所面临的难题。因此，建筑业的迅猛发展必然会使建筑裂缝问题更加凸显。据统计，由于房屋开裂引起的各种投诉事件和民事纠纷近年来明显增多，怎样在不影响建筑业快速发展的同时又不放大建筑裂缝产生的影响就成了亟需解决的问题。

现行设计和施工质量验收规范对房屋裂缝的宽度等指标有明确的要求，但房屋在使用阶段产生裂缝后如何处理在国内都没有标准作出相应要求。房屋结构中的裂缝 80% 属于构造裂缝，仅 20% 属于承载力不足引起的结构裂缝，而承载力不足可以采用相应的加固设计规范来进行结构加固，因此，编制一本主要针对占裂缝数量 80% 的构造裂缝的《房屋裂缝检测与处理技术规程》就成为了时代的呼声。

（2）工程结构产生裂缝的主要原因

工程结构产生裂缝的主要原因有下列方面：

1）自然灾害

地震：地震是一种不分国界的全球性自然灾害，它是迄今具有巨大破坏性和最大危险性的灾害。我国 46% 的城镇和许多重大工程设施分布在地震带上，有 2/3 的大城市处于地震区，200 余个大城市位于 M7 级以上地震区，20 个百万以上人口的特大城市位于地震烈度大于 8 度的高强地震区。历次地震均不同程度地对建筑结构造成了损坏，工程结构产生大量裂缝。

风灾：全球有超过 15% 的人口居住在热带暴风雨危险的地区，亦包括我国沿海。另外，东起台湾、西达陕甘、南迄二广、北至漠河，以及湘黔丘陵和长江三角洲，均有强龙卷风。据统计，风灾平均每年损坏房屋 30 万间，经济损失十多亿元。

水灾：我国大陆海岸线长达 18000km，全国 70% 以上的城市，55% 的国民经济收入分布在沿海地带，每年仅因海洋灾害造成的直接经济损失超过 20 亿元，我国目前有 1/10 的国土，100 多座大中城市的高程在江河洪水位之下。我国每年水灾倒房发生数十万到数百万起，比地震倒房严重得多。

火灾：随着国民经济的发展和城市化进程的加速，人口和建筑群的进一步密集，建筑物的火灾概率大大增加，我国平均每年火灾 6 万余起，其中建筑物火灾就占总数 60% 左右，因火场温度和持续时间不同而造成的灾害，使不少建筑物提前夭折，更多的建筑物受到严重损坏。

2）房屋使用功能改变

随着经济建设的发展，在新建企业的同时还强调对已有企业的技术改造，在改造过程中，往往要求增加房屋高度、增加荷载、增加跨度、增加层数，即实施对房屋的改造。当前国内外发展生产，提高生产力的重心，已从新建企业转移到对已有企业的技术改造，以取得更大的投资效益。按一些资料统计，改造比新建可节约投资约 40%，缩短工期约

50％，收回投资比新建快 3～4 倍。当然有些工业建筑改造要求更高，例如一些改造要求在不停产情况下进行，工业生产的高度自动化，高效率，高产值，对结构维修改造，除坚固、适用、耐久外，就是施工时间、空间的耗费，就可能给工业生产带来巨大经济损失，不要说拆了重建。同样民用建筑、公共建筑的改造亦日益受到人们的重视，抓好旧房的增层改造，向现有房屋要面积，是一条重要的出路，我国城市现有的房屋中，有 20％～30％ 具备增层改造条件，增层改造不仅可节省投资，同时可不再征用土地。对缓解日趋紧张的城市用地矛盾也有重要的现实意义。

3）设计施工和管理的失误

设计人员在设计建筑物时，必须面对各种不定性进行分析，影响建筑结构安全和正常使用有较多的因素，如材料强度、构件尺寸的缺陷、安装的偏差、计算的模型、施工的质量、各种作用等，均是随机的，从而风险不利事件或破坏的概率事实上是不可能避免的，完全正常的设计、施工和使用，在基准使用期内亦可能产生破坏，当然这是按比较小的能接受的概率发生。然而，设计人员的失误，结构内力计算错误、荷载组合错误、结构方案不正确，数学力学模型选择考虑不周、荷载估计失误、基础不均匀沉降考虑不周、构造不当、在设计上受各种因素影响片面强调节约材料降低一次性投资等，导致安全度降低；工程地质勘察存在问题，如不认真进行地质勘察，随便确定地基承载力、勘察的孔间距太大，勘查深度不足，不能全面准确反映地基实际情况，基础设计失误，甚至违反规定，不搞地质勘察即进行设计等。使失效概率大大增加，而更多的是尽管没有发生垮塌但是给使用留下大量隐患，造成结构的先天不足。违章在结构上下部任意开孔、挖洞、乱割，乱吊重物，超载，温湿度变化，环境水冲刷、冻融、风化、碳化以及由于缺乏建筑物正确的管理、检查、鉴定、维修、保护和加固的常识所造成的对建筑物管理和使用不当。

结构的先天不足还来源于施工，不严格执行施工质量验收规范、不按图施工、偷工减料、使用劣质材料、钢筋偏移、保护层厚度不足、配合比混乱等。建筑市场的混乱尤其劣质材料充斥市场，例如结构材料物理力学性能不良、化学成分不合格、水泥强度等级不足、安定性不合格、钢筋强度低、塑性差等，使房屋倒塌率偏高。正在施工或刚竣工就出现严重质量事故的现象在全国屡见不鲜（约 60％ 的事故就出现在施工阶段或建成尚未使用阶段），所有这些都给建筑物留下大量隐患。更有甚者是违反基本建设程序，诸如不作可行性研究，无证设计或越级设计、无图施工、盲目蛮干，均给工程留下隐患，造成严重后果。最近我国出现新中国成立以来工程事故第四次高发期就是由于以上原因造成的。

4）环境侵蚀和损伤积累

建筑物的缺陷还来自恶劣的使用环境，如高温、重载、腐蚀（氯离子侵蚀）粉尘、疲劳，违章在结构上下部任意开孔、挖洞、乱割，乱吊重物，超载，温湿度变化，环境水冲刷、冻融、风化、碳化以及由于缺乏建筑物正确的管理、检查、鉴定、维修、保护和加固的常识所造成的对建筑物管理和使用不当，致使不少建筑物安全度出现不应有的早衰。

5）老房屋达到设计基准期

20 世纪五六十年代修建的大批工业厂房、公共建筑和民用建筑，已有数十亿平方米进入中老年期，其维护加固，已提到议事日程上。20 世纪五六十年代，全国共建成各类工业项目50 多万个，各类公共建筑项目近百万个，累计竣工的工业和民用建筑数十亿平方米，其中，相当比例的房屋已进入中老年期，不少房屋已是危破房，其治理早已到了刻不容缓的地步，所以不少地方的城市建设已进入从新区开发转为新区开发与旧房治理相结合的轨道。

对已修建好的各类建筑物、构筑物进行维修、保护，保持其正常使用功能，延长其使用寿命，对我国而言，不但可以节约投资，而且能够减少土地的征用，对缓解日益紧张的城市用地矛盾有着重要的意义。由此可见，建筑结构加固越来越成为建筑行业中一个重要分支，因而对建筑结构加固方法、材料与施工工艺的研究，已成为与国家建设、人民生活息息相关的一个重要课题，随着社会财富的增加和人民生活水平的不断提高，必须对其提出更多、更高的要求，必须对此进行深入研究。

综上所述，不论是对新建筑物工程事故的处理，还是对已用建筑物是否危房的判断，不论是为抗御灾害所需进行的加固，还是为灾后所需进行的修复，不论是为适应新的使用要求而对建筑物实施的改造，还是对建筑进入中老年期进行正常诊断处理，都需要对建筑物进行检测和鉴定，以期对结构可靠性作出科学的评估，都需要对建筑物实施准确的管理维护和改造、加固，以保证建筑物的安全和正常使用。

2.《房屋裂缝检测与处理技术规程》内容介绍

（1）《房屋裂缝检测与处理技术规程》特色

《房屋裂缝检测与处理技术规程》编制突出了两个特色：

1）以裂缝检测→裂缝分类→裂缝处理方法→施工与检验，几个环节环环相扣，形成统一整体。这样就使得规范在实施的过程中能够做到条理清晰、思路明确，从而很好地达到裂缝处理的目的。详细操作流程如图 2-31 所示。

2）按房屋材料的不同，分别对混凝土、砌体、钢结构构件的裂缝（裂纹）检测与处理的操作过程及其控制指标进行了相关规定与说明。

（2）裂缝检测

结构裂缝的检测内容可视情况选择以下几项：

1）部位；

2）外观形态；

3）数量；

4）长度；

5）宽度；

6）深度；

7）动态观测。

结构裂缝的检测方法随着科技的进步，朝着越来越便捷、越来越精确的方向发展。各种检测手段在实际工程应用中都已经得到了很好的验证，已被专业人员所熟悉、掌握，所以在此对结构裂缝的检测方法不再赘述。

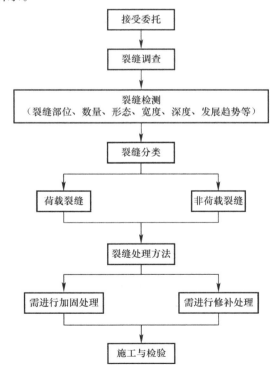

图 2-31　房屋裂缝的检测与处理程序

（3）裂缝分类

根据裂缝的形成原因，我们将裂缝分为两类：荷载裂缝和非荷载裂缝。荷载裂缝是荷载（包括地震作用）直接作用下，房屋结构构件由于承载力不足或抗裂能力不足，而产生的裂缝，如图 2-32～图 2-35 所示。

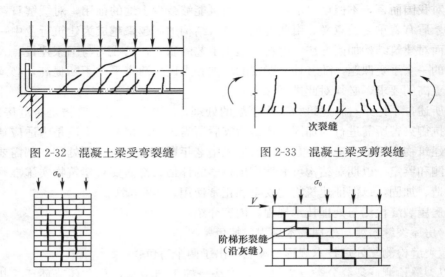

图 2-32　混凝土梁受弯裂缝　　　　　图 2-33　混凝土梁受剪裂缝

图 2-34　砌体墙受压裂缝　　　　图 2-35　砌体墙受剪产生的沿灰缝处裂缝

非荷载裂缝是除荷载裂缝以外的其他所有房屋裂缝，主要表现为温度裂缝，收缩、干缩、膨胀和不均匀沉降等因素引起的裂缝，如图 2-36～图 2-39 所示。

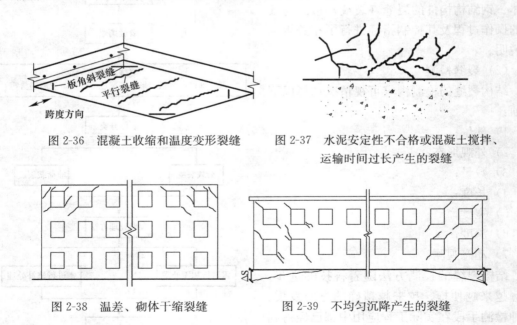

图 2-36　混凝土收缩和温度变形裂缝　　图 2-37　水泥安定性不合格或混凝土搅拌、
　　　　　　　　　　　　　　　　　　　　　　　　运输时间过长产生的裂缝

图 2-38　温差、砌体干缩裂缝　　　　图 2-39　不均匀沉降产生的裂缝

（4）裂缝处理方法

首先对荷载裂缝进行结构构件承载能力验算，通过 $R/(\gamma_0 \cdot S)$ 限值的方法检验结构是否需要加固，如采用结构加固，则加固过程包含了对结构裂缝的处理。$R/(\gamma_0 \cdot S)$ 限值见表 2-18、表 2-19。钢结构一旦出现裂纹便需要进行结构加固或直接更换构件。

混凝土结构构件的荷载裂缝处理限值　　　　　　表 2-18

建筑用途	构件类别	承载能力 $R/(\gamma_\circ \cdot S)$	处理要求
民用建筑	主要构件	$R/(\gamma_\circ \cdot S)<0.95$	（1）应按《混凝土结构加固设计规范》 （GB 50367—2013）的要求进行加固
		$R/(\gamma_\circ \cdot S)\geq0.95$，且$<1$	（2）进行裂缝修补处理
	一般构件	$R/(\gamma_\circ \cdot S)<0.90$	同（1）
		$R/(\gamma_\circ \cdot S)\geq0.90$，且$<1$	同（2）
工业建筑	主要构件	$R/(\gamma_\circ \cdot S)<0.90$	同（1）
		$R/(\gamma_\circ \cdot S)\geq0.90$，且$<1$	同（2）
	一般构件	$R/(\gamma_\circ \cdot S)<0.87$	同（1）
		$R/(\gamma_\circ \cdot S)\geq0.87$，且$<1$	同（2）

砌体结构构件的裂缝处理限值　　　　　　表 2-19

建筑用途	构件类别	承载能力 $R/(\gamma_\circ \cdot S)$	处理要求
民用建筑	主要构件	$R/(\gamma_\circ \cdot S)<0.95$	（1）应按《砌体结构加固设计规范》（GB 50207—2011）的要求进行加固设计，加固作业面覆盖裂缝时可不进行裂缝修补
		$R/(\gamma_\circ \cdot S)\geq0.95$，且$<1.0$	（2）根据裂缝产生原因的不同进行相应的处理；荷载裂缝参照《砌体结构加固设计规范》（GB 50207—2011）5.3.2条的要求进行处理，非荷载裂缝按《砌体结构加固设计规范》（GB 50207—2011）表5.3.3的要求进行裂缝处理
	一般构件	$R/(\gamma_\circ \cdot S)<0.90$	同（1）
		$R/(\gamma_\circ \cdot S)\geq0.90$，且$<1.0$	同（2）
工业建筑	—	$R/(\gamma_\circ \cdot S)<0.87$	同（1）
		$R/(\gamma_\circ \cdot S)\geq0.87$，且$<1.0$	同（2）

对于混凝土结构构件的裂缝处理要求见表 2-20。

混凝土结构构件裂缝修补处理的宽度限值（mm）　　　　　　表 2-20

区分	构件类别		环境作用等级			防水防气防射线要求
			I-C（干湿交替环境）	I-B（非干湿交替的室内潮湿环境及露天环境、长期湿润环境）	I-A（室内干燥环境、永久的静水浸没环境）	
应修补的弯曲、轴拉和大偏心受压荷载裂缝及非荷载裂缝的裂缝宽度（mm）	钢筋混凝土构件	主要构件	>0.4	>0.4	>0.5	>0.2
		一般构件	>0.4	>0.5	>0.6	>0.2
	预应力混凝土构件	主要构件	>0.1（0.2）	>0.1（0.2）	>0.2（0.3）	>0.2
		一般构件	>0.1（0.2）	>0.1（0.2）	>0.3（0.5）	>0.2
宜修补的弯曲、轴拉和大偏心受压荷载裂缝及非荷载裂缝的裂缝宽度（mm）	钢筋混凝土构件	主要构件	0.2～0.4	0.3～0.4	0.4～0.5	0.05～0.2
		一般构件	0.3～0.4	0.3～0.5	0.4～0.6	0.05～0.2
	预应力混凝土构件	主要构件	0.02～0.1（0.05～0.2）	0.02～0.1（0.05～0.2）	0.05～0.2（0.1～0.3）	0.05～0.2
		一般构件	0.02～0.1（0.05～0.2）	0.02～0.1（0.1～0.2）	0.05～0.3（0.1～0.5）	0.05～0.2

续表

区分	构件类别		环境作用等级			防水防气防射线要求
			I-C（干湿交替环境）	I-B（非干湿交替的室内潮湿环境及露天环境、长期湿润环境）	I-A（室内干燥环境、永久的静水浸没环境）	
不需要修补的弯曲、轴拉和大偏心受压荷载裂缝及非荷载裂缝的裂缝宽度（mm）	钢筋混凝土构件	主要构件	<0.2	<0.3	<0.4	<0.05
		一般构件	<0.4	<0.5	<0.6	<0.05
	预应力混凝土构件	主要构件	<0.02（0.05）	<0.02（0.05）	<0.05（0.1）	<0.05
		一般构件	<0.02（0.05）	<0.02（0.05）	<0.05（0.1）	<0.05
需修补的受剪（斜拉、剪压、斜压）轴压、小偏心受压、局部受压、受冲切、受扭裂缝（mm）	钢筋混凝土构件或预应力混凝土构件	任何构件	出现裂缝			

注：表中括号内的限制适用于冷拉Ⅰ、Ⅱ、Ⅲ、Ⅳ级钢筋的预应力混凝土构件。

对于砌体结构构件的裂缝处理要求见表 2-21。

砌体结构构件裂缝处理的宽度限值（mm）　　　　表 2-21

区分	构件类别	
	重要构件	一般构件
必须修补的裂缝宽度	>1.5	>5
宜修补的裂缝宽度	0.3～1.5	1.5～5
不须修补的裂缝宽度	<0.3	<1.5

（5）施工与检验

在对结构进行裂缝处理时，施工单位应针对施工方案制定施工技术措施，在施工过程中做到安全可靠、保证质量、保护环境、有效防护。

《房屋裂缝检测与处理技术规程》介绍了注射法、压力注浆法、填充密封法、表面封闭法这四种常用裂缝封闭方法的施工要点及检验方法，使裂缝修补实际操作得到有效控制，从而提高裂缝处理质量和效果。

3. 结语

《房屋裂缝检测与处理技术规程》已于 2010 年 6 月 25 日在北戴河召开了审查会，顺利通过了评审专家的审查（图 2-40、图 2-41），审查意见如下：

（1）《房屋裂缝检测与处理技术规程》送审稿的编写和编制程序符合工程建设标准编制管理办法和编写规定的要求。

（2）《房屋裂缝检测与处理技术规程》总结了我国大量的房屋裂缝检测与处理的工程经验，编制内容全面、技术可靠、经济合理，具有可操作性。

（3）《房屋裂缝检测与处理技术规程》是我国第一本针对房屋裂缝的工程标准，对典型的以及复杂的裂缝问题进行了归纳、整理，并针对 3 类房屋结构形式的裂缝提出了具体的检测与处理措施、方法。

（4）《房屋裂缝检测与处理技术规程》的编制对我国大量既有房屋裂缝的检测与处理具有重要的指导意义和实用价值。

图 2-40　评审专家和编制人员合影　　　　　图 2-41　评审会场

《房屋裂缝检测与处理技术规程》在获得批准发行后，还编写了与之配套使用的《裂缝检测与处理技术工程实例》，以使《房屋裂缝检测与处理技术规程》有更好的指示性及适用性，为我国建筑业的发展作出一份贡献。

练习题

一、单项选择题

1. 裂缝显微镜的读数精度范围在（　　　），系目前裂缝测试的主要方法。

A. 0.02～0.05mm
B. 0.01～0.05mm
C. 0.02～0.04mm
D. 0.02～0.06mm

2. 裂缝检测时宜对受检范围内存在裂缝的构件进行检测，当不具备该条件时，可根据约定抽样原则选取（　　　）构件进行检测。

A. 全数
B. 半数
C. 1/3
D. 1/4

3. 裂缝观测的周期视裂缝变化速度而定，且最长不超过（　　　）。裂缝观测周期若太长，则难以把握裂缝动态发展情况及其对结构的危险性，只有准确地掌握裂缝发展趋势，才能合理判断其对结构的影响程度并作出正确的决策。

A. 10 天
B. 半个月
C. 20 天
D. 一个月

4. 对裂缝的观测，每次都绘出裂缝的位置、形态和（　　　），注明日期，并附上必要的照片资料。

A. 大小
B. 尺寸
C. 长短
D. 粗细

二、多项选择题

1. 裂缝宽度测试仪器，人工读数方式，测试范围为（　　　）；自动判读方式，读测精度为（　　　）。

A. 0.05mm～1.00mm
B. 0.05mm～2.00mm
C. 0.01mm
D. 0.05mm
E. 0.1mm

2. 导致混凝土结构产生典型荷载裂缝的原因有（　　　）、受弯、受剪、受冲切。

A. 轴心受压
B. 轴心受拉
C. 偏心受压
D. 局部受压
E. 受扭

3. 贯穿裂缝是指贯穿构件整个横截面的裂缝，由于（　　　）形成。

A. 轴心受拉　　　B. 轴心受压　　　　　C. 小偏心受拉　　　　D. 小偏心受压

E. 受弯

4. 弯曲裂缝始于受弯构件的（　　　），常止于（　　　）。

A. 受压边缘　　　B. 受拉边缘　　　　　C. 中和轴以下　　　D. 中和轴以上

E. 中性轴位置

三、综合题

1. 结构构件裂缝宽度的测量具体可采用哪些方法？

2. 贯穿裂缝、弯曲裂缝的特征分别是什么？

3. 对于结构上不稳定的裂缝，应分别采取何种检测手段？

四、某住宅小区 10 号住宅楼⑫～⑭×Ⓟ～Ⓣ轴楼板裂缝检测案例（可供参考）

1. 概述

（1）工程概况

住宅小区 10 号住宅楼（以下简称"住宅楼"），根据委托方提供的相关资料及现场调查，该房屋设计层数为 25 层，结构体系为剪力墙结构，建筑地面以上高度为 72.5m，各层层高均为 2.9m，楼面板为钢筋混凝土现浇板。该住宅楼抗震设防烈度为 6 度，设计基本地震加速度为 0.05g，根据工程地质报告建筑场地类别为 Ⅱ 级。结构的安全等级为二级，结构耐火等级为二级，结构设计使用年限为 50 年。

住宅楼结构平面布置示意图如图 1 所示。

（2）检测、鉴定原因和内容

现因业主发现该住宅楼部分楼层⑫～⑭×Ⓟ～Ⓣ轴楼板（图 1 中阴影部分所示）存在不同程度的开裂现象，为确保该住宅楼的安全及正常使用，长沙凯富房地产开发有限公司特委托我单位对该住宅楼楼板裂缝进行检测鉴定。主要内容为：

1）楼板混凝土抗压强度检测；

2）楼板挠度检测；

3）楼板板底钢筋数量、间距及保护层厚度检测；

4）楼板厚度检测；

5）楼板裂缝检测鉴定；

6）房屋整体变形检测；

7）地质雷达检测；

8）提出相应的处理建议。

2. 检测鉴定的依据和资料

（1）《建筑结构检测技术标准》（GB/T 50344—2004）；

（2）《混凝土结构设计规范》（GB 50010—2010）；

（3）《拔出法检测混凝土强度技术规程》（CECS 69—2011）；

（4）《混凝土中钢筋检测技术规程》（JGJ/T 152—2008）；

（5）《建筑工程施工质量验收统一标准》（GB 50300—2013）；

（6）《混凝土结构工程施工质量验收规范》（GB 50204—2015）；

（7）《建筑变形测量规范》（JGJ 8—2007）；

（8）《建筑地基基础设计规范》（GB 50007—2011）；

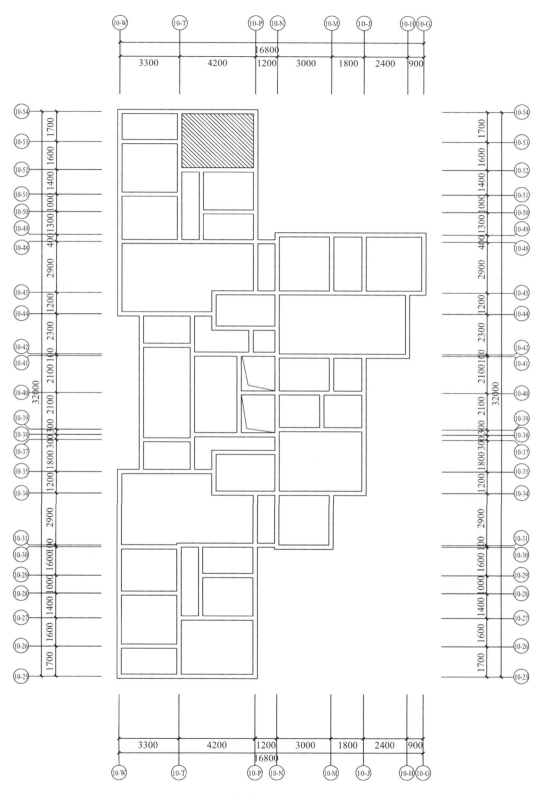

图 1　住宅楼标准层结构平面布置示意图

（9）《房屋裂缝检测与处理技术规程》（CECS 293—2011）；

（10）委托方提供的相关资料。

3. 主要检测仪器设备

（1）SFTQ-50 后装拔出法混凝土强度检测仪；

（2）DS32 水准仪、经纬仪；

（3）混凝土钢筋探测仪；

（4）ZBL-T710 楼板厚度检测仪；

（5）卷尺、皮尺等。

4. 检测与鉴定结果

（1）楼板混凝土抗压强度检测

采用后装拔出法对该房屋楼板混凝土抗压强度进行抽检，检测结果见表1。

抽检楼板混凝土抗压强度检测结果汇总表（MPa）　　　　　　　表 1

楼板位置及测点编号		拔出力代表值 F（kN）	抗压强度推定值	抗压强度平均值	设计混凝土强度等级
15 层⑫～⑭×⑫～① 轴楼板	1	24.5	40.3	36.0	C30
	2	19.6	32.7		
	3	21.1	35.1		
23 层⑫～⑭×⑫～① 轴楼板	1	16.7	28.2	29.3	C25
	2	17.4	29.3		
	3	18.1	30.4		

注：按《拔出法检测混凝土强度技术规程》（CECS 69—2011）的要求，混凝土强度换算公式 $f_{cu}^c = f_{cu,e} = 1.55F + 2.35$ 得到表中抗压强度推定值。

检测结果表明：所检测的 15 层楼板混凝土抗压强度推定值为 36.0MPa，23 层楼板混凝土抗压强度推定值为 29.3MPa，均满足设计要求。

（2）楼板挠度检测

采用水准仪对该住宅楼部分楼层楼板挠度进行测量（梅花状布置测点），测量结果见表 2，测点布置如图 2 所示。

楼板挠度检测结果汇总表（mm）　　　　　　　表 2

构件名称及位置	测点	测点读数	跨中最大相对高差实测值（mm）	备注
10 层⑫～⑭×⑫～①轴楼板	测点 1（板角）	0722	—6	"—"表示下挠，"+"表示向上挠曲
	测点 2（板角）	0726		
	测点 3（板角）	0716		
	测点 4（板角）	0715		
	测点 5（跨中）	0721		
11 层⑫～⑭×⑫～①轴楼板	测点 1（板角）	0775	—10	"—"表示下挠，"+"表示向上挠曲
	测点 2（板角）	0767		
	测点 3（板角）	0766		
	测点 4（板角）	0778		
	测点 5（跨中）	0776		

构件名称及位置	测点	测点读数	跨中最大相对高差实测值（mm）	备注
14层㉝～㊿×Ⓟ～Ⓣ轴楼板	测点1（板角）	0822	−11	"一"表示下挠，"＋"表示向上挠曲
	测点2（板角）	0817		
	测点3（板角）	0816		
	测点4（板角）	0812		
	测点5（跨中）	0827		
15层㉝～㊿×Ⓟ～Ⓣ轴楼板	测点1（板角）	0827	−3	"一"表示下挠，"＋"表示向上挠曲
	测点2（板角）	0826		
	测点3（板角）	0835		
	测点4（板角）	0834		
	测点5（跨中）	0829		
16层㉝～㊿×Ⓟ～Ⓣ轴楼板	测点1（板角）	0748	−5	"一"表示下挠，"＋"表示向上挠曲
	测点2（板角）	0755		
	测点3（板角）	0751		
	测点4（板角）	0757		
	测点5（跨中）	0753		
17层㉝～㊿×Ⓟ～Ⓣ轴楼板	测点1（板角）	0782	−8	"一"表示下挠，"＋"表示向上挠曲
	测点2（板角）	0781		
	测点3（板角）	0787		
	测点4（板角）	0783		
	测点5（跨中）	0789		
18层㉝～㊿×Ⓟ～Ⓣ轴楼板	测点1（板角）	0746	−7	"一"表示下挠，"＋"表示向上挠曲
	测点2（板角）	0744		
	测点3（板角）	0744		
	测点4（板角）	0749		
	测点5（跨中）	0751		
19层㉝～㊿×Ⓟ～Ⓣ轴楼板	测点1（板角）	0758	−12	"一"表示下挠，"＋"表示向上挠曲
	测点2（板角）	0768		
	测点3（板角）	0765		
	测点4（板角）	0769		
	测点5（跨中）	0770		
20层㉝～㊿×Ⓟ～Ⓣ轴楼板	测点1（板角）	0761	−3	"一"表示下挠，"＋"表示向上挠曲
	测点2（板角）	0760		
	测点3（板角）	0768		
	测点4（板角）	0765		
	测点5（跨中）	0763		

续表

构件名称及位置	测点	测点读数	跨中最大相对高差实测值（mm）	备注
21层㉒～㉔×Ⓟ～Ⓣ轴楼板	测点1（板角）	0824	−7	"一"表示下挠，"＋"表示向上挠曲
	测点2（板角）	0814		
	测点3（板角）	0827		
	测点4（板角）	0828		
	测点5（跨中）	0821		
22层㉒～㉔×Ⓟ～Ⓣ轴楼板	测点1（板角）	0812	−10	"一"表示下挠，"＋"表示向上挠曲
	测点2（板角）	0805		
	测点3（板角）	0801		
	测点4（板角）	0813		
	测点5（跨中）	0811		
23层㉒～㉔×Ⓟ～Ⓣ轴楼板	测点1（板角）	0775	−17	"一"表示下挠，"＋"表示向上挠曲
	测点2（板角）	0771		
	测点3（板角）	0770		
	测点4（板角）	0778		
	测点5（跨中）	0787		

注：表中所示测量结果含施工误差，"一"表示板底跨中相对标高低于板端部，板向下挠曲；"＋"表示板底跨中相对标高高于板端部，板向上挠曲。

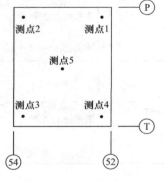

图2　挠度测点布置示意图

检测结果表明，所检测的楼板挠曲变形满足《混凝土结构工程施工质量验收规范》（GB 50204—2015）的要求（$L/250$，L 为楼板跨度）。

（3）楼板底面钢筋配置检测

采用钢筋探测仪对该住宅楼部分楼板底面所配置的钢筋间距、保护层厚度进行检测，检测结果见表3。检测结果表明，所抽检的楼板底面配置的钢筋间距、保护层均基本满足设计要求。

楼板底面钢筋检测结果汇总表　　　　　表3

检测区域	与钢筋垂直的轴线段	底筋设计值	底筋间距实测值	保护层厚度（mm）
11层㉒～㉔×Ⓟ～Ⓣ轴楼板	㉒～㉔×Ⓣ	Φ8@200	180～210	12～18
	㉔×Ⓟ～Ⓣ	Φ8@200	200～220	20～29
14层㉒～㉔×Ⓟ～Ⓣ轴楼板	㉒～㉔×Ⓣ	Φ8@200	190～200	11～21
	㉔×Ⓟ～Ⓣ	Φ8@200	180～200	19～29
15层㉒～㉔×Ⓟ～Ⓣ轴楼板	㉒～㉔×Ⓣ	Φ8@200	200～230	15～20
	㉔×Ⓟ～Ⓣ	Φ8@200	180～210	23～28
16层㉒～㉔×Ⓟ～Ⓣ轴楼板	㉒～㉔×Ⓣ	Φ8@200	180～200	15～19
	㉔×Ⓟ～Ⓣ	Φ8@200	200～220	23～28

检测区域	与钢筋垂直的轴线段	底筋设计值	底筋间距实测值	保护层厚度（mm）
17 层㉜～㉞×Ⓟ～Ⓣ 轴楼板	㉜～㉞×Ⓣ	Φ8@200	180～220	16～22
	㉞×Ⓟ～Ⓣ	Φ8@200	180～210	24～30
18 层㉜～㉞×Ⓟ～Ⓣ 轴楼板	㉜～㉞×Ⓣ	Φ8@200	170～200	15～22
	㉞×Ⓟ～Ⓣ	Φ8@200	180～210	23～31
21 层㉜～㉞×Ⓟ～Ⓣ 轴楼板	㉜～㉞×Ⓣ	Φ8@200	170～210	15～20
	㉞×Ⓟ～Ⓣ	Φ8@200	190～200	22～28
22 层㉜～㉞×Ⓟ～Ⓣ 轴楼板	㉜～㉞×Ⓣ	Φ8@200	170～180	15～22
	㉞×Ⓟ～Ⓣ	Φ8@200	200～220	23～30
23 层㉜～㉞×Ⓟ～Ⓣ 轴楼板	㉜～㉞×Ⓣ	Φ8@200	170～190	16～24
	㉞×Ⓟ～Ⓣ	Φ8@200	190～210	23～32

（4）楼板厚度检测

采用 ZBL-T720 楼板厚度仪对该住宅楼部分楼板厚度进行检测，各测点处找平层已凿除，结果见表 4，测点布置如图 3 所示。检测结果表明，所检测的各楼板均满足原设计要求及《混凝土结构工程施工质量验收规范》（GB 50204—2015）的要求。

楼板厚度检测结果汇总表　　　　　　　　　　　　　　　　　　　表 4

检测部位	测点	设计楼板厚度（mm）	实测楼板厚度（mm）	平均值	备注
11 层㉜～㉞×Ⓟ～Ⓣ 轴楼板	测点 1	100	107	106	满足
	测点 2	100	104		
	测点 3	100	107		
14 层㉜～㉞×Ⓟ～Ⓣ 轴楼板	测点 1	100	104	107	满足
	测点 2	100	107		
	测点 3	100	110		
15 层㉜～㉞×Ⓟ～Ⓣ 轴楼板	测点 1	100	102	105	满足
	测点 2	100	108		
	测点 3	100	104		
16 层㉜～㉞×Ⓟ～Ⓣ 轴楼板	测点 1	100	105	106	满足
	测点 2	100	106		
	测点 3	100	106		
17 层㉜～㉞×Ⓟ～Ⓣ 轴楼板	测点 1	100	106	103	满足
	测点 2	100	107		
	测点 3	100	98		
18 层㉜～㉞×Ⓟ～Ⓣ 轴楼板	测点 1	100	102	101	满足
	测点 2	100	102		
	测点 3	100	100		
21 层㉜～㉞×Ⓟ～Ⓣ 轴楼板	测点 1	100	101	104	满足
	测点 2	100	108		
	测点 3	100	104		
22 层㉜～㉞×Ⓟ～Ⓣ 轴楼板	测点 1	100	104	104	满足
	测点 2	100	107		
	测点 3	100	102		

续表

检测部位	测点	设计楼板厚度（mm）	实测楼板厚度（mm）	平均值	备注
23层㊾～㊿×Ⓟ～Ⓣ 轴楼板	测点1	100	104	99	满足
	测点2	100	96		
	测点3	100	98		

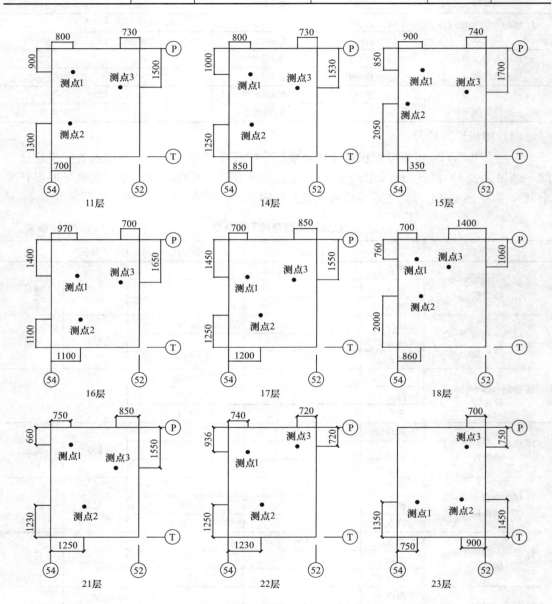

图 3　楼板厚度测点布置示意图

（5）楼板裂缝检测与原因分析

对该住宅楼的楼板裂缝进行现场检测，根据业主反映的相关情况，并经现场检测，10层、11层、14层、15层、16层、17层、18层、20层、21层、22层、23层㊾～㊿×Ⓟ～Ⓣ

轴楼板板面均存在裂缝。

裂缝检测采用裂缝宽度测试仪，读数精度为0.05～2.00mm，满足《房屋裂缝检测与处理技术规程》(CECS 293—2011) 第4.2.4条的规定。裂缝宽度在0.1～0.3mm之间，长度介于0.8～2.3m之间，裂缝位置均靠近(54)×板角与板边呈45°角（图4～图8)。

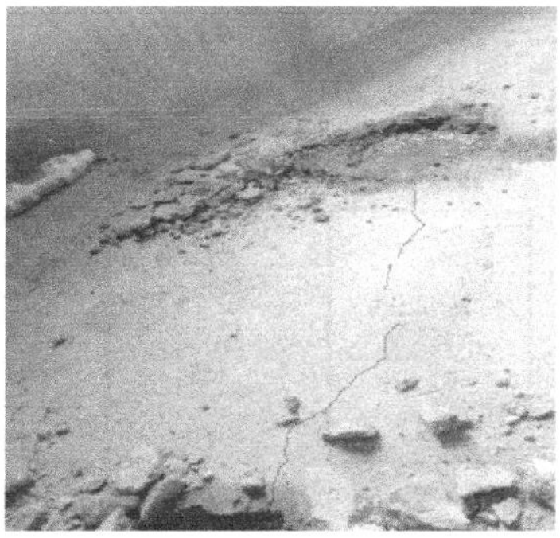

图4　楼板裂缝一

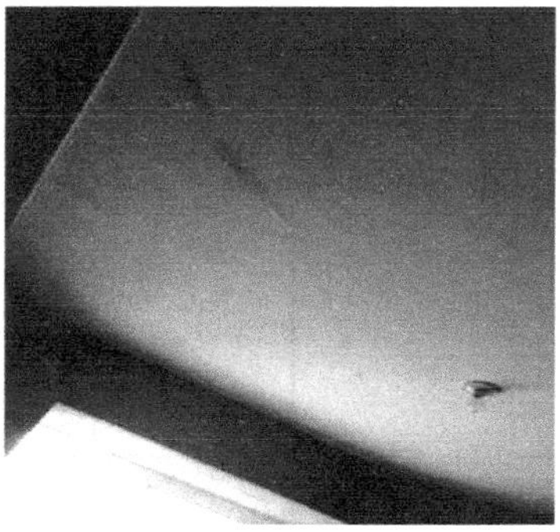

图5　楼板裂缝二

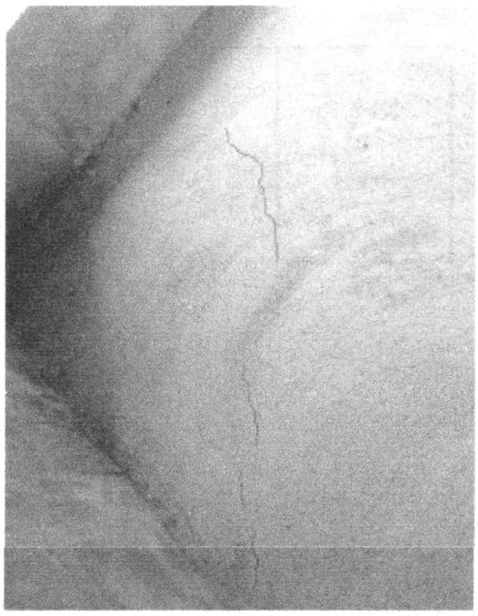

图6　楼板裂缝三

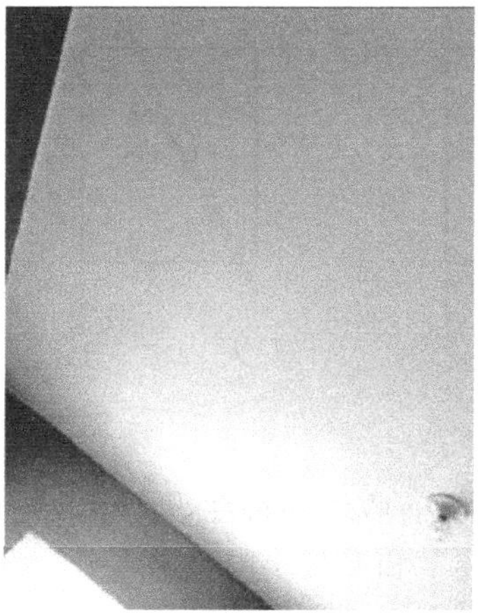

图7　楼板裂缝四

(6) 裂缝产生的原因分析

根据《房屋裂缝检测与处理技术规程》(CECS 293—2011)，裂缝产生的性质可以分为荷载裂缝和非荷载裂缝，据现场检测结果，检测的楼板混凝土抗压强度符合设计要求，所抽检的楼板板底钢筋数量、间距及保护层厚度满足设计要求，所检测的楼板板厚度满足设计要求，所检测的楼板挠曲变形满足《混凝土结构工程施工质量验收规范》(GB 50204—2015) 的要求，综上可知该现浇楼板出现的裂缝为非荷载裂缝。

根据现场检测结果，该房屋出现的现浇板裂缝的特征符合《房屋裂缝检测与处理技术规程》(CECS 293—2011) 附录A中关于混凝土结构的典型非荷载裂缝特征的描述。因此，该裂缝的形成主要有如下原因：

1) 非荷载裂缝产生的原因很多，主要是由于板的混凝土收缩和温度变形引起。混凝土楼板属于较薄且平面面积相对较大的混凝土构件，抗拉能力较弱，抵抗变形能力较差易出现裂缝。

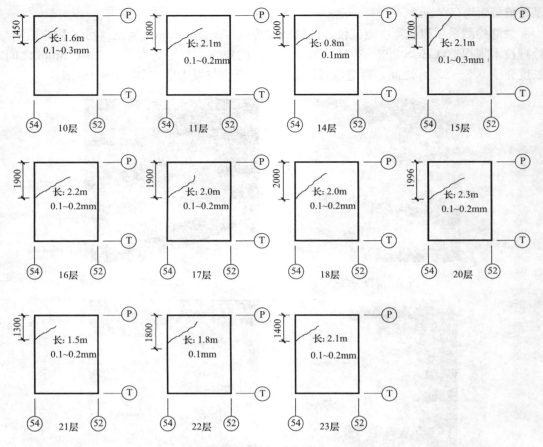

图 8   楼板裂缝详图

2）混凝土具有收缩的特性，产生收缩的主要原因是由于混凝土在硬化过程中的化学反应产生"凝缩"和混凝土内自由水分蒸发所产生的干缩两部分所引起的体积收缩。而混凝土是由水泥、粗细骨料加水搅拌而成的一种非均质的人工材料，其抗拉强度很低，当收缩所引起的体积变形不均匀或某一部位的收缩变形过大，混凝土互相约束而产生的拉应力或剪应力大于混凝土的抗拉强度时，现浇板就会产生裂缝。

3）裂缝的位置取决于两个因素：一是约束；二是抗拉能力。对现浇楼板来说，约束最大的位置在四个转角处，因为转角处梁或墙的刚度最大，它对楼板形成的约束也最大，同时沿外墙转角处因受外界气温影响，楼板是收缩变形最大的部位；一般来说，板内配筋都按平行于板的两条相邻边而设置，也就是说，转角处夹角平分线方向的抗拉能力最薄弱。故大多数板上裂缝都出现在沿外墙转角处，而且呈 45°斜向放射状。

4）非荷载裂缝不会影响板结构的安全性，但由于裂缝已贯穿整个楼板，这将会对板结构的耐久性造成一定的影响，影响房屋的正常使用功能。

5）裂缝宽度在 0.1～0.3mm 之间。

5. 结论与建议

（1）结论

根据现场检测结果，结论如下：

1）所抽检的楼板混凝土抗压强度推定值满足设计要求。

2）所检测的楼板挠度满足现行规范要求。

3）楼板底面配置的钢筋数量、间距、保护层厚度满足原设计要求。

4）所检测的楼板厚度满足原设计要求。

综上所述，所检测的裂缝为非荷载裂缝，不影响结构的安全性，但对房屋的耐久性有一定影响，需进行处理。

（2）建议

1）为保证板结构的后期安全、正常使用，建议：

① 板面沿裂缝两侧各150mm凿除保护层，然后灌C35的水泥基灌注料，配钢丝网。

② 裂缝采用环氧树脂胶进行灌缝封闭处理，具体做法如图9所示。

③ 板底垂直裂缝沿裂缝两侧各250mm范围内满贴碳纤维片。

2）对楼板裂缝进行灌缝处理，必须委托有资质的加固单位进行施工，施工质量必须满足现行规范要求，处理后可按原设计正常使用。

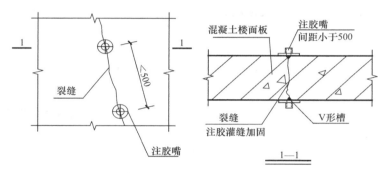

图9　楼面板裂缝注胶封闭处理详图

注：用于燥环境裂缝宽度＞0.2mm的构件，裂缝采用ESA灌缝胶封闭。

2.11　检测报告的主要内容和撰写要求

检测报告是检测机构的产品和成果，是提供给客户使用的，为了使得检测报告具有规范性和可比性，其管理上有着严格的、明确的规定。

检测机构对现场工程实体检测，应事先编制检测方案，经技术负责人员批准；对鉴定检测、危房检测，以及重大、重要检测项目和有争议事项提供检测数据的检测方案，应取得委托方的同意。按照规定检测的检测项目，检测周期应对外公示，检测工作完成后，应及时出具检测报告。检测机构应就委托方对报告提出的异议作出解释或说明。

2.11.1　检测报告的主要内容

建筑结构工程质量的检测报告应作出所检测项目是否符合设计文件要求或相应验收规范规定的评定。既有建筑结构性能的检测报告应给出所检测项目的评定结论，并能为建筑结构的鉴定提供可靠的依据。

检测报告应结论准确、用词规范、文字简练，对于当事方容易混淆的术语和概念可书面予以解释。

《混凝土结构现场检测技术标准》（GB/T 50784—2013）中 3.5.2 条规定，检测报告至少应包括以下内容：

(1) 委托方名称；

(2) 建筑工程概况，包括工程名称、结构类型、规模、施工日期及现状等；

(3) 设计单位、施工单位及监理单位名称；

(4) 检测原因、检测目的，以往检测情况概述；

(5) 检测项目、检测方法及依据的标准；

(6) 检验方式、抽样方法、检测数量与检测的位置；

(7) 检测项目的主要分类检测数据和汇总结果、检测结果、检测结论；

(8) 检测日期，报告完成日期；

(9) 主检、审核和批准人员的签名；

(10) 检测机构的有效印章。

2.11.2 检测报告的撰写要求

(1) 检测报告宜采用统一、规范的格式，同时，检测管理信息系统管理的检测项目，应通过系统出具检测报告。检测报告内容应符合检测委托的要求。

(2) 检测报告编号应按照年度编号，编号应该连续，不得重复和空号。

(3) 检测报告至少应由检测操作人员签字、检测报告审核人员签字、检测报告批准人员签发，并且加盖检测专用章，多页检测报告还应加盖骑缝章。

(4) 检测报告应登记后发放。登记应该记录报告编号、份数、领取日期及其领取人员等。

(5) 检测报告结论应该符合下列规定：

1) 材料的实验报告结论应该按照材料、质量标准给出明确的规定。

2) 当仅仅只有材料的试验方法而没有材料的质量标准时，材料的试验报告结论应该按照设计要求或委托方要求给出明确的判定。

3) 现场工程实体的检测报告结论应该根据设计及鉴定委托要求给出明确的判定。

(6) 检测报告批准人、检测报告审核人应经检测机构技术负责人授权。

(7) 混凝土结构、砌体结构、钢结构检测报告的审核人、批准人为工程类相关专业工程师及以上技术人员。

(8) 检测机构应该建立检测结果不合格项目台账，并且对涉及结构安全、重要使用功能的不合格项目按照规定报送时间报告工程项目所在地建设主管部门。

(9) 检测工程报告应该真实反映工程质量，当出现测试结果不合格时，其检测试验报告的意义更为重要。当出现检测报告不合格时，不得采用抽测、替换或者修改试验报告的违法行为，掩盖事实的真相。

(10) 检测报告的数据和结论由检测单位给出，检测单位对其真实性和准确性承担法律责任，因此不得修改。但检测试验报告中送检信息则是由现场检测人员提供。由于施工单位管理水平的差异和个人工作能力的不同，当检测试验报告中的送检信息填写不全或出现错误时，允许对其修改，但是应该按照规定的程序经过审批后实施。本条例是结合施工现场实际情况，对检测报告中送检信息不全或出错时，对检测试验报告进行修改而提出的具体要求。

(11) 检测报告应采用 A4 纸张打印，纸张不宜小于 70g，页边距宜为上、下为 25mm、左 30mm、右 20mm，多页的应有封页和封底。

2.12 混凝土结构现场检测工程实例

2.12.1 某现浇楼板裂缝现场检测

1. 工程概况

某房屋共 6 层，采用底部框架—抗震墙结构；房屋建筑高度为 20.95m；房屋内外墙体均为 240mm 厚黏土多孔砖砌眠墙，设置钢筋混凝土构造柱与圈梁，楼面板为现浇钢筋混凝土。现因该房屋 505 户楼板出现开裂现象，为确保房屋的正常、安全使用，需要对该房屋楼板进行检测，房屋平面示意图如图 2-42 所示。

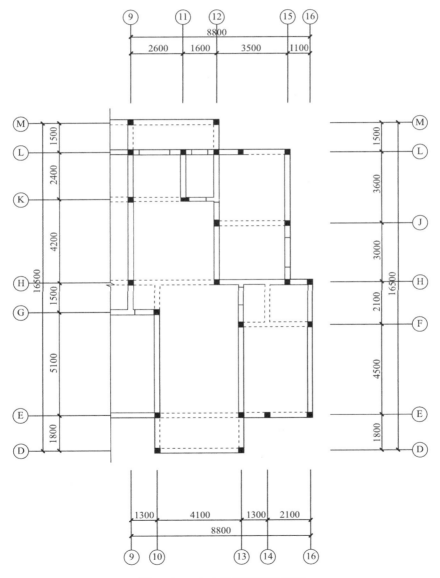

图 2-42 505 户房屋平面示意图

检测主要内容为：

(1) 楼板混凝土抗压强度检测；

(2) 楼板底部钢筋间距及保护层厚度检测；

(3) 楼板厚度检测；

(4) 楼板挠度检测；

(5) 楼板裂缝检测鉴定；

(6) 提出相应的处理建议。

2. 检测的依据和资料

(1)《建筑结构检测技术标准》(GB/T 50344—2004)；

(2)《混凝土结构设计规范》(GB 50010—2010)；

(3)《建筑结构荷载规范》(GB 50009—2012)；

(4)《拔出法检测混凝土强度技术规程》(CECS 69—2011)；

(5)《回弹法检测混凝土抗压强度技术规程》(JGJ/T 23—2011)；

(6)《混凝土中钢筋检测技术规程》(JGJ/T 152—2008)；

(7)《建筑变形测量规范》(JGJ 8—2007)；

(8)《建筑工程施工质量验收统一标准》(GB 50300—2013)；

(9)《混凝土结构工程施工质量验收规范》(GB 50204—2015)；

(10)《房屋裂缝检测与处理技术规程》(CECS 293—2011)；

(11) 委托方提供的相关资料。

3. 主要检测仪器设备

(1) 中回牌 ZC3-A 型混凝土回弹仪；

(2) ZBL-R630 钢筋位置探测仪；

(3) ZBL-T710 楼板厚度检测仪；

(4) 数显拔出法混凝土强度检测仪；

(5) 裂缝宽度仪；

(6) 精密水准仪；

(7) 卷尺、皮尺等。

4. 检测与评定结果

(1) 混凝土抗压强度检测

采用后装拔出法对该房屋楼板混凝土抗压强度进行抽样检测，检测结果见表 2-22。

混凝土抗压强度检测结果表　　　　　　　　　　　　　　　表 2-22

编号及位置		拔出力代表值 (kN)	抗压强度推定值 (MPa)	抗压强度平均值 (MPa)	抗压强度设计值
⑩～⑬×Ⓔ～Ⓗ 轴楼板	1	12.3	21.42		
	2	13.2	22.81	22.4	C20
	3	13.4	23.12		
⑨～⑫×Ⓗ～Ⓚ 轴楼板	1	12.9	22.35		
	2	13.6	23.43	22.1	C20
	3	11.8	20.64		

编号及位置		拔出力代表值（kN）	抗压强度推定值（MPa）	抗压强度平均值（MPa）	抗压强度设计值
⑫～⑮×Ⓗ～Ⓛ 轴楼板	1	13.7	23.59	22.4	C20
	2	12.1	21.11		
	3	13.0	22.50		
⑬～⑯×Ⓔ～Ⓕ 轴楼板	1	12.4	21.57	22.7	C20
	2	13.2	22.81		
	3	13.9	23.90		

其中 $f_{cu}^c = f_{cu,e} = 1.55F + 2.35$。

采用回弹法对与楼面板一同浇筑且同强度等级楼面梁构件的混凝土抗压强度检测，检测结果见表 2-23。

构件混凝土抗压强度检测结果汇总表 表 2-23

构件名称及位置	设计强度等级	混凝土强度换算值（MPa）		构件强度推定值（MPa）	备注
		测区强度平均值	标准差		
⑬～⑩×Ⓔ轴楼面梁	C20	23.2	1.33	21.0	
⑨～⑪×Ⓚ轴楼面梁	C20	22.5	1.06	20.7	
⑫～⑮×Ⓙ轴楼面梁	C20	21.6	0.89	20.1	
⑬～⑯×Ⓕ轴楼面梁	C20	21.9	0.67	20.7	

检测结果表明：所检测楼板、梁构件的混凝土抗压强度等级满足设计要求。

（2）楼板钢筋配置检测

采用 ZBL-R630 钢筋位置探测仪对房屋楼面板内配置的钢筋间距、保护层厚度进行检测，检测结果见表 2-24。

楼面板板底钢筋检测结果 表 2-24

检测位置	方向	底筋设计值	实测间距	实测保护层厚度（mm）
⑩～⑬×Ⓔ～Ⓗ轴楼板	x	Φ8@150	148～153	底筋：16～23
	y	Φ8@200	194～202	底筋：19～22
⑨～⑫×Ⓗ～Ⓚ轴楼板	x	Φ8@200	199～206	底筋：19～25
	y	Φ8@200	195～205	底筋：20～24
⑫～⑮×Ⓗ～Ⓛ轴楼板	x	Φ8@200	196～201	底筋：18～23
	y	Φ8@200	198～207	底筋：19～26
⑬～⑯×Ⓔ～Ⓕ轴楼板	x	Φ8@200	193～201	底筋：18～24
	y	Φ8@200	195～202	底筋：17～25

检测结果表明：所检测楼面板板底钢筋间距及保护层厚度满足《混凝土结构工程施工质量验收规范》（GB 50204—2015）的要求。

（3）楼板厚度检测

采用 ZBL-T710 楼板厚度仪对房屋楼板厚度进行检测，结果见表 2-25。

楼面板厚度检测结果表　　　　　　　　　　　　　　表 2-25

检测部位	测点	设计楼面板厚度（mm）	实测楼面板厚度（mm）	平均值
⑩～⑬×Ⓔ～Ⓗ轴楼板	测点 1	120	119	120
	测点 2	120	121	
	测点 3	120	119	
	测点 4	120	123	
	测点 5	120	120	
⑨～⑫×Ⓗ～Ⓚ轴楼板	测点 1	100	105	104
	测点 2	100	103	
	测点 3	100	101	
	测点 4	100	106	
	测点 5	100	107	
⑫～⑮×Ⓗ～Ⓛ轴楼板	测点 1	100	101	104
	测点 2	100	106	
	测点 3	100	107	
	测点 4	100	104	
	测点 5	100	102	
⑬～⑯×Ⓔ～Ⓕ轴楼板	测点 1	100	104	104
	测点 2	100	105	
	测点 3	100	105	
	测点 4	100	106	
	测点 5	100	102	

检测结果表明：所检测楼板平均厚度均满足原设计要求。

（4）楼面板变形检测

采用高精度水准仪对房屋楼板板底相对高差进行检测（梅花状布置测点），检测结果见表 2-26。

楼面板板底相对高差测量结果　　　　　　　　　　表 2-26

构件名称及位置	测点	测点读数	跨中最大相对高差实测值（mm）	备注
⑩～⑬×Ⓔ～Ⓗ轴楼板	测点 1（板角）	0665	−15	"一"表示下挠，"+"表示向上挠曲。测量结果含施工误差
	测点 2（板角）	0670		
	测点 3（板角）	0668		
	测点 4（板角）	0678		
	测点 5（跨中）	0680		
⑨～⑫×Ⓗ～Ⓚ轴楼板	测点 1（板角）	0668	−14	
	测点 2（板角）	0671		
	测点 3（板角）	0677		
	测点 4（板角）	0671		
	测点 5（跨中）	0680		

检测结果表明：所检测楼板挠曲变形满足《混凝土结构工程施工质量验收规范》（GB 50204—2015）的要求。

（5）楼面板裂缝检测

经现场对房屋楼板的裂缝进行现场检测，结果描述如下：裂缝出现在楼面板板面中部、板面四周墙板交接处，楼板板面角部出现45°斜裂缝，裂缝未贯穿楼板，裂缝宽度为0.05～0.3mm，裂缝具体情况如图2-43～图2-46所示，楼板裂缝示意图如图2-47所示。

图2-43　楼面板裂缝一　　图2-44　楼面板裂缝二　　图2-45　楼面板裂缝三　　图2-46　楼面板裂缝四

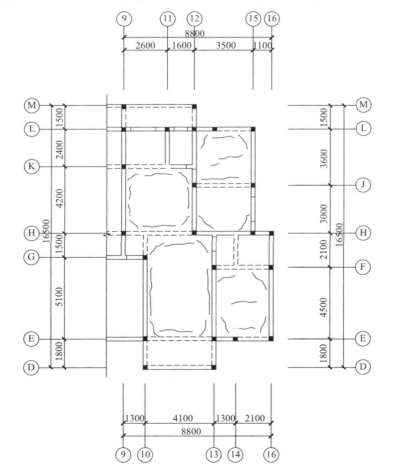

图2-47　楼面板裂缝示意图

（6）裂缝原因分析

根据现场检测结果，所检测的楼板混凝土抗压强度等级满足设计要求，所检测的楼板板底间距及保护层厚度满足设计要求，所检测的楼板板厚满足设计要求，所检测的楼板挠曲变形满足《混凝土结构工程施工质量验收规范》（GB 50204—2015）的要求。

根据裂缝的位置、形状及发展趋势可知板面墙板交接处裂缝具有负弯矩区受弯裂缝特征。楼板支座处负筋在施工工程中，可能由于一些施工误差使支座处负筋被踩弯或下沉，造成负筋未起到应有的抗拉作用，使楼板固定支座变成塑性铰支座，在楼板支座负弯矩作用下产生支座处板面裂缝。

对现浇楼板来说，约束最大的位置在四个转角处，因为转角处梁或墙的刚度最大，它对楼板形成的约束也最大；一般来说，板内配筋都按平行于板的两条相邻边而设置，也就是说，转角处夹角平分线方向的抗拉能力最薄弱。故大多数板上裂缝都出现在沿外墙转角处，而且呈 45°斜向放射状。

5. 结论

（1）所检测楼板、梁构件的混凝土抗压强度等级满足设计要求。

（2）所检测楼面板板底钢筋大小、间距满足设计要求；保护层厚度满足《混凝土结构工程施工质量验收规范》（GB 50204—2015）的要求。

（3）所检测楼板各测点厚度均满足设计要求；

（4）所检测楼板挠曲变形满足《混凝土结构工程施工质量验收规范》（GB 50204—2015）的要求。

（5）所检测的裂缝为由于楼板支座负弯矩产生的板面裂缝，应对楼板进行加固处理。

2.12.2　某酒店裙楼框架柱超声法检测混凝土缺陷

1. 工程概况

某酒店二期工程，地上 21 层，地下 2 层，总建筑面积 113526m²，框架剪力墙结构，现已施工至第 11 层。

现因裙楼第 1 层㉒×Ⓐ轴和㉖×Ⓐ轴框架柱在拆模时发现有蜂窝麻面现象，需要对裙楼第 1 层㉒×Ⓐ轴和㉖×Ⓐ轴框架柱混凝土局部缺陷处进行超声法检测、评定。检测平面布置示意图如图 2-50 所示。房屋现状见如图 2-48、图 2-49 所示。由于该房屋裙楼第 1 层

图 2-48　房屋现状一　　　　　　　　图 2-49　房屋现状二

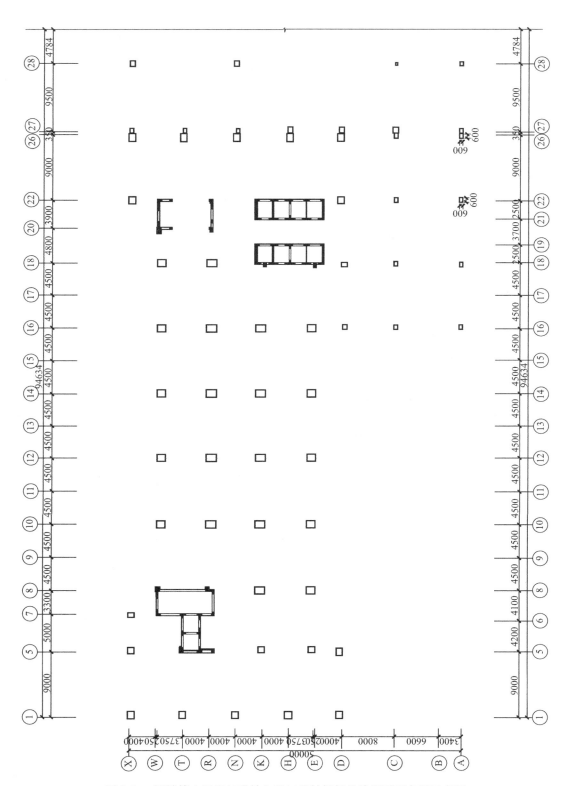

图 2-50　裙楼第 1 层㉒×Ⓐ轴和㉖×Ⓐ轴框架柱检测平面布置示意图

㉒×Ⓐ轴和㉖×Ⓐ轴框架柱在拆模时发现有蜂窝麻面现象，需要对该房屋裙楼第1层㉒×Ⓐ轴和㉖×Ⓐ轴框架柱混凝土强度和缺陷进行检测鉴定。

检测鉴定主要内容为：

（1）回弹法检测裙楼第1层㉒×Ⓐ轴和㉖×Ⓐ轴框架柱混凝土抗压强度。

（2）超声法检测裙楼第1层㉒×Ⓐ轴㉖×Ⓐ轴框架柱混凝土缺陷。

2. 检测鉴定依据和资料

（1）《建筑结构检测技术标准》（GB/T 50344—2004）；

（2）《混凝土结构设计规范》（GB 50010—2010）；

（3）《混凝土结构工程施工质量验收规范》（GB 50204—2015）；

（4）《超声法检测混凝土缺陷技术规程》（CECS 21—2000）；

（5）《回弹法检测混凝土抗压强度技术规程》（JGJ/T 23—2011）；

（6）《建筑工程施工质量验收统一标准》（GB 50300—2013）；

（7）委托方提供的设计图纸及相关资料。

3. 主要检测仪器设备

（1）中回牌 ZC3-A 型混凝土回弹仪；

（2）非金属超声检测分析仪；

（3）卷尺、皮尺等。

4. 检测与评定结果

（1）回弹法检测混凝土抗压强度

该裙楼第1层㉒×Ⓐ轴和㉖×Ⓐ轴框架柱混凝土设计强度等级为C40，在工程现场对检测区域的混凝土构件采用回弹法进行检测，检测结果见表2-27。

框架柱混凝土抗压强度回弹法检测结果（MPa）　　　　　　表 2-27

构件名称及位置	设计强度等级	混凝土强度换算值			现龄期混凝土强度	备注
		平均值	标准差	最小值		
1层㉒×Ⓐ框架柱	C40	48.8	1.27	46.7	46.7	满足
1层㉖×Ⓐ框架柱	C40	49.4	1.13	47.4	47.5	满足

检测结果表明：所检测裙楼第1层㉒×Ⓐ轴框架柱现龄期混凝土抗压强度为46.7MPa，现龄期混凝土抗压强度满足设计要求。所检测裙楼第1层㉖×Ⓐ轴框架柱现龄期混凝土抗压强度为47.5MPa，现龄期混凝土抗压强度满足设计要求。

（2）超声法检测混凝土缺陷

采用的超声仪为 ZBL-U5 非金属超声检测分析仪对裙楼第1层㉒×Ⓐ轴和㉖×Ⓐ轴框架柱混凝土的密实度进行超声法检测。

1）裙楼第1层㉒×Ⓐ轴柱检测

㉒×Ⓐ轴桩测点布置如图2-51所示。

检测结果表明：该柱 1-b、5-b、6-c、1-h、5-h、6-h 测点处对测结果异常，其余测点对测结果未见明显异常值（表2-28）。经斜测后 1-b、5-b、6-c、1-h、5-h、6-h 测点处未测到声速异常值，说明该部位混凝土内部无明显缺陷（表2-29）。

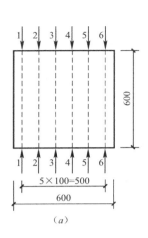 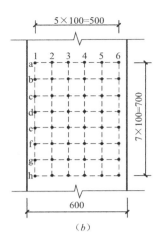

（a）   （b）

图 2-51   ㉒×Ⓐ轴柱测点布置图

（a）平面图；（b）立面图

㉒×Ⓐ轴柱超声法检测混凝土缺陷结果表（1）   表 2-28

测点序号	测距（mm）	声时（μs）	波速（km/s）	幅度（dB）
1-a	600	136.8	4.386	69.73
2-a	600	135.2	4.437	70.47
3-a	600	135.6	4.425	69.5
4-a	600	133.6	4.491	67.51
5-a	600	137.2	4.373	63.98
6-a	600	134.0	4.479	72.21
1-b	600	164.2	3.655	57.62
2-b	600	135.2	4.438	71.52
3-b	600	136.0	4.412	70.62
4-b	600	134.9	4.448	68.71
5-b	600	132.4	4.532	54.37
6-b	600	133.2	4.505	70.06
1-c	600	133.6	4.491	71.7
2-c	600	133.2	4.505	70.63
3-c	600	130.8	4.587	70.12
4-c	600	132.0	4.545	70.79
5-c	600	136.0	4.412	72.64
6-c	600	163.6	3.668	54.30
1-d	600	136.8	4.386	70.67
2-d	600	135.2	4.438	74.55
3-d	600	137.6	4.359	71.12
4-d	600	135.2	4.438	68.25
5-d	600	134.4	4.464	72.82
6-d	600	130.4	4.601	73.56
1-e	600	132.0	4.545	73.56
2-e	600	132.4	4.532	75.23

续表

测点序号	测距（mm）	声时（μs）	波速（km/s）	幅度（dB）
3-e	600	132.8	4.518	68.65
4-e	600	143.2	4.19	72.65
5-e	600	131.6	4.559	69.63
6-e	600	132.5	4.53	70.48
1-f	600	131.6	4.559	69.61
2-f	600	132.4	4.532	69.61
3-f	600	132.0	4.545	71.6
4-f	600	130.0	4.615	75.85
5-f	600	135.2	4.438	74.53
6-f	600	132.4	4.532	74.53
1-g	600	146.4	4.098	69.66
2-g	600	139.4	4.304	73.06
3-g	600	141.6	4.237	75.66
4-g	600	137.6	4.36	75.92
5-g	600	138.8	4.323	74.86
6-g	600	126.1	4.759	74.53
1-h	600	171.9	3.491	60.75
2-h	600	134.0	4.478	72.46
3-h	600	133.6	4.491	71.32
4-h	600	134.0	4.478	73.63
5-h	600	163.1	3.678	59.33
6-h	600	170.6	3.518	60.67

㉒×Ⓐ轴柱超声法检测混凝土缺陷结果表（2）　　　　　　　　表2-29

声速临界值（km/s）	3.678	波幅临界值（dB）	60.75
声速平均值（km/s）	4.371	波幅平均值（dB）	70.88
声速标准差	0.081	波幅标准差	1.894
异常点数目			6

2）裙楼第1层㉖×Ⓐ轴柱检测

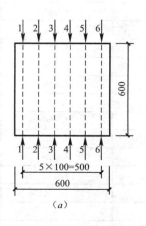

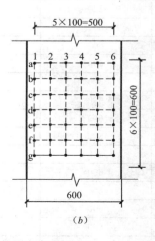

(a)　　　　　　　　　　　　(b)

图 2-52　㉖×Ⓐ轴柱测点布置图

(a) 平面图；(b) 立面图

检测结果表明：该柱 1-b、1-e、1-f、1-g、2-g 测点处对测结果异常，其余各点对测结果未见明显异常值（表 2-30）。经斜测后该柱 1-b、1-e、1-f、1-g、2-g 测点未测到声速异常值，说明该部位混凝土内部无明显缺陷（表 2-31）。

㉖×Ⓐ轴柱超声法检测混凝土缺陷结果表（1）

表 2-30

测点序号	测距（mm）	声时（μs）	波速（km/s）	幅度（dB）
1-a	600	138.5	4.332	76.05
2-a	600	128.0	4.688	73.65
3-a	600	130.4	4.601	73.65
4-a	600	142.4	4.213	76.05
5-a	600	130.8	4.587	73.25
6-a	600	145.2	4.132	73.65
1-b	600	151.0	3.967	53.06
2-b	600	128.4	4.673	71.73
3-b	600	129.6	4.63	69.37
4-b	600	130.4	4.601	67.44
5-b	600	131.6	4.559	68.08
6-b	600	130.4	4.601	68.61
1-c	600	130.0	4.615	71.03
2-c	600	131.2	4.573	73.41
3-c	600	131.6	4.559	72.37
4-c	600	146.4	4.098	73.06
5-c	600	143.6	4.178	69.79
6-c	600	128.0	4.688	65.08
1-d	600	127.6	4.702	70.36
2-d	600	128.4	4.673	70.18
3-d	600	131.6	4.559	68.64
4-d	600	132.0	4.545	67.01
5-d	600	144.8	4.144	74.41
6-d	600	143.2	4.19	69.85
1-e	600	151.5	3.961	53.69
2-e	600	130.1	4.613	71.34
3-e	600	129.6	4.63	67.23
4-e	600	129.2	4.644	75.78
5-e	600	130.4	4.601	68.18
6-e	600	142.8	4.202	66.54
1-f	600	161.9	3.707	56.44
2-f	600	130.0	4.615	69.43
3-f	600	130.4	4.601	69.23
4-f	600	138.9	4.321	74.8
5-f	600	137.8	4.355	69.93
6-f	600	137.0	4.378	71.59

续表

测点序号	测距（mm）	声时（μs）	波速（km/s）	幅度（dB）
1-g	600	155.0	3.870	54.61
2-g	600	161.9	3.707	56.02
3-g	600	133.6	4.491	68.59
4-g	600	137.2	4.373	70.46
5-g	600	137.7	4.358	67.59
6-g	600	134.0	4.478	69.82

○26×○A柱超声法检测混凝土缺陷结果表（2）　　　　　表2-31

声速临界值（km/s）	3.967	波幅临界值（dB）	56.44
声速平均值（km/s）	4.350	波幅平均值（dB）	70.23
声速标准差	0.0951	波幅标准差	1.714
异常点数目		5	

5. 结论

（1）所检测裙楼第1层○22×○A轴框架柱现龄期混凝土抗压强度为46.7MPa，现龄期混凝土抗压强度满足设计要求。所检测裙楼第1层○26×○A轴框架柱现龄期混凝土抗压强度为47.5MPa，现龄期混凝土抗压强度满足设计要求。

（2）所检测的裙楼第1层○22×○A轴框架柱1-b、5-b、6-c、1-h、5-h、6-h测点处对测结果异常，其余测点对测结果未见明显异常值。经斜测后1-b、5-b、6-c、1-h、5-h、6-h测点处未测到声速异常值，说明该部位混凝土内部无明显缺陷。

（3）所检测的裙楼第1层○26×○A轴框架柱1-b、1-e、1-f、1-g、2-g测点处对测结果异常，其余各点对测结果未见明显异常值。经斜测后该柱1-b、1-e、1-f、1-g、2-g测点未测到声速异常值，说明该部位混凝土内部无明显缺陷。

第3章 砌体结构

3.1 砌体结构检测概述和基本规定

3.1.1 砌体结构的破坏形式及特点

砌体结构以其造价低的优点，自新中国成立以来广泛应用于工业与民用建筑中。对受力特性上而言，砌体的抗压性能较好，但抗弯、抗拉及抗裂性能较差。我国住宅建筑结构中砖混结构体系占 80% 以上，其中大部分已接近或达到设计基准期，需要进行检测加固。砌体结构由砌块和砂浆砌在一起组成，在拉力或剪力作用下，容易沿砂浆或者砌块出现裂缝，最终造成砌体结构的破坏。砌体结构的裂缝一般由两种情况引起：

1. 由荷载引起的破坏

（1）受压破坏：砌体的受压破坏分三个阶段，在压力增大至 50%～70% 的破坏荷载时，部分砌块中出现第一批裂缝，当压力继续增大至 80%～90% 的破坏荷载时，砌块内的裂缝不断沿竖向发展，形成上下连续的裂缝，当压力继续增大时，连续裂缝迅速延伸，形成贯通裂缝，砌体结构最终因失稳而破坏。

（2）弯拉破坏：砌体结构在受到轴心拉力时，一般是沿与拉力垂直的方向破坏。当砌块的强度相对于砌块与砂浆的粘结力较低时，砌体就会产生通过砌块和灰缝连成的直缝；当砌块的强度相对于砌块与砂浆的粘结力较高时，会产生粘结力破坏，裂缝沿与拉力垂直方向的齿缝破坏。

（3）受剪破坏：受剪破坏根据垂直压应力 σ_y 和剪应力 τ 的比值不同产生不同的破坏形式：当 σ_y/τ 较小时，砌体沿水平通缝方向受剪且在摩擦力作用下产生滑移，发生剪摩破坏；当 σ_y/τ 较大时，砌体沿阶梯形灰缝截面受剪破坏，发生主拉应力破坏；当 σ_y/τ 更大时，砌体沿砌块与灰缝截面受剪破坏，发生斜压破坏。

2. 由变形引起的破坏

（1）地基不均匀沉降：对于软土地基，通常会在地基中部产生较大沉降，砌体结构会在底层开始出现斜裂缝，最终导致结构破坏；对于地基软硬不均的情况，则会在较软一边出现大幅沉降，房屋由顶部开始出现斜裂缝，最终导致结构破坏。

（2）温度变形：在昼夜温差较大的地区，屋顶受阳光照射升温，混凝土板膨胀变形，对板下的墙体产生横向的剪应力及拉应力，当应力过大时会产生水平裂缝，并会在转角处贯通，形成包角裂缝，结构最终失去使用功能。

3.1.2 检测原因

（1）对新建砌体工程，当遇到下列情况之一的，可使用本教材中的方法检测和推定烧结砖砌体的强度：

1）砂浆试块缺乏代表性或试块数量不足。

2）对砖强度或砂浆试块的检验结果存在怀疑或者争议，需要确定实际的砌体抗压强度。

3）发生工程事故或者对施工质量有怀疑和争议，需要进一步分析砖、砂浆和砌体的强度。

（2）对于既有烧结砖砌体工程，在进行下列鉴定时，可选择烧结砖回弹法推定砖的强度或砌体的工作应力、弹性模量和强度：

1）安全鉴定、危房鉴定及其他应急鉴定；

2）抗震鉴定；

3）大修前的可靠性鉴定；

4）房屋改变用途、改建、加层或扩建前的专门鉴定。

需要注意的是，用本教材中的方法进行现场检测时，应当综合考虑砂浆、砖和砌筑质量对砌体各项强度的影响，作为工程是否验收还是应做处理的依据。另外，按本书中的方法检测和推定的砂浆强度是指同类块材和砂浆试块底模、自然养护、同龄期的砂浆强度。

3.1.3　砌体结构现场检测的方法

1. 检测方法的分类

砌体工程的现场检测方法，按对砌体结构的损伤程度进行分类时，分为非破损检测方法和局部破损检测方法两类。非破损检测方法是指在检测过程中，对被检测的砌体结构的既有力学性能没有影响，如：砂浆回弹法、烧结砖回弹法等。局部破损检测方法是指在检测的过程中，对被检测砌体结构的既有力学性能有局部的、暂时的影响，但可修复，如：原位轴压法、扁顶法、切制抗压试件法、点荷法等。在局部破损检测方法中，尚可进一步分为较大局部破损检测方法和较小局部破损检测方法，如原位轴压法、扁顶法（检测砌体抗压强度时）切制抗压试件法等均属于较大局部破损检测方法，点荷法、砂浆片局压法、砂浆片剪切法等则可通过在取样时注意加以控制，减小对被测墙体的损伤，属于较小局部破损检测方法。

砌体工程的现场检测方法，也可按其测试的内容进行分类，包括检测砌体的抗压强度、检测砌体工作应力和弹性模量、检测砌体抗剪强度、检测砌体砌筑砂浆强度、检测砌筑块体抗压强度等。其中，检测砌体抗压强度的检测方法主要为原位轴压法、扁顶法、切制抗压试件法；检测砌体工作应力的方法和弹性模量的方法为扁顶法；检测砌体抗剪强度的方法有原位单剪法、原位双剪法；检测砌筑砂浆强度的方法有推出法、筒压法、砂浆片剪切法、砂浆回弹法、点荷法、砂浆片局压法；检测砌筑块体抗压强度的方法有烧结砖回弹法、取样法等。

2. 砌体工程现场检测方法的选用原则

由砌体结构的破坏形式及特点可以看出，砌块及砂浆的强度是影响砌体结构承载能力的主要因素，因此在砌体工程现场检测时，主要针对砌块强度、砌筑砂浆强度、砌体的抗压强度、抗剪强度进行检测和鉴定。现场检测一般是在建筑物的建设过程中或是建成后，大量的检测是在建筑物使用过程中的检测，此时的砌体均进入了工作状态。一个好的检测方法既能取得所需的信息，又能在检测过程中和检测后对砌体的既有性能不造成负面影响。但这两者有一定的矛盾，有时一些局部破损方法能提供更多更准确的信息，提高检测精度。鉴于砌体结构的特点，一般情况下局部的破损容易进行修复，修复后对砌体的既有性能没有影响或影响甚微。所以，对于砌体工程现场检测方法的研究，既纳入了非破损检测的方法，又纳入了局部破损检测法，使用者在使用时应根据检测目的、检测条件以及构件的允许破损程度进行选择。

我国自 20 世纪 60 年代开始将回弹仪应用于现场原位检测中，随着建设规模的不断扩大，新型墙体材料不断涌现，1990 年 1 月《砌体基本力学性能试验方法标准》（GBJ 129—1990）颁布实施。在以后的几年中，出现了较多的砌体工程现场原位检测方法：砂浆回弹法、烧结砖回弹法、扁顶法、原位轴压法、砂浆片剪切法、原位单剪法、原位双剪法、推出法、筒压法、点荷法、切制抗压试件法等。根据不同检测目的、检测设备及外部环境，可选择不同方法。各种方法的特点及用途见表 3-1。

检 测 方 法 一 览 表 表 3-1

序号	检测方法及引用标准	特点	用途	限制条件
1	砂浆回弹法；《建筑结构检测技术标准》（GB/T 50344—2004）	（1）属原位无损检测，测区选择不受限制；（2）回弹仪性能较稳定，操作简便；（3）检测部位的装修面层仅局部损伤	（1）检测烧结普通砖和多孔砖墙体中砂浆的强度；（2）主要适宜于砂浆强度均质性普查	（1）水平灰缝表面粗糙且难以磨平时，不得采用；（2）砂浆强度不应小于 2MPa
2	推出法；《砌体工程现场检测技术标准》（GB/T 50315—2011）	（1）属原位检测，直接在墙体上测试，测试结果综合反映了施工质量和砂浆质量；（2）设备较轻便；（3）检测部位局部破损	检测普通砖墙体的砂浆强度	当水平灰缝的砂浆饱满度低于 65% 时，不宜选用
3	筒压法；《砌体工程现场检测技术标准》（GB/T 50315—2011）	（1）属取样检测；（2）仅需利用一般混凝土实验室的设备；（3）取样部位局部损伤	检测烧结普通砖墙体中的砂浆强度	测点数量不宜太多
4	砂浆片剪切法；《砌体工程现场检测技术标准》（GB/T 50315—2011）	（1）属取样检测；（2）专用的砂浆测强仪和其标定仪；（3）试验工作较简便；（4）取样部位局部损伤	检测烧结砖普通墙体中的砂浆强度	
5	点荷法；《砌体工程现场检测技术标准》（GB/T 50315—2011）	（1）属取样检测；（2）试验工作较简便；（3）取样部位局部损伤	检测烧结普通砖墙体中的砂浆强度	砂浆强度不应小于 2MPa
6	切制抗压试件法；《贯入法检测砌筑砂浆抗压强度技术规程》（JGJ/T 136—2001）	（1）属取样检测，检测结果综合反映了材料质量和施工质量；（2）试件尺寸与标准抗压试件相同，直观性、可比性较强；（3）设备较重，现场取样时有水污染；（4）取样部位有较大局部破损；需切割、搬运试件；（5）检测结果不需换算	（1）检测烧结普通砖和多孔砖砌体的抗压强度；（2）火灾、环境侵蚀后的砌体剩余抗压强度	取样部位每侧的墙体宽度不应小于 1.5m，且应为墙体长度方向的中部或受力较小处

续表

序号	检测方法及引用标准	特点	用途	限制条件
7	烧结砖回弹法；《砌体工程现场检测技术标准》（GB/T 50315—2011）	（1）属于原位无损检测，测区选择不受限制；（2）回弹仪性能较稳定，操作简便；（3）检测部位的装修面层仅局部损伤	检测烧结普通砖和烧结多孔砖墙体中的砖强度	适用范围限于：6～30MPa
8	原位单剪法；《砌体工程现场检测技术标准》（GB/T 50315—2011）	（1）属原位检测，直接在墙体上测试，测试结果综合反应了施工质量和砂浆质量；（2）直观性强；（3）检测部位局部破损	检测各种砌体的抗剪强度	（1）测点选在窗下墙部位，且承受反作用力的墙体应有足够长度；（2）测点数量不宜太多
9	原位双剪法；《砌体工程现场检测技术标准》（GB/T 50315—2011）	（1）属原位检测，直接在墙体上测试，测试结果综合反映了施工质量和砂浆质量；（2）直观性强；（3）设备较轻便；（4）检测部位局部破损	检测烧结普通砖砌体的抗剪强度，其他墙体应经试验确定有关换算系数	当砂浆强度低于5MPa时，误差较大
10	扁顶法；《砌体工程现场检测技术标准》（GB/T 50315—2011）	（1）属原位检测，直接在墙体上测试，测试结果综合反映了材料质量和施工质量；（2）直观性、可比性较强；（3）扁顶重复使用率较高；（4）砌体强度较高或轴向变形较大时，难以测出抗压强度；（5）设备较轻；（6）检测部位局部破损	（1）检测普通砖砌体的抗压强度；（2）测试具体工程的砌体弹性模量；（3）测试古建筑和重要建筑的实际应力	（1）槽间砌体每侧的墙体宽度应不小于1.5m，测点宜选在墙体长度方向的中部；（2）不适用于测试墙体破坏荷载大于4000kN的墙体
11	原位轴压法；《砌体工程现场检测技术标准》（GB/T 50315—2011）	（1）属原位检测，直接在墙体上测试，测试结果综合反应材料质量和施工质量；（2）直观性、可比性强；（3）设备较重；（4）检测部位局部破损	检测普通砖砌体的抗压强度	（1）槽间砌体每侧的墙体宽度应不小于1.5m；（2）同一墙体上的测点数量不宜多于1个，测点总数不宜太多；（3）限用于240mm砖墙

3.1.4　砌体结构检测单元、测区和测点的布置

在对砌体结构进行检测时，首先要确定检测目的、内容及范围，并据此选择检测方法。根据检测方法要求对被检测工程划分检测单元。

检测单位是根据下列几项因素确定的：

（1）检测是为鉴定采集基础数据的，对建筑物进行鉴定时，首先应根据被鉴定建筑物的结构特点和承重体系的种类，将该建筑物划分为一个或若干个可以独立进行分析（鉴定）的结构单元，故检测时应根据鉴定要求，将建筑物划分为独立的结构单元。

（2）在每一个结构单元内，采用对新建施工建筑同样的规定，将同一材料品种、同一等级 250m³ 的砌体作为一个母体，进行测区和测点的布置，将此母体称为"检测单元"。

（3）当仅仅对单个构件（单片墙体、柱）或不超过 250m³ 的同一材料、同一等级的砌体进行检测时，亦将此作为一个检测单元。

砌体工程的现场检测不同于混凝土结构的现场检测，检测的概念也有所差异。在砌体工程现场检测中，常常将单个构件作为一个测区对待。测区的数量，主要是考虑砌体工程检测的需要、检测成本（工作量）与相关检验和验收标准的衔接、各检测方法现有的科研工作基础、运用数理统计理论，作出统一的规定。国标规定，在每一检测单元内随机选择 6 个构件（单片的墙、柱等）作为 6 个测区，不足 6 个构件的检测单元，将每个构件作为一个测区。

在确定测区后，在每一测区随机布置若干测点，测点的数量，主要是在各检测方法的现有科研工作基础上，运用数理统计理论，结合各检测方法的特点（有的方法对原结构破损较大，有的方法对原结构基本不破损）综合考虑后确定的。测点最小数目根据检测方法的不同有所不同：

（1）切割法、原位轴压法、扁顶法、原位单剪法、筒压法的测点数不应少于 1 个。

（2）原位单砖双剪法、推出法、砂浆片剪法、回弹法、点荷法、砂浆片局压法、烧结砖回弹法的测点数不应少于 5 个。

这里需要说明的是，回弹法的测位，相当于其他方法的测点。在布置测点时，应在同一测区内采用简单随机抽样的方式进行测点布置，使测试结果全面、合理反映被测区的施工质量或其受力性能。

对既有建筑物或应委托方要求仅对建筑物的部分或个别部位进行检测时，测区和测点数可以减少，但一个检测单元的测区数不宜少于 3 个。

3.1.5 检测程序和工作内容

1. 检测程序

一般而言，砌体工程的现场检测工作应按照规定的程序进行。图 3-1 为一般检测程序的框图，当有特殊需要时，亦可按鉴定的需要进行检测，有些方法可重复使用。图 3-1 中未作详细规定（如有的先用一种非破损检测方法大面积普查，根据普查结果再用其他方法在重点部位和发现问题处进行重点检测），可由专业检测人员综合各方法调整检测程序。在实际的砌体工程现场检测中，常常出现由于没有检测方案，在进行检测时取样部位或取样数目不规范或临时随意调整检测方法的情况。所以，在《砌体工程现场检测技术标准》（GB/T 50315—2011）中，增加制定了检测方案、确定检测方法的内容。

2. 工作内容

一项完整的砌体工程现场检测应包含接受委托、调查、确定检测目的和内容及范围、制定检测方案并确定检测方法、测试（含补充测试）计算、分析和推定、出具检测报告几部分内容。

调查阶段是很重要的阶段，应尽可能了解和搜集有关资料，不少情况下，委托方提供不出足够的原始资料，还需要检测人员到现场收集；对重要的检测，可先行初检，根据初检的结果进行分析，进一步收集资料。调查阶段一般应包括下列的工作内容：

（1）收集被检测工程的图纸、施工验收资料、砖与砂浆的品种及有关原材料的测试资料；

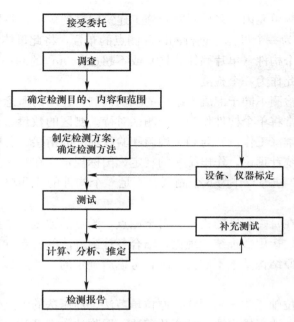

图 3-1　现场检测程序

（2）现场调查工程的结构形式、环境条件、砌体质量及其存在问题，对既有砌体工程，尚应调查使用期间的变更情况；

（3）工程建设时间；

（4）进一步明确检测原因和委托方的具体要求；

（5）以往工程质量检测情况。

关于砌筑质量，因为砌体工程系操作工人手工操作，即使同一栋工程也可能存在较大的差异；材料质量如块材、砌筑砂浆强度，也可能存在较大的差异。在编制检测方案和确定测区、测点时，均应考虑这些重要因素。因此，应在检测工作开始前，根据委托要求、检测目的、检测内容和范围制定检测方案（包括抽样方案、部位等），选择一种或数种检测方法，必要时应征求委托方意见并认可。对被检测工程应划分检测单元，并应确定测区和测点数。测试（含补充测试）计算、分析和推定均应按照《砌体工程现场检测技术标准》（GB/T 50315—2011）中的规定进行。

设备仪器的校验非常重要，有的方法还有特殊的规定。每次试验时，试验人员应对设备的可用性作出判定并记录在案。对一些重要且特殊工程（如重大事故检测鉴定），宜在检测工作开始前对检测设备进行鉴定，以对设备性能进行确认。因此，《砌体工程现场检测技术标准》（GB/T 50315—2011）中要求测试设备、仪器应按相应标准和产品说明书进行保养和校准，必要时应按使用频率、检测对象的重要性适当增加校准次数。

在计算、分析和强度推定的过程中，出现异常情况或测试数据不足时，应及时补充测试。在检测工作结束后，应及时出具符合检测目的的检测报告。

在现有的现场检测方法中，有部分方法为局部破损的检测方法。在现场测试结束时，砌体如因检测造成局部损伤，应及时修补砌体局部损伤部位。修补后的砌体，应满足原构建承载能力和正常使用的要求。同时，现场检测时，应根据不同检测方法的特点，采取确保人身安全和防止仪器损坏的安全措施，并应采取避免或减小环境污染的措施。

练习题

一、单项选择题

1. 每一楼层且总量不大于（　　）的材料品种和设计强度等级均相同的砌体称为一个检测单元。

A. 250m³ B. 200m³

C. 300m³ D. 350m³

2. 砖柱和宽度小于（　　）的承重墙，不应选用较大局部破损的检测方法。

A. 2.50m B. 3.60m C. 2.00m D. 3.50m

3. 推出法、砂浆片剪法、回弹法、点荷法、砂浆片局压法、烧结砖回弹法的测点数不应少于（　　）个。

A. 1 B. 2 C. 3 D. 5

4. 砌体结构在受到轴心拉力时，一般是沿与拉力垂直的方向破坏。当砌块的强度相对于砌块与砂浆的粘结力较低时，砌体就会产生通过砌块和灰缝连成的直缝；当砌块的强度相对于砌块与砂浆的粘结力较高时，会产生粘结力破坏，裂缝沿与拉力垂直方向的齿缝破坏，这种破坏形式是（　　）。

A. 受压破坏 B. 弯拉破坏

C. 受剪破坏 D. 剪压破坏

二、多项选择题

1. 砌体工程的现场检测方法，按测试内容进行分类，以下分类正确的有（　　）。

A. 检测砌体抗压强度：原位轴压法、扁顶法

B. 检测砌体抗剪强度：原位单剪法、原位单砖双剪法

C. 检测砌筑砂浆强度：推出法、筒压法、砂浆片剪切法、回弹法、点荷法、砂浆片局压法

D. 检测砌体抗压强度：原位轴压法、推出法

E. 检测砌筑块体抗压强度：烧结砖回弹法、取样法

2. 已建砌体工程，在进行（　　）时，应按《砌体工程现场检测技术标准》检测和推定砂浆的强度或砌体的工作应力、弹性模量和强度。

A. 安全鉴定及危房鉴定或其他应急鉴定

B. 抗震鉴定

C. 安全稳定鉴定

D. 房屋改变用途、改建、加层或扩建前的专门鉴定

E. 大修前可靠性鉴定

三、简答题

1. 砌体结构选用检测方法和在墙体上选定测点，应符合哪些要求？

2. 要求测点数不少于5个的检测方法有哪些？

3. 请列流程图说明砌体结构现场检测的一般程序。

4. 砌体工程的现场检测方法，按测试内容可以分为哪几类？

3.2　扁顶法及其原理

3.2.1　概述

扁顶法是湖南大学所研究提出的检测原位砌体承载力和砌体受力性能的一项检测技术。此方法较早时候用于测定岩石应力，20 世纪 80 年代意大利模型和结构实验所（ISMES）将该方法用于测量已建房屋石、砖砌体的工作应力和弹性模量，尤其在古建筑砌体的检测中得到了很好的应用。近年来，扁顶法还在烧结多孔砖砌体中得到了推广使用。

扁顶法的优点在于设备较为轻便、易于操作、直观可靠，并可使测定墙体受压工作应力、砌体弹性模量和砌体抗压强度一次完成。缺点在于扁顶的允许极限变形较小，不能在压缩变形较大的砌体中使用，同时使用时扁顶出力后鼓起，再次使用须将其压平，使用次数受到了一定的限制。

3.2.2　扁顶法原理

扁顶法是在砖墙内开凿水平灰缝槽，此时应力释放，在槽内装入扁式液压千斤顶（简称扁顶）后进行应力恢复，根据应力释放和恢复的变形协调条件，可直接测得墙体受压工作应力 σ_0，并通过开两条槽放两部顶测定槽口间砌体压缩变形（$\sigma-\varepsilon$）和破坏强度 σ_a，可求得砌体的弹性模量 E，并按照公式推出砌体的抗压强度。此时相当于一个原位标准砌体试件，并通过测定槽间砌体的抗压强度和轴向变形值确定其标准砌体抗压强度和弹性模量。

由于砌体墙体所承受的主应力方向已定，且垂直方向的主压应力是主要控制应力，当沿水平灰缝开凿一条应力解除槽，槽周围的墙体应力得到部分解除，应力重新分布。在槽的上下设置变形测量点，可直接观测到因开槽带来的相对变形变化，即因应力解除而产生的变形释放。将扁顶装入恢复槽内，向其提供油压，当扁顶内压力平衡了预先存在的垂直于灰缝槽口面的静态压力时，即应力状态完全恢复，所求墙体受压工作应力即由扁顶内的压力表显示。分析表明，当扁顶试压面积与开槽面积之比大于等于 0.8 时，用变形恢复来控制应力恢复相当准确。

3.2.3　扁顶法测试装置和变形测点布置

扁顶法测试装置与变形测点布置如图 3-2 所示。检测时，在墙体的水平灰缝处开凿两条槽孔，安放扁顶。加荷设备由手动油泵、扁顶等组成，其工作状况如图 3-2 所示。

3.2.4　扁顶法检测技术

1. 适用范围

扁顶法适用于原位检测普通砖和普通多孔砖砌体的抗压强度、古建筑和重要建筑的受压工作应力、砌体弹性模量以及火灾、环境侵蚀后砌体剩余的抗压强度。扁顶法是在试验墙体上部所承受的均匀压力为 0~1.37MPa，标准砌体的抗压强度最大为 3.04MPa 的情况下，为理论分析所证实。理论和试验分析表明，对于 8 层及 8 层以下的民用房屋，使用扁顶法试验的结果非常准确。

2. 扁顶法测试设备的主要技术指标

（1）在扁顶法中，扁式液压千斤顶既是出力元件又是测力元件，要求扁顶的厚度小于

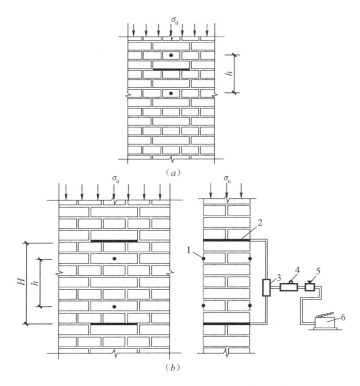

图 3-2　扁顶法测试装置与变形测点布置示意图

(a) 测试受压工作应力；(b) 测试弹性模量、抗压强度

1—变形测量脚标（两对）；2—扁式液压千斤顶；3—三通接头；

4—压力表；5—溢流阀；6—手动油泵

水平灰缝的厚度，且具有较大的垂直变形能力。当扁顶的顶升变形小于 10mm，或取出一皮砖安设扁顶进行试验时，可增设钢制可调楔形垫块，以确保扁顶能够可靠地工作。

规范要求，应根据测量砌体的实际情况并按照规范的要求选择特定规格的扁顶。扁顶由 1mm 厚合金钢板焊接而成，总厚度为 5～7mm，大面尺寸分别为 250mm×250mm、250mm×380mm、380mm×380mm 和 380mm×500mm，对 240mm 厚墙体可选用前两种扁顶，对 370mm 厚墙体可选用后两种扁顶。

(2) 扁顶的主要技术指标，应满足表 3-2 的要求。

扁顶主要技术指标　　　　　　　　　　　　　　　　　　　　表 3-2

项目	指标
额定压力（kN）	400
极限压力（kN）	480
额定行程（mm）	10
极限行程（mm）	15
示值相对误差（%）	±3

(3) 为了试验结果真实、可信、准确，在每次使用前，都应校验扁顶的力值，符合要求的才可继续进行扁顶试验。

（4）手持式应变仪和千分表的主要技术指标应符合表 3-3 的要求。

手持式应变仪和千分表的主要技术指标 表 3-3

项目	指标
行程（mm）	1～3
分辨率（mm）	0.001

3. 测试方法

（1）选择测试步骤

扁顶法可以测定砌体结构的抗压强度、弹性模量和工作应力，所以在应用扁顶法时，须根据测试目的采用不同的试验步骤，主要需注意如下四点：

1）仅测定墙体的受压工作应力，在测点只开凿一条水平灰缝槽，使用一个扁顶即可。

2）测定墙体的受压工作应力和砌体抗压强度，在测点只开凿一条水平灰缝槽，使用一个扁顶测定墙的受压工作应力；然后开凿第二条水平槽，使用两个扁顶测定砌体弹性模量和砌体抗压强度。

3）仅测定墙内砌体抗压强度，须同时开凿两条水平槽，使用两个扁顶。

4）测试砌体抗压强度和弹性模量时，不论 σ_0 大小，均宜加设反力平衡架。

（2）选择测试部位

测试部位应具有代表性并符合下列规定：

1）测试部位宜选在墙体中部距楼、地面 1m 左右的高度处；槽间砌体每侧的墙体宽度不应小于 1.5m。

2）同一墙体上，测点不宜多于 1 个，且宜选在沿墙体长度的中间部位；多于 1 个时，其水平净距不得小于 2.0m。

3）测试部位不得选在挑梁下、应力集中部位以及墙梁的墙体计算高度范围内。

（3）试验步骤

1）实测墙体的受压工作应力时，应符合下列要求：

① 在选定的墙体上，标出水平槽的位置并应牢固粘贴两对变形测量的脚标。脚标应位于水平槽正中并跨越该槽；普通砖砌体脚标之间的距离应相隔 4 条水平灰缝，宜取 250mm；多孔砖砌体脚标之间的距离应相隔 3 条水平灰缝，宜取 270～300mm。

② 使用手持应变仪或千分表在脚标上测量砌体变形的初读数，应测量 3 次，并取其平均值。

③ 在标出水平槽位置处，剔除水平灰缝内的砂浆。水平槽的尺寸应略大于扁顶尺寸。开凿时不应损伤测点部位的墙体及变形测量脚标。应清理平整槽的四周，除去灰渣。

④ 使用手持式应变仪或千分表在脚标上测量开槽后的砌体变形值，待读数稳定后方可进行下一步试验工作。

⑤ 在槽内安装扁顶，扁顶上下两面宜垫尺寸相同的钢垫板，并应连接试验油路（图 3-2）。

⑥ 正式测试前，应进行试加荷载试验，试加荷载值可取预估破坏荷载的 10%。检查测试系统的灵活性和可靠性，以及上下压板和砌体受压面接触是否均匀密实。经试加荷载，测试系统正常后卸荷，开始正式测试。

⑦ 正式测试时，应分级加荷。每级荷载应为预估破坏荷载值的 5%，并应在 1.5～2min 内均匀加完，恒载 2min 后测读变形值。当变形值接近开槽前的读数时，应适当减小加荷级差，直至实测变形值达到开槽前的读数，然后卸荷。

2）实测墙内砌体抗压强度或弹性模量时，应符合下列要求：

① 在完成墙体的受压工作应力测试后，开凿第二条水平槽，上下槽应互相平行、对齐。当选用 250mm×250mm 扁顶时，两槽之间相隔 7 皮砖，净距宜取 430mm；当选用其他尺寸的扁顶时，两槽之间相隔 8 皮砖，净距宜取 490mm。遇有灰缝不规则或砂浆强度较高而难以凿槽的情况，可以在槽孔处取出 1 皮砖，安装扁顶时应采用钢制楔形垫块调整其间隙。

② 应按要求在上下槽内安装扁顶。

③ 在正式测试前，先试加荷载，试加荷载值取预估破坏荷载的 10%。检查测试系统的灵活性和可靠性，以及上下压板和砌体受压面接触是否均匀密实。经试加载，测试系统正常后卸荷，并再一次调整螺母的松紧，使压力机的 4 根拉杆受力保持一致。

④ 正式测试时，应分级加荷。每级荷载可取预估破坏荷载的 10%，并应在 1～1.5min 内均匀加完，然后恒载 2min。加荷至预估破坏荷载的 80% 后，应按原定加荷速度连续加荷，直至槽间砌体破坏。当槽间砌体裂缝急剧扩展和增多，油压表的指针明显回退时，槽间砌体达到极限状态。

⑤ 当槽间砌体上部压应力小于 0.2MPa 时，应加设反力平衡架，方可进行试验。反力平衡架可由四根钢拉杆和两块反力板组成。

3）当测试砌体的受压弹性模量时，尚应符合下列要求：

① 应在槽间砌体两侧各粘贴一对变形测量脚标，脚标应位于槽间砌体的中部。脚标之间相隔 4 条水平灰缝，净距宜取 250mm。试验前应记录标距值，精确至 0.1mm。

② 按上述加荷方法进行试验，测记逐级荷载下的变形值。

③ 累计加荷的应力上限不宜大于槽间砌体极限抗压强度的 50%。

4）当仅需要测定砌体抗压强度时，应同时开凿两条水平槽，按上述要求进行试验。

（4）试验记录内容应包括描绘测点布置图、墙体砌筑方式、扁顶位置、脚标位置、轴向变形值、逐级荷载下的油压表读数、裂缝随荷载变化情况简图等。

4. 数据分析

（1）进行数据分析时，应根据扁顶的校验结果，将油压表读数换算为试验荷载值。墙体的受压工作应力，应等于按规范规定变形实测值达到开凿前读数时所对应的应力值。

（2）根据试验结果，应按现行国家标准《砌体基本力学性能试验方法标准》（GB/T 50129—2011）的方法，计算砌体在有侧向约束情况下的弹性模量；当换算为标准砌体的弹性模量时，计算结果应乘以换算系数 0.85。

（3）槽间砌体的抗压强度，应按下列公式计算：

$$f_{uij} = \frac{N_{uij}}{A_{ij}} \tag{3-1}$$

式中 f_{uij}——第 i 个测区第 j 个测点槽间砌体的抗压强度（MPa）；

N_{uij}——第 i 个测区第 j 个测点槽间砌体的受压破坏荷载值（N）；

A_{ij}——第 i 个测区第 j 个测点槽间砌体的受压面积（mm²）。

（4）槽间砌体抗压强度换算为标准砌体的抗压强度，应按下列公式计算：

$$f_{mij} = \frac{f_{uij}}{\xi_{1ij}} \qquad\qquad (3\text{-}2)$$

$$\xi_{1ij} = 1.25 + 0.60\sigma_{0ij} \qquad\qquad (3\text{-}3)$$

式中　f_{mij}——第 i 个测区第 j 个测点标准砌体抗压强度换算值（MPa）；

　　　σ_{0ij}——该测点上部墙体的压应力（MPa），其值可按墙体实际所承受的荷载标准值计算；

　　　ξ_{1ij}——原位轴压法的无量纲的强度换算系数。

（5）测区的砌体抗压强度平均值，应按下列公式计算：

$$f_{mi} = \frac{1}{n_1} \sum_{j=1}^{n_1} f_{mij} \qquad\qquad (3\text{-}4)$$

式中　f_{mi}——第 i 个测区的砌体抗压强度平均值（MPa）；

　　　n_1——测区的测点数。

3.2.5　扁顶法应用实例

1. 概述

某试验室采用试验墙片 W5（下面简称为 W5）进行扁顶法试验。W5 为 240mm 厚烧结普通砖砌体，长 11.6m，高 1.6m，组砌方式为一顺一丁，如图 3-3 所示。

2. 墙体测点布置

扁顶的尺寸为 250mm×250mm×5mm。试验时在墙体内挖两条水平槽，烧结普通砖试验墙体（W5）两槽之间相隔 7 皮砖，W5 上布置一个点，如图 3-4 所示。

图 3-3　试验墙体 W5

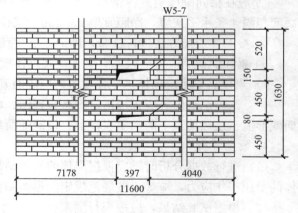

图 3-4　W5 测点布置

3. 试验方法

扁顶法实测砌体抗压强度所采用的试验装置如图 3-5、图 3-6 所示。首先在试验墙体的水平槽内安装好反力架，在扁顶上下各垫厚钢板或钢楔块，通过拧紧反力架拉杆螺母或者塞紧钢楔块来调整扁顶与厚钢板或钢楔块之间的间隙。连接好扁顶油路后，对槽间砌体先进行预压。正式加压时采用分级加压，直至槽间砌体破坏。

4. 实测结果

（1）破坏特征

根据槽间砌体及水平槽四角的裂缝观测结果，槽间砌体呈现与标准砌体试件类似的破

图 3-5　扁顶试验装置　　　　　　　　　　图 3-6　竖向变形测量装置

坏特征（图 3-7），大多数测点在水平槽角部还出现延伸至砌体顶部和底部的竖向裂缝或斜裂缝，少数测点在水平槽上部墙体出现少数竖向裂缝。槽间砌体从开始受力到破坏，其受力过程分三个阶段。第一阶段为槽间砌体开始受压到产生第一批裂缝。槽间砌体的初裂荷载为破坏荷载的 50%～70%。第二阶段为槽间砌体竖向裂缝的发展阶段，此时，水平槽角部也开始出现竖向裂缝或斜裂缝。第三阶段为槽间砌体竖向裂缝贯通的阶段，槽间砌体被分隔成数个独立小柱，此时有的测点上下水平槽角部竖向裂缝或斜裂缝发展迅速，向墙顶部和底部发展（表 3-4）。

扁顶法实测砌体抗压强度汇总表　　　　　　　　　　表 3-4

试验测点编号	测试时间	实测槽间砌体受压破坏荷载 N_m（kN）	实测槽间砌体抗压强度 F（MPa）	测点上部墙体压应力（MPa）	强度换算系数	换算标准砌体抗压强度（MPa）	槽间砌体受压弹性模量（MPa）
W5-7	2010.3.22 上午	415.39	7.22	0	1.18	6.60	5542.73

图 3-7　W5-7 测点槽间砌体裂缝

（2）检测结果

根据对某试验室 W5 试验墙片的扁顶法现场检测，且对于烧结普通砖砌体和烧结多孔砖砌体均按《砌体工程现场检测技术标准》（GB/T 50315—2011）中扁顶法的规定进行计算分析，检测结果如下：烧结普通砖砌体墙片测点 W5-7 的砌体抗压强度为 6.60MPa；烧结普通砖砌体墙片测点 W5-7 的砌体受压弹性模量为 5542.73MPa。

练习题

一、单项选择题

1. 扁顶由 1mm 厚合金钢板焊接而成，总厚度为 5～7mm，大面尺寸有多种，下列尺寸不属于规范中规定采用的是（　　）。

A. 250mm×380mm　　　　　　　　B. 250mm×250mm

C. 380mm×380mm　　　　　　　　D. 390mm×500mm

2. 在扁顶法测试时，当槽间砌体上部压应力小于（　　）时，应加设反力平衡架后再进行测试。

A. 0.2MPa　　　　B. 0.3MPa　　　　C. 0.25MPa　　　　D. 0.15MPa

3. 根据扁顶的校验结果，应将油压表读数换算为（　　）。

A. 试验荷载值　　　　　　　　　　B. 试验强度值

C. 试验弹性模量值　　　　　　　　D. 强度荷载值

4. 使用手持应变仪或千分表在脚标上测量砌体变形的初读数，应测量（　　）次，并取其平均值。

A. 1　　　　　　　B. 2　　　　　　　C. 3　　　　　　　D. 4

二、多项选择题

1. 扁式液压顶法是采用扁式液压千斤顶在墙体上进行抗压试验，检测砌体的（　　）的方法，亦简称扁顶法。

A. 受压应力　　　　　　　　　　　B. 受拉应力

C. 弹性模量　　　　　　　　　　　D. 抗压强度

E. 剪切应力

2. 采用扁顶法测试砌体抗压强度时，需要用到（　　）。

A. 扁顶　　　　　　　　　　　　　B. 手持式应变仪

C. 螺旋千斤顶　　　　　　　　　　D. 千分表

E. 回弹仪

3. 采用扁顶法实测墙体的受压工作应力时，下列说法正确的是（　　）。

A. 在选定的墙体上，标出水平槽的位置并应牢固粘贴两对变形测量的脚标：多孔砖砌体脚标之间的距离应相隔 4 条水平灰缝，宜取 270～300mm

B. 使用手持应变仪或千分表在脚标上测量砌体变形的初读数，应测量 3 次，并取其平均值

C. 在标出水平槽位置处，剔除水平灰缝内的砂浆。水平槽的尺寸应略大于扁顶尺寸。开凿时不应损伤测点部位的墙体及变形测量脚标。应清理平整槽的四周，除去灰渣

D. 正式测试前，应进行试加荷载试验，试加荷载值可取预估破坏荷载的 15%

E. 正式测试时，应分级加荷。每级荷载应为预估破坏荷载值的 15％，并应在 1.5～2min 内均匀加完，恒载 2min 后测读变形值

4.（请按顺序选择）正式测试前，应反复施加（　　　）的预估破坏荷载。测试时，累计加荷应力上限不宜大于槽间砌体极限抗压强度的（　　　）。

A. 5％　　　　　　B. 10％　　　　　　C. 20％　　　　　　D. 50％

E. 80％

三、问答题

1. 采用扁顶法测试砌体受压弹性模量时，需要符合哪些要求？

2. 扁顶法测试墙体的受工作应力时，正式测试应如何加载？

3. 采用扁顶法实测墙内砌体抗压强度或弹性模量时，试验记录内容应包括哪些？

4. 请列表说明扁顶的主要技术指标。

四、综合题

对某墙体进行扁顶法试验，测量墙体的受压工作应力。该墙体为 240mm 厚烧结普通砖砌体，长 11.6m，高 1.6m，组砌方式为一顺一丁。扁顶尺寸为 250mm×250mm×5mm。该试验按下述步骤进行：

（1）在墙体上标出水平槽的位置。

（2）试加荷载，试加荷载值取预估破坏荷载的 15％。

（3）正式测试，分级加载，每级荷载取预估破坏荷载值的 5％，测读变形值。

（4）在读数稳定后在槽内安装扁顶，扁顶上下两面垫上尺寸相同的钢垫板，连接试验油路。

（5）使用手持应变仪测量开槽后的砌体变形值。

（6）剔除水平灰缝内的砂浆。

（7）使用手持应变仪测量开槽后的砌体变形值。

（8）粘贴两对变形测量的脚标。两脚标之间的距离相隔 3 条水平灰缝。

根据上述案例，回答以下问题：

1. 扁顶法的优缺点是什么？

2. 将上述各步骤进行合理排序。

3. 找出上述步骤中不合理的地方并说明理由。

3.3 原位轴压法及其原理

3.3.1 概述

原位轴压法为西安建筑科技大学在扁顶法的基础上提出的。原有的扁顶法采用的是盒式扁顶，但其允许的极限变形较小，不能在压缩变形较大的砌体中使用，同时，使用时扁顶出力后鼓起，再次使用须将其压平，焊缝也易疲劳破坏，所以扁顶的使用次数也受到了一定的限制。原位轴压法采用一种液压扁式千斤顶（原位压力机）取代盒式扁顶，克服了盒式扁顶的上述缺点。

砌体原位压力机实际上是一个小型平衡压力机，其检测方法是在被测墙体上，沿垂直方向上下相隔一定距离处各开凿一个长×宽×高为 240mm×240mm×70mm 的水平槽

（对于 240mm 厚墙体而言）。在上下两个槽内分别放入液压式扁式千斤顶和自平衡式反力板，调整位置后，逐级对槽间砌体施加荷载，直到槽间砌体最后被破坏，测得槽间砌体的极限破坏荷载值，再根据换算公式求得相应的标准砌体抗压强度。

3.3.2　原位轴压法原理

原位轴压法是通过专用液压系统对砖砌体现场施加压力直至槽间砌体轴压破坏，通过油压表的读数，按原位轴压仪的校验结果计算施加荷载，对砌体的力学性能进行现场原位检测。原位轴压法测试结果可以全面考虑砖、砂浆的变异和砌筑质量对砖砌体抗压强度的影响，较能综合反映材料质量和施工质量。

3.3.3　原位压力机

原位压力机是原位轴压法的主要设备，它是砌体承受轴向压力的装置，整个设备如图 3-8 所示。

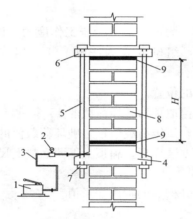

图 3-8　原位压力机测试示意图

1—手动油泵；2—压力表；3—高压油管；4—扁式千斤顶；
5—拉杆；6—反力板；7—螺母；8—槽间砌体；9—砂垫层

3.3.4　原位轴压法检测技术

1. 适用范围

原位轴压法适用于原位检测普通砖和多孔砖砌体的抗压强度，也用于检测火灾、环境侵蚀后砌体的剩余抗压强度。

2. 原位压力机的技术指标

（1）原位压力机的主要技术性能指标，应符合表 3-5 的要求。

原位压力机的主要性能指标　　　　　　　　　　　　表 3-5

项目	指标		
	450 型	600 型	800 型
额定压力（kN）	400	550	750
极限压力（kN）	450	600	800
额定行程（mm）	15	15	15
极限行程（mm）	20	20	20
示指相对误差（%）	±3	±3	±3

（2）使用原位压力机时，为了试验结果的准确性，应该定期对原位压力机进行保养和检验。

为了更好地保养原位压力机，应注意如下要点：

1）原位压力机试验完毕后，应对设备用棉纱进行全面擦拭干净以备下次再用。

2）对各零部件，轻拿轻放，严禁碰撞或用锤子敲打，以免损坏零部件，电磁流量计一定要按操作规程操作。

3）原位压力机不得随便对该机加圈加垫。

4）原位压力机使用前首先对该机各部件进行全面检查，检查油箱是否有油，各密封件是否拧紧，以防泄油。

3. 测试方法

（1）选择测试部位和测点

测试部位应具有代表性，并符合如下规定：

1）测试部位宜选在墙体中距楼、地面 1m 左右的高度处；槽间砌体每侧的墙体宽度不应小于 1.5m。

2）同一墙体上，测点不宜多于 1 个，且宜选在沿墙体长度的中间部位；多于 1 个时，其水平净距不得小于 2m。

3）测试部位不得选在挑梁下、应力集中部位以及墙梁的墙体计算高度范围内。

在选定的测点上开凿水平槽孔时，应遵守下列规定：

1）上水平槽的尺寸为（长度×厚度×高度）250mm×240mm×70mm；使用 450 型轴压仪时，下水平槽的尺寸为 250mm×240mm×70mm；使用 600 型轴压仪时，下水平槽的尺寸为 250mm×240mm×140mm。

2）上下水平槽孔应对齐，两槽之间应相距 7 皮砖，约 430mm。

3）开槽时应避免扰动四周的砌体，两槽间的砌体为受压砌体，被称为"槽间砌体"，槽间砌体的承压面应修平整。

（2）安放原位压力机

在槽孔间安放原位轴压仪时，应符合下列规定：

1）分别在上槽内的下表面和扁式千斤顶的顶面，均匀铺设湿细砂或石膏等材料的垫层，厚度约为 10mm。

2）将反力板置于上槽孔，扁式千斤顶置于下槽孔，安放四根钢拉杆，使两个承压板上下对齐后，拧紧螺母并调整其平行度；四根钢拉杆的上下螺母间的净距误差不大于 2mm。

3）在正式测试前，先试加荷载，试加荷载值取预估破坏荷载的 10%。检查测试系统的灵活性和可靠性，以及上下压板和砌体受压面接触是否均匀密实。经试加载，测试系统正常后卸荷，并再一次调整螺母的松紧，使压力机的 4 根拉杆受力保持一致。

（3）正式测试

原位压力机正式测试时应分级加荷，每级荷载约为预估破坏荷载的 10%，并在 1~1.5min 内均匀加完，然后恒载 2min，加至预估破坏荷载的 80%，连续加荷直至槽间砌体破坏（当槽间砌体裂缝急剧扩展而压力表指针明显回退时，即为槽间砌体的破坏荷载）。

　　在实验过程中，如发现上下压板与砌体承压面接触不良，导致槽间砌体呈局部受压或偏心受压状态时，应停止实验。调整实验装置，重新试验。当无法调整时应更换测点。

　　在试验过程中，还应仔细观察槽间砌体初裂裂缝及裂缝的开展情况，记录逐级荷载下的油压表读数、测点位置、裂缝随荷载变化情况简图等。

　　试压完成后拆卸原位压力机前，应打开回油阀，将压力泄压至零，均匀拧紧平衡拉杆螺母，将深处的活塞压回原位后，方可取出扁式千斤顶。

　　4. 数据分析

　　(1) 根据槽间砌体初裂和破坏时的油压表读数，分别减去油压表的初始读数，按原位轴压仪的校验结果，计算槽间砌体的初裂荷载和破坏荷载值。

　　(2) 槽间砌体的抗压强度，应按下式计算：

$$f_{uij} = \frac{N_{uij}}{A_{ij}} \tag{3-5}$$

式中　f_{uij}——第 i 个测区第 j 个测点槽间砌体的抗压强度（MPa）；

　　　N_{uij}——第 i 个测区第 j 个测点槽间砌体的受压破坏荷载值（N）；

　　　A_{ij}——第 i 个测区第 j 个测点槽间砌体的受压面积（mm²）。

　　(3) 槽间砌体抗压强度换算为标准砌体的抗压强度，应按下式计算：

$$f_{mij} = \frac{f_{uij}}{\xi_{1ij}} \tag{3-6}$$

$$\xi_{1ij} = 1.25 + 0.60\sigma_{0ij} \tag{3-7}$$

式中　f_{mij}——第 i 个测区第 j 个测点标准砌体抗压强度换算值（MPa）；

　　　σ_{0ij}——该测点上部墙体的压应力（MPa），其值可按墙体实际所承受的荷载标准值计算；

　　　ξ_{1ij}——原位轴压法的无量纲的强度换算系数。

　　(4) 测区的砌体抗压强度平均值，应按下式计算：

$$f_{mi} = \frac{1}{n_1} \sum_{j=1}^{n_1} f_{mij} \tag{3-8}$$

式中　f_{mi}——第 i 个测区的砌体抗压强度平均值（MPa）；

　　　n_1——测区的测点数。

3.3.5　原位轴压法应用实例

　　某 14 号住宅楼（以下简称为"14 号楼"）原设计为五层砖混结构，始建于 20 世纪 80 年代初，住宅楼地基为重锤夯实地基上做 3：7 灰土垫层，基础为砖砌体条形基础，采用 MU10 砖、M5 砌筑砂浆。施工至±0.000 后因故停工，2005 年重新开工。条形基础施工完停建后一直裸露在外，经近 20 年使用，砖与表面砂浆均有不同程度的风化，使砌体性能退化。为此，需查明现存砌体强度是否能满足续建要求，对原基础砌体进行检测评定。

　　根据《砌体工程现场检测技术标准》（GB/T 50315—2011）采用原位轴压法测试砌体的抗压强度，鉴于原位轴压法属于非破损检测方法，取样不宜过多，在 14 号楼基础随机抽取测点 6 个，基础大放脚上部为 240mm 厚砌体，高为 1150mm，上槽口顶部砌体仅留有 5～6 皮砖，上部压应力很小，取 $\sigma_0 = 0$，依据规范，强度换算系数为 1.36，求得各测点标准砌体强度 f_i，测试结果见表 3-6。

14 号楼墙基坑抗压强度							表 3-6
测点	1	2	3	4	5	6
开裂荷载（kN）	99.9	275	154.2	275	149.9	178.5
破坏荷载（kN）	307.3	449.8	375.2	362.3	335.4	470.6
破坏强度 f_{ui}（MPa）	5.335	7.809	6.514	6.29	5.82	8.17
强度换算系数	1.36	1.36	1.36	1.36	1.36	1.36
标准砌体强度 f_i（MPa）	3.92	5.74	4.79	4.63	4.28	6.01

由《砌体工程现场检测技术标准》（GB/T 50315—2011）式（14.0.3-1）求得测点标准砌体强度平均值：$f_m=4.85$MPa。

由《砌体工程现场检测技术标准》（GB/T 50315—2011）式（14.0.3-1）求得测点标准砌体强度平均值：$f_m=4.85$MPa。

由《砌体工程现场检测技术标准》（GB/T 50315—2011）式（14.0.3-2）求得测点标准砌体强度平均值：$s=0.821$。

本检测项目测点 6 个，根据《砌体工程现场检测技术标准》（GB/T 50315—2011）14.0.5 条公式（14.0.5-1）求得砌体强度推定值：

$$f_k = f_m - k_s = 4.895 - 1.947 \times 0.821 = 3.29\text{MPa}$$

根据《砌体结构设计规范》（GB 50003—2011）表 B.2.1，砖 MU10、砂浆 M5 砌体强度标准值应为 2.4MPa，检测结果表明，砌体抗压强度推定值大于《砌体结构设计规范》（GB 50003—2011）给定值，现有基础砌体抗压强度满足原设计要求。

练习题

一、单项选择题

1. 普通砖砌体，原位轴压试验时，上下水平槽孔应对齐，两槽之间相距（   ）。

A.5 皮砖　　　　　B.6 皮砖　　　　　C.7 皮砖　　　　　D.8 皮砖

2. 用于检测普通砖砌体的抗压强度的轴压法在（   ）条件下不适用。

A. 槽间砌体每侧的墙体宽度应不小于 1.5m

B. 同一墙体上的测点数量不宜多于 1 个；测点数量不宜太多

C. 限用于 240mm 砖墙

D. 限用于 250mm 的多孔砖墙

3. 原位轴压试验测试部位宜选在墙体中部距楼、地面（   ）左右的高度处。

A.1.5m　　　　　B.1.0m　　　　　C.0.75m　　　　　D.0.5m

4. 原位轴压试验时，上、下水平槽内应分别放置（   ）。

A. 扁式千斤顶和反力板　　　　　B. 反力板和扁式千斤顶

C. 扁式千斤顶和原位压力机　　　D. 原位压力机和反力板

二、多项选择题

1. 在原位轴压法中，根据槽间砌体初裂和破坏时的油压读数，分别减去油压表的初始读数，按原位压力机的检验结果，可计算槽间砌体的（   ）。

A. 破坏荷载值　　　　　　　　　B. 强度换算值

C. 砌体抗压强度平均值　　　　　D. 初裂荷载值

E. 弹性模量

2. 原位轴压法测试时，所选测试部位应有代表性，但测试部位不得选在（　　）。

A. 墙梁的墙体计算高度范围内　　　　B. 挑梁下

C. 应力集中部位　　　　　　　　　　D. 靠近门窗洞口边缘

E. 墙体中部

3. 原位轴压法测试时，所选测试部位应有代表性，并应符合（　　）规定。

A. 不宜在墙梁的墙体计算高度范围内

B. 槽间砌体每侧的墙体宽度不应小于 1.5m

C. 宜在沿墙体长度的中间部位

D. 宜在靠近门窗洞口边缘

E. 同一墙体布置测点多于 1 个时，其水平净距不得小于 3.0m

4. 在槽孔间安放原位轴压仪时，下列有关规定的说法正确的是（　　）。

A. 将扁式千斤顶置于上槽孔，反力板置于下槽孔，安放四根钢拉杆，使两个承压板上下对齐后，拧紧螺母并调整其平行度

B. 四根钢拉杆的上下螺母间的净距误差不大于 2mm

C. 在正式测试前，先试加荷载，试加荷载值取预估破坏荷载的 10%

D. 在正式测试前，先试加荷载，试加荷载值取预估破坏荷载的 20%

E. 在上槽内的下表面和扁式千斤顶的顶面，应分别均匀铺设湿细砂或石膏等材料的垫层，垫层厚度可取 10mm

三、问答题

1. 在原位轴压法中，测试部位应符合哪些要求？

2. 原位轴压法一般在怎样的情况下使用？

3. 原位轴压法试验过程中需注意观察哪些现象、需记录哪些数据？

4. 为了更好地使用和保养原位压力机，保养原位压力机的要点有哪些？

四、综合题

某机修车间系两层砖混结构房屋，南北朝向，平面形状大致呈矩形。根据业主要求，对其一层内纵墙砌体的抗压强度进行检测。经过综合选比，采用原位轴压法进行检测。该墙体为 240mm 厚烧结普通砖实砌墙，检测按下述步骤进行：

（1）在距离地面 1m 处设置测试部位。

（2）开凿水平槽孔，两槽之间相距 5 皮砖。

（3）设置测点，各测点间水平间距 2.5m。

（4）分别在上槽内的下表面和扁式千斤顶的顶面，均匀铺设 10mm 的泡沫板。

（5）在上槽孔放置反力板。

（6）下槽孔放置扁式千斤顶。

（7）承压板上下对齐后拧紧螺母并调整平行度。

（8）安放四根钢拉杆。

（9）试加荷载，试加荷载值取预估破坏荷载的 15%。

（10）正式测试分级加荷，每级荷载取预估荷载的 10%，在 1.5min 内均匀加完，恒载 2min。

（11）加至预估破坏荷载的 60%，连续加荷至槽间砌体破坏。

根据上述案例，回答以下问题：

1. 原位轴压法的原理是什么？
2. 将上述各步骤进行合理排序。
3. 找出上述步骤中不合理的地方并说明理由。

3.4 切制抗压试件法及其原理

3.4.1 概述

切制抗压试件法是一种取样检测的方法，适用于推定普通砖砌体和多孔砖砌体的抗压强度。检测时，使用电动切割机，在砖墙上切割两条竖缝，竖缝间距可取 370mm 或 490mm，应人工取出与标准砌体抗压试件尺寸相同的试件，并运至实验室，砌体抗压测试应按现行国家标准《砌体基本力学性能试验方法标准》（GB/T 50129—2011）的有关标准执行。

切制抗压试件法的优点在于取样试件尺寸与标准抗压试件相同，检测结果不需换算，能综合反映材料质量和施工质量，试验结果的直观性、可比性、可信度较强。对砌体结构本身除切取试件外，不形成其他附加的影响和结构破坏，墙体也易于修复补强。不足之处在于取样部位有较大的局部破损，需切割、搬运试件，且设备较重，现场取样时有水污染。

3.4.2 切制抗压试件法的原理

砌体的抗压强度是砌体结构的一个综合性指标，它反映的是一个整体强度，它将砌体的块体强度、砌体砂浆强度、砌筑质量、块体的砌筑编排搭接方式、养护、使用情况、时间和环境影响等因素都包含其中，是反映结构构件真实抗力效应的指标。

实验室有一套完整的砌体构件试件抗压测试设备，在实验室用长柱压力试验机对抗压试件进行抗压试验，得到砌体抗压力值，经计算后得到抗压强度。此方法简洁、标准、真实、准确，实验室的压制方法相对简单。所以如何在已建房屋现场取件，而对砌体结构不造成太大的影响成为了该方法的重点。以往一些科研或检测单位采用人工打凿制取试件的方法。江苏省建筑科学研究院研发制作了金刚砂轮切割机，使用该机器从砖墙上锯切出的抗压试件，几何尺寸较为完整，切割过程中对试件的扰动相对较小，优于人工打凿制取的试件。所以，制取抗压试件法对切割机具有严格的要求。

3.4.3 切制抗压试件法检测技术

1. 适用范围

切制抗压试件法适用于原位检测普通砖和普通多孔砖砌体的抗压强度和环境侵蚀后砌体剩余的抗压强度。在原位取样时，会不可避免地对原有结构造成可大可小的影响：如切割墙体过程中，振动可能会对低强度砂浆的砌体试件产生不利影响；搬运过程中，亦可能扰动试件；冷却用水对取样现场可能造成较大的临时污染等。选择此方法时，需要针对被测工程的具体情况，充分考虑以上诸多不利因素。

由于切割墙体时机械的振动造成的不利影响，当宏观检查墙体的砌筑质量差或砌筑砂浆强度等级低于 M2.5（含 M2.5）时，不宜选用切制抗压试件法。

2. 测试设备的主要技术指标

考虑到切制试件时，一方面要尽可能减小试件和原墙体扰动的影响，另一方面切制的试件尺寸需满足要求，同时要便于操作，所以提出墙体切割机的技术指标和原则要求如下：

（1）机架有足够的强度、刚度、稳定性。

（2）切割机应操作灵活，并应固定和移动方便。

（3）切割机的锯切深度不应小于 240mm。

（4）切割机上的电动机、导线和接点应具有良好的防潮性能。

（5）切割机宜配备水冷却系统。

试件的测试在试验室进行。测试设备应选择适宜吨位的长柱压力试验机，其精度（示值的相对误差）不应大于 2%，预估抗压试件的破坏荷载值，应为压力试验机额定压力的 20%～80%。

常用的墙体切割机和长柱压力机如图 3-9 所示。

（a）　　　　　　　　　　　　　　　　（b）

图 3-9　切制抗压试件法机械设备
（a）墙体切割机；（b）长柱压力机

3. 测试方法

（1）确定检测单元和取样部位

根据被检测对象的具体情况，确定检测单元。当检测对象为整栋建筑物或建筑物的一部分时，应将其划分为一个或若干个可以独立进行分析的结构单元，每一结构单元划分为若干个检测单元，再根据检测方案和检测目的确定每一检测单元的测区数，测区应随机选择，被选择的每一个构件均各自作为一个测区。

从砖墙上切割、取出砌体抗压试件，对墙体的正常受力性能会产生一定的不利影响，所以取样部位将有一定的限制。取样部位应具有代表性并符合下列规定：

1）取样部位宜选在墙体中部距楼、地面 1m 左右的高度处；槽间砌体每侧的墙体宽度不应小于 1.5m。

2）同一墙体上，测点不宜多于 1 个，且宜选在沿墙体长度的中间部位；多于 1 个时，其水平净距不得小于 2.0m。

3）取样部位不得选在挑梁下、应力集中部位以及墙梁的墙体计算高度范围内。

这些取样部位的选取原则，是在试验和使用经验的基础上，为了满足测试数据可靠、操作简便、保证房屋安全等要求而规定的。如测试部位要求离楼、地面 1m 高度，是考虑取样设备有一定的高度，这样可以直接把设备放在楼、地面上进行取样，同时也便于工作人员操作。

（2）试验步骤

1）选取切制试件的部位后，应按现行国家标准《砌体基本力学性能试验方法标准》（GB/T 50129—2011）的有关规定，确定试件高度 H 和宽度 b（图 3-10），并应标出切割线。在选择切割线时，宜选取竖向灰缝上、下对齐的部位。

2）应在拟切制试件上、下两端各钻 2 个孔，用钢丝等工具将拟切制试件捆绑牢靠，也可采用其他适应的临时固定方法，以尽量确保切割时不扰动砌体试件。若砌筑砂浆的强度较高（大于 M7.5），砌筑质量较好，也可省略此工序。

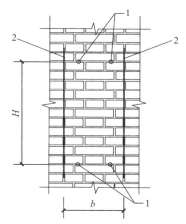

图 3-10　切制普通砖砌体抗压试件
1—钻孔；2—切割线；
H—试件高度；b—试件宽度

3）在以往切割试件时，曾发生下述情况：由于切割机的锯片没有始终垂直于墙面，切制试件的两个窄侧面与两个宽侧面不垂直，分别大于或小于 90°角；或留有错动的切割线，窄侧面不是一个光滑平面，这给准确量测受压截面的尺寸带来了困难，影响测试结果。

所以，应将切割机的锯片（锯条）对准切割线，并垂直于墙面，然后启动切割机，并应在砖墙上切出两条竖缝。切割过程中，切割机不得偏转和移位，并应使锯片（锯条）处于连续冷却水状态。

4）应凿掉切制试件顶部一皮砖；应适当凿取试件底部砂浆，并应伸进撬棍，应将水平灰缝撬松动，然后应小心抬出试件。

5）试件搬运过程中，应防止碰撞，并应采取减小振动的措施。需要长距离运输试件时，宜用草绳等材料紧密捆绑试件。

6）试件运至实验室后，应将试件上下表面大致修理平整；应在预先找平的钢垫板上坐浆，然后应将试件放在钢垫板上，试件顶面应用 1：3 的水泥砂浆找平。试件上、下表面的砂浆应在自然养护 3d 后，再进行抗压测试。测量试件受压变形值时，应在宽侧面上粘贴安装百分表的表座。

7）量测试件的截面尺寸时，除应符合《砌体基本力学性能试验方法标准》（GB/T 50129—2011）的有关规定外，在量测长边尺寸时，尚应除去长边两端残留的竖缝砂浆。

8）切制试件的抗压试验步骤，应包括试件在试验机底板上的对中方法、试件顶面找平方法、加荷制度、裂缝观察、初裂荷载及破坏荷载等检测和测试事项，均应符合《砌体基本力学性能试验方法标准》（GB/T 50129—2011）的有关规定。

4. 数据分析

（1）单个切制试件的抗压强度，应按下列公式计算：

$$f_{uij} = \frac{N_{uij}}{A_{ij}}\qquad(3-9)$$

式中　f_{uij}——第 i 个测区第 j 个测点槽间砌体的抗压强度（MPa）；

　　　N_{uij}——第 i 个测区第 j 个测点槽间砌体的受压破坏荷载值（N）；

　　　A_{ij}——第 i 个测区第 j 个测点槽间砌体的受压面积（mm²）。

（2）测区的砌体抗压强度平均值，应按下列公式计算：

$$f_{mi} = \frac{1}{n_1} \sum_{j=1}^{n_1} f_{mij} \tag{3-10}$$

式中　f_{mi}——第 i 个测区的砌体抗压强度平均值（MPa）；

　　　n_1——测区的测点数。

（3）计算结果表示被测墙体的实际抗压强度值，不应乘以强度调整系数。

练习题

一、单项选择题

1. 切制抗压试件法的测试设备应选择适宜吨位的长柱压力试验机，其精度不应大于（　　）。

A. 1％　　　　　B. 2％　　　　　C. 3％　　　　　D. 4％

2. 当宏观检查墙体的砌筑质量差或砌筑砂浆强度等级低于（　　）时，宜选用切制抗压试件法推定砖砌体抗压强度。

A. M2.0　　　　B. M2.5　　　　C. M5.0　　　　D. M7.5

3. 切割机的锯切深度不应小于（　　）。

A. 220mm　　　B. 240mm　　　C. 250mm　　　D. 300mm

4. 预估抗压试件的破坏荷载值，应为压力试验机额定压力的（　　）。

A. 10％～50％　　　　　　　　B. 10％～70％

C. 20％～70％　　　　　　　　D. 20％～80％

二、多项选择题

1. （请按顺序进行选择）切制抗压试件法在检测时，使用电动切割机，在砖墙上切割两条竖缝，竖缝间距可取（　　）或（　　）。

A. 200mm　　　B. 250mm　　　C. 350mm　　　D. 370mm

E. 490mm

2. 下列关于墙体切割机的技术指标和原则的说法中，不正确的有（　　）。

A. 切割机应操作灵活，并应固定和移动方便

B. 切割机的锯切深度不应小于200mm

C. 切割机可不必配备水冷却系统

D. 机架有足够的强度、刚度、稳定性

E. 切割机上的电动机、导线和接点应具有良好的防潮性能

三、问答题

1. 在切制抗压试件法中，用于切割墙体竖向通缝的切割机应符合哪些要求？

2. 切制试件的抗压试验步骤有哪些？

3. 在切制抗压试件法中，试件运至试验室后应该进行哪些处理？

4. 切制抗压试件时，注意事项有哪些？应符合哪个规范要求？

3.5　原位单剪法及其原理

3.5.1　概述

原位单剪法适用于推定砖砌体沿通缝截面的抗剪强度。检测时，检测部位宜选在窗洞

口或其他洞口下三皮砖范围内，试件具体尺寸应符合图 3-11 的规定。

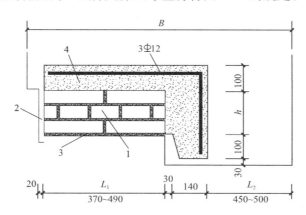

图 3-11　原位单剪试件大样

1—被测砌体；2—切口；3—受剪灰缝；4—现浇钢筋混凝土传力件

h—三皮砖的高度；B—洞口高度；L_1—剪切面长度；L_2—设备长度预留空间

试件的加工过程中，应避免扰动被测灰缝。测试部位不应选在后砌窗下墙处，且其施工质量应具有代表性。

原位单剪法的缺点是：（1）在采用原位单剪法进行砌体工程的现场检测时，检测部位多限于窗洞口下的墙体，这些部位一般在外墙上，内墙上基本无适宜的检测部位，而窗洞下外墙砌筑的质量往往较差，致使测试结果可能偏低。（2）加工制作试件耗时费力，试验准备工作时间较长，而用其他检测方法检测墙体质量，相对方便。

3.5.2　原位单剪法检测技术

1. 适用范围

原位单剪法适用于检测各种砖砌体的抗剪强度。在普通检测中，使用并不是很普遍，但是在某些特殊情况下，如抗震鉴定检测、工程事故仲裁检测等，其检测结果相对准确、直观，容易被各种相关利益方所接受。

原位单剪法的测点应选在窗洞口下部，这样对墙体损伤较小，便于安放检测设备，且不受上部压应力等因素的影响。

2. 测试设备的技术指标

测试设备包括螺旋千斤顶或卧式液压千斤顶、荷载传感器或数字荷载表等。相对于砌体抗压荷载，砌体抗剪荷载较低，应选择适宜荷载级别的测力仪表。《砌体结构设计规范》（GB 50003—2011）关于砌体平均抗剪强度的回归计算公式为：

$$f_v = 0.125 \sqrt{f_2} \tag{3-11}$$

式中　f_v——砖砌体抗剪强度平均值（MPa）；

f_2——砌筑砂浆强度值（MPa）。

当砌筑砂浆强度为 10MPa 及以上时，砌体的抗剪强度平均值为：$f_v = 0.125 \sqrt{10} = 0.395$MPa。

原位单剪法的试件受剪截面尺寸为 240mm×（370～490）mm。试件的预估破坏荷载值为：

$$N = 0.395 \times 240 \times 490 \approx 46 \times 10^3 \text{N} \approx 46\text{kN} \qquad (3\text{-}12)$$

试件的预估破坏荷载值应为千斤顶、传感器最大测量值的20%~80%，所选测力仪表和千斤顶的最大荷载值不应超过10kN。当宏观检查砌筑砂浆强度较低时，测力仪表的最大荷载值不宜大于5kN。

检测前，应标定荷载传感器及数字荷载表，其示值相对误差不应大于2%（图3-12）。

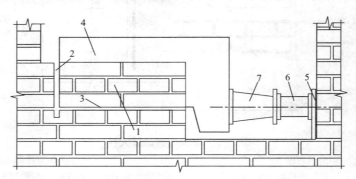

图 3-12　原位单剪法测试装置

1—被测砌体；2—切口；3—受剪灰缝；4—现浇混凝土传力件；5—垫板；6—传感器；7—千斤顶

3. 测试步骤

采用原位单剪法之前，应宏观检查砌筑砂浆强度，若低于1MPa，则不宜选用这种检测方法。

在选定的墙体上，应采用振动较小的工具加工切口，现浇钢筋混凝土传力件的混凝土强度等级不应低于C15，可按一般构造要求，适当配置钢筋，如2~3根 $\Phi10$ 或 $\Phi12$ 的钢筋，《砌体基本力学性能试验方法标准》（GB/T 50129—2011）规定为 $3\Phi12$，可以适当调整。

试验之前，应准确测量被测灰缝的实际受剪面尺寸，计算受剪面积，应精确至1mm。安装千斤顶和测试仪表的关键点是千斤顶的加力轴线对准灰缝顶面，尽量减小荷载的上翘分力。

进行试验时，应缓慢匀速地施加水平荷载，避免试件承受冲击荷载。这一规定，与现行国家标准《砌体基本力学性能试验方法标准》（GB/T 50129—2011）中的砌体沿通缝截面抗剪试验方法的规定是一致的。与准备工作过程相比，加荷过程所耗用时间是很短暂的，一般2~5min即可完成对一个测点的测试。为此，务必控制加荷速度，对被测工程的第一个监测点，加荷速度宁可慢一些，待试验完毕，获得了第一个检测点的抗剪破坏荷载值后，可适当加大加荷速度。取得经验后，再对其余检测点进行抗剪试验。

每个检测点试验之后，应及时翻转已破坏的试件，检查剪切面的破坏特征，以及砌筑砂浆饱满度等施工质量，并详细记录，拍摄照片，供以后分析时使用。

4. 数据分析

数据分析时，应根据测试仪表的校验结果，进行荷载换算，并应精确至10N。砌体结构工程的每一个检测单元，不宜少于6个检测点，取6个检测点的抗剪强度平均值作为该检测单元的代表值。若某一检测点的墙体砌筑质量差、砌筑砂浆饱满度低于80%，导致该测点的抗剪强度明显偏低，该项数据应单独列出，并在检测报告中注明抗剪强度偏低的原因，不纳入平均值的统计之中。

砌体的沿通缝截面抗剪强度应按下式计算：

$$f_{vij} = \frac{N_{vij}}{A_{vij}} \tag{3-13}$$

式中　f_{vij}——第 i 个测区第 j 个测点的砌体沿通缝截面抗剪强度（MPa）；

　　　N_{vij}——第 i 个测区第 j 个测点的抗剪破坏荷载（N）；

　　　A_{vij}——第 i 个测区第 j 个测点的受剪面积（mm²）。

测区的砌体沿通缝截面抗剪强度平均值，应按下式计算：

$$f_{v,i} = \frac{1}{n_1} \sum_{j=1}^{n_1} f_{vij} \tag{3-14}$$

式中　$f_{v,i}$——第 i 个测区的砌体沿通缝截面抗剪强度平均值（MPa）。

练习题

一、单项选择题

1. 原位单剪试验检测前，应标定荷载传感器及数字荷载表，其示值相对误差不应大于（　　）。

A. 1.5%　　　　　　B. 1.0%　　　　　　C. 2%　　　　　　D. 4%

2. 测量被测灰缝的受剪面尺寸，应精确至（　　）。

A. 0.5mm　　　　　B. 1.0mm　　　　　C. 1.5mm　　　　　D. 2.0mm

3. 预估抗压试件的破坏荷载值，应为传感器最大测量值的（　　）。

A. 10%～50%　　　　　　　　　　B. 10%～70%

C. 20%～70%　　　　　　　　　　D. 20%～80%

4. 原位单剪法在加荷时应匀速施加水平荷载，并应控制试件在（　　）内破坏。

A. 2～4min　　　　B. 1～5min　　　　C. 2～5min　　　　D. 3～6min

二、多项选择题

1. 原位单剪试验的下列试验步骤中正确的有（　　）。

A. 在选定的墙体上，采用振动较小的工具加工切口，现浇钢筋混凝土传力件的混凝土强度等级不应低于 C15

B. 测量被测灰缝的受剪面尺寸，精确至 0.5m

C. 安装千斤顶及测试仪表，千斤顶的加力轴线与被测灰缝顶面应对齐

D. 应匀速施加水平荷载，并控制试件在 2～5min 内破坏。当试件沿受剪面滑动、千斤顶开始卸荷时，即判定试件达到破坏状态。记录破坏荷载值，结束试验。在预定剪切面（灰缝）破坏，此次实验有效

E. 加荷试验结束后，翻转已破坏的试件，检查剪切面破坏特征及砌体砌筑质量，并详细记录

2. 原位单剪法的测试设备有（　　）。

A. 数字荷载表　　　　　　　　B. 螺旋千斤顶或卧式液压千斤顶

C. 原位切割机　　　　　　　　D. 荷载传感器

E. 手持应变仪

3. 以下可用于检测砌体抗压强度的测试方法有（　　）。

A. 原位轴压法　　　　　　　　　　B. 原位单剪法

C. 扁顶法　　　　　　　　　　　　D. 贯入法

E. 砂浆片剪切法

4. 下列关于原位单剪法数据分析的说法中，准确的是（　　）。

A. 数据分析时，应根据测试仪表的校验结果，进行荷载换算，并应精确至 10N

B. 若某一检测点的墙体砌筑质量差、砌筑砂浆饱满度低于 80%，导致该测点的抗剪强度明显偏低，该项数据应单独列出，并在检测报告中注明抗剪强度偏低的原因，不纳入平均值的统计之中

C. 砌体结构工程的每一个检测单元，不宜少于 10 个检测点，取 10 个检测点的抗剪强度平均值作为该检测单元的代表值

D. 砌体的沿通缝截面抗剪强度应按下式计算：$f_{vij} = N_{vij}/A_{vij}$

E. 测区的砌体沿通缝截面抗剪强度平均值，应按下式计算：$f_{v,i} = \dfrac{1}{n_1}\sum\limits_{j=1}^{n_1} f_{vij}$

三、问答题

1. 原位单剪法中，安装千斤顶及测试仪表要注意哪些要求？为什么？

2. 原位单剪法在什么情况下适用？

3. 请简述原位单剪法的测试步骤。

4. 原位单剪法在加荷过程中的注意事项有哪些？

四、综合题

对某墙体进行试验，测量砖砌体沿通缝截面的抗剪强度。该墙体为 240mm 厚烧结普通砖砌体，长 11.6m，高 1.6m，组砌方式为一顺一丁。该试验按下述步骤进行：

（1）在墙体上加工切口，现浇钢筋混凝土传力件的混凝土强度等级为不应高于 C15。

（2）检查砌筑砂浆强度，若高于 1MPa，则不宜采用这种检测方法。

（3）安装千斤顶和测试仪表。

（4）测量被测灰缝的实际受剪面尺寸，计算受剪面积，应精确至 1cm。

（5）每个检测点试验后，检查剪切面的破坏特征。

（6）快速地施加水平荷载，依次对各检测点进行试验。

（7）数据分析，根据试验结果进行荷载换算，取 5 个检测点的抗剪强度平均值作为该检测单元的代表值。

根据上述案例，回答以下问题：

1. 原位单剪法的适用范围是什么？

2. 将上述各步骤进行合理排序。

3. 找出上述步骤中不合理的地方并说明理由。

3.6　原位双剪法及其原理

3.6.1　概述

在砖砌体房屋的可靠性评定、房屋建设、事故分析以及抗震加固中，砖砌体的抗剪强

度是重要的技术指标。目前采用两类方法来评定：一类是间接法，即对砖砌体采用回弹、取样、冲击等方法测定砂浆的强度等级，然后根据国家规范给定的经验公式间接推算砌体抗剪强度。但众所周知，砌体的抗剪强度不仅和砌筑砂浆的抗压强度有关，还和砌筑方法、砌筑质量等诸多因素有关，甚至施工工艺也是影响砌体抗剪强度的主要因素。因此，这类间接推定砌体抗剪强度的方法所得的数据离散性较大、可靠度较差。另一类是直接测定法，即从墙体上截取若干个标准试件在试验室进行测试。此方法不仅截取试件有较大困难，而且在截取和运输过程中不可避免对试件造成一定的扰动和损坏，降低了数据的可靠性，建筑物的本身也受到较大的损伤。因此，有必要研究适合现场使用的砌体通缝抗剪强度检测方法。原位单剪法、原位单砖双剪法、原位双砖双剪法以及配套的原位剪切仪就是出于上述意图被研究和采用的。

3.6.2 原位双剪法原理

原位双剪法（图3-13）应包括原位单砖双剪法和原位双砖双剪法。检测时，应将原位剪切仪的主机安放在墙体的槽孔内，并应以一块或两块并列完整的顺砖及其上下两条水平灰缝作为一个测点（试件）。

砌体原位单砖双剪法是一种测定砌体通缝抗剪强度的试验方法，该方法在被鉴定的墙体上按要求选取测位及被检测的单砖，掏空该单砖一端的竖缝和另一端相邻的半块砖（或一砖）的砌筑空间，将原位剪切仪嵌入，测定该单砖在双剪条件下的极限抗剪强度，根据成组的数据，推定该批墙体的通缝抗剪强度。

原位双砖双剪法的原理与原位单砖双剪法相同，其区别在于检测时没有竖缝参加工作，排除了竖缝的影响。在测试240mm厚墙体的砌体抗剪强度时，

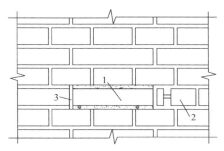

图3-13　原位双剪法测试示意图
1—剪切试件；2—剪切仪主机；3—掏空的竖缝

选240mm厚墙体的平行两块顺砖为试件，先在墙体上和测点水平相邻的方向上开凿出一块砖的通孔洞，在试件的另一端掏空试件高度范围内的整个竖缝，在洞中放入剪切仪，在剪切仪后放置垫块，连接手动油泵和剪切仪，然后手动施加荷载直至砌体剪坏，测得砌体抗剪强度。将实测结果和相同砌筑砂浆强度的砌体标准试件的抗剪强度进行对比分析，得出该方法的实验结果和标准试件之间的换算关系。

3.6.3 原位双剪法检测技术

1. 适用范围

不论是对新建工程的施工质量评定还是对既有建筑砌体结构的安全性评定，砌体通缝抗剪强度均为重要指标，特别是对地震地区砌体结构房屋的抗震性能评定尤为重要。原位单砖双剪法适用于推定各类墙厚的烧结普通砖或烧结多孔砖砌体的抗剪强度，原位双砖双剪法仅适用于推定240mm厚墙的烧结普通砖或烧结多孔砖砌体的抗剪强度。对其他材料的普通砖和多孔砖也可参照执行，但公式中的系数尚有待于试验验证。

原位双剪法宜选用释放或可忽略受剪面上部压应力σ_0较大且可较准确计算时，也可选用在上部压应力σ_0作用下的测试方案。

在测区内选择测点，应符合下列要求：

（1）测区应随机布置 n_1 个测点，对原位单砖双剪法，在墙体两面的测点数量宜接近或相等。

（2）试件两个受剪面的水平灰缝厚度应为 8～12mm。

（3）下列部位不应布设测点：

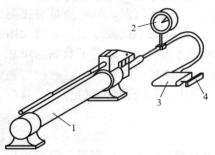

图 3-14　原位剪切仪示意图

1—油泵；2—压力表；

3—剪切仪主机；4—承压钢板

1）门、窗洞口侧边 120mm 范围内；

2）后补的施工洞口和经修补的砌体；

3）独立砖柱。

同一墙体的各测点之间，水平方向净距不应小于 1.5m，垂直方向净距不应小于 0.5m，且不应在同一水平位置或纵向位置。

2. 测试设备的技术指标

原位双剪法使用的原位剪切仪是由陕西省建筑科学研究院研制的专利产品，原位剪切仪的主机为一个附有活动承压钢板的小型千斤顶。其成套设备如图 3-14 所示。

原位剪切仪的主要技术指标应符合表 3-7 的规定，应定期进行标定和保养。

原位剪切仪主要技术指标　　　　　　　　　　表 3-7

项目	指标	
	75 型	150 型
额定推力（kN）	75	150
相对测量范围（%）	20～80	
额定行程（mm）	＞20	
示值相对误差（%）	±3	

3. 测试步骤

（1）抽样原则

每一个检测单元内，应随机选择 6 个构件（单片墙体）作为 6 个测区。当一个检测单元不足 6 个构件时，应将每个构件作为一个测区。

每一个测区随机布置测点数不应少于 3 个。在测区内选择测点，应符合下列规定：

1）因墙体的正、反手砌筑面，施工质量多有差异，为保证试样的代表性，单砖双剪法每个测区随机布置的 n_1 个测点，在墙体两面的数量宜接近或相等。

2）试件两个受剪面的水平灰缝厚度应为 8～12mm。

3）为保证墙体能够提供足够的反力、约束和结构安全，下列部位不应布设测点：门、窗洞口侧边 120mm 范围内；后补的施工洞口和经修补的砌体；独立砖柱。

4）为保证试样的代表性，同一墙体的各测点之间，水平方向净距不应小于 1.5m，垂直方向净距不应小于 0.5m，且不应在同一水平位置或纵向位置。

（2）试件的制作及测试

原位双剪法检测砌体抗剪强度时可采用带有上部压应力 σ_0 作用的试验方案或释放上部压应力 σ_0 的试验方案，监测方案的选择是按试件所处的部位及上部压应力的大小来确定，在下列情况下，应采取释放上部压应力 σ_0 的试验方案：

1）试件上部压应力 σ_0 传递复杂或难以准确计算时，为确保检测精度，宜采用释放上

部压应力 σ_0 的试验方案。

2）试件上部压应力 σ_0 虽传递正确，但试件上部压应力 σ_0 过大，可能导致试件的推力过大，多孔砖试件在千斤顶承压面局部承压不足，而首先出现砖因端部局压破坏而试件未能出现剪切破坏时，宜采用释放试件上部压应力 σ_0 的试验方案。

当采用带有上部压应力 σ_0 作用的试验方案时，应按图 3-13 的要求，原位单砖双剪法将剪切试件相邻一端的一块砖掏出，清除四周的灰缝，制备出安放主机的孔洞，其截面尺寸不得小于以下值：普通砖砌体：115mm×65mm；多孔砖砌体：115mm×110mm。原位双砖双剪法将剪切试件相邻一端并排的两块砖掏出，清除四周的灰缝，制备出安放主机的孔洞，其截面尺寸不得小于以下值：普通砖砌体：240mm×65mm；多孔砖砌体：240mm×110mm。掏空、清除剪切试件另一端的竖缝。

当采用释放试件上部压应力 σ_0 的试验方案时，尚应按图 3-15 所示，掏空水平灰缝，掏空范围由剪切试件的两端向上按 45°角扩散至灰缝 4，掏空长度应大于 620mm，深度应大于 240mm。

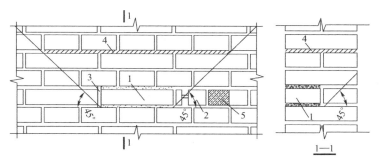

图 3-15　释放 σ_0 方案示意
1—试样；2—剪切仪主机；3—掏空竖缝；4—掏空水平缝；5—垫块

试件两端的灰缝应清理干净。开凿清理过程中，严禁扰动试件；如发现被推砖块有明显缺棱掉角或上、下灰缝有明显松动现象时，应舍去该试件。被推砖的承压面应平整，如不平时应用扁砂轮等工具磨平。

试件制作好后，将剪切仪主机放入开凿好的孔洞中，使仪器的承压板与试件的砖块顶面重合，仪器轴线与砖块轴线吻合。若开凿孔洞过长，在仪器尾部应另加垫块。

测试时，操作剪切仪，匀速施加水平荷载，直至试件和砌体之间发生相对位移，试件达到破坏状态。加荷的全过程宜为 1～3min。

记录试件破坏时剪切仪测力计的最大读数，精确至 0.1 个分度值。采用无量纲指示仪表的剪切仪时，尚应按剪切仪的校验结果换算成以 N 为单位的破坏荷载。

4. 数据分析

烧结普通砖砌体单砖双剪法和双砖双剪法试件沿通缝截面的抗剪强度，应按下式计算：

$$f_{vij} = \frac{0.32N_{vij}}{A_{vij}} - 0.70\sigma_{0ij} \tag{3-15}$$

式中　A_{vij}——第 i 个测区第 j 个测点单个灰缝受剪截面的面积（mm²）；

　　　　σ_{0ij}——该测点上部墙体的压应力（MPa），当忽略上部压应力作用或释放上部压应力时，取为 0。

烧结多孔砖砌体单砖双剪法和双砖双剪法试件通缝截面的抗剪强度，应按下式计算：

$$f_{vij} = \frac{0.29 N_{vij}}{A_{vij}} - 0.70 \sigma_{0ij} \qquad (3-16)$$

式中　A_{vij}——第 i 个测区第 j 个测点单个灰缝受剪截面的面积（mm^2）；

　　　σ_{0ij}——该测点上部墙体的压应力（MPa），当忽略上部压应力作用或释放上部压应力时，取为 0。

测区的砌体沿通缝截面抗剪强度平均值，应按下式计算：

$$f_{v,i} = \frac{1}{n_1} \sum_{j=1}^{n_1} f_{vij} \qquad (3-17)$$

$$s = \sqrt{\frac{\sum_{i=1}^{n_2} (f_{v,i} - f_{vi})}{n_2 - 1}} \qquad (3-18)$$

$$\delta = \frac{s}{f_{v,i}}$$

式中　s——同一检测单元，按 n_2 个测区计算的强度标准差（MPa）；

　　　δ——同一检测单元的强度变异系数。

3.6.4　原位双剪法应用实例

某图书楼为一栋 4 层的砖混结构房屋，建筑面积约 5700m^2。工程设计时间为 1960 年 3 月，1963 年曾进行图纸变更。施工单位及施工资料不详。该工程平面布置呈"山"字形，东西长 118.42m，南北宽 31.2m，楼房总高度 17m。设计上部结构的 1 层采用 370～490mm 厚墙体，2 层以上采用 240mm 厚墙体，墙体采用实心黏土砖，墙体采用 M2.5 石灰混合砂浆砌筑。楼面采用预制空心板，屋面采用薄壳屋面。楼面、梁、柱等混凝土构件采用 C15 混凝土。由于发现该图书楼墙体有裂缝，且近期裂缝出现发展趋势，受业主委托对该图书楼进行检测评定。

在该楼房 1 层、3 层设置两个检测单元共 12 个测区，每测区设置 3 测点，按照国家标准《砌体工程现场检测技术标准》（GB/T 50315—2011）中砌体原位单砖双剪法对砌体强度进行测试，所有测点均选择在受力明确的承重墙体上，测点在墙体两面均匀布置，测点布置距门窗洞口侧边的距离均大于 250mm，未在后补墙体和独立砖柱上设置测点。其中 1 层各测点因墙体厚度变化，精确计算上部荷载难度较大，测试采用释放上部荷载的监测方案；3 层各测点采用在上部荷载作用下的检测方案，经计算 $\sigma_0 = 0.15$MPa，按照公式 $f_{vi} = \frac{0.32 V_i}{A_{v2}} - 0.7 \sigma_0$ 对砌体原位抗剪强度进行计算，测试结果见表 3-8。

原位单砖双剪法测试砌体砂浆强度的试验结果　　　　　　　　　　表 3-8

检测单元	测区位置	测点	破坏荷载（kN）	测点抗剪强度（MPa）	测区抗剪强度平均值（MPa）
检测单元 1	1 层㉖～㉗/①	测点 1	18.21	0.21	0.19
		测点 2	13.33	0.15	
		测点 3	17.62	0.20	

检测单元	测区位置	测点	破坏荷载（kN）	测点抗剪强度（MPa）	测区抗剪强度平均值（MPa）
检测单元1	1层㉓～㉔/Ⓔ	测点1	11.31	0.13	0.18
		测点2	15.43	0.18	
		测点3	19.01	0.22	
	1层⑯～⑭/Ⓓ	测点1	21.66	0.25	0.26
		测点2	28.44	0.33	
		测点3	17.52	0.20	
	1层⑪～⑫/Ⓔ	测点1	11.31	0.13	0.18
		测点2	15.76	0.18	
		测点3	19.82	0.23	
	1层㉝～㉟/Ⓔ	测点1	16.74	0.19	0.18
		测点2	11.04	0.13	
		测点3	19.32	0.22	
	1层㉝/Ⓔ～Ⓕ	测点1	18.21	0.21	0.22
		测点2	15.25	0.18	
		测点3	24.21	0.28	
检测单元2	3层⑳/Ⓖ～Ⓕ	测点1	21.66	0.15	0.20
		测点2	26.05	0.20	
		测点3	32.13	0.27	
	3层⑰/Ⓔ～Ⓖ	测点1	21.66	0.15	0.20
		测点2	26.54	0.20	
		测点3	30.55	0.25	
	3层㉔/Ⓔ～Ⓖ	测点1	24.42	0.18	0.16
		测点2	20.12	0.13	
		测点3	24.12	0.17	
	3层㉔/Ⓒ～Ⓓ	测点1	21.66	0.15	0.22
		测点2	26.05	0.20	
		测点3	35.25	0.30	
	3层⑬/Ⓓ～Ⓒ	测点1	34.42	0.29	0.22
		测点2	26.49	0.20	
		测点3	20.12	0.13	
	3层⑬/Ⓗ～Ⓔ	测点1	24.91	0.18	0.18
		测点2	28.10	0.22	
		测点3	21.25	0.14	

检测单元强度推定见表3-9。

检测单元强度推定 表3-9

检测单元	测区位置	抗剪强度试验值（MPa）	测区平均值（MPa）	标准差	变异系数
检测单元1	1层㉖～㉗/Ⓓ	0.19	0.20	0.03	0.16
	1层㉓～㉔/Ⓔ	0.18			
	1层⑯～⑭/Ⓓ	0.26			
	1层⑪～⑫/Ⓔ	0.18			
	1层㉝～㉟/Ⓔ	0.18			
	1层㉝/Ⓔ～Ⓕ	0.22			

续表

检测单元	测区位置	抗剪强度试验值（MPa）	测区平均值（MPa）	标准差	变异系数
检测单元2	3层⑳/ⓖ～ⓕ	0.20	0.20	0.02	0.11
	3层⑰/ⓔ～ⓖ	0.20			
	3层㉔/ⓔ～ⓖ	0.16			
	3层㉔/ⓒ～ⓓ	0.22			
	3层⑬/ⓓ～ⓒ	0.22			
	3层⑬/ⓗ～ⓔ	0.18			

采用检测单元抗剪强度推定公式 $f_{v,k}=f_{v,m}-k_s$ 计算各检测单元抗剪强度标准值如下：

检测单元1：$f_{v,k}=0.14MPa$；

检测单元2：$f_{v,k}=0.16MPa$。

将以上检测结果用于该建筑的结构安全性评定和后续的加固设计中，得出了合理的结构安全性鉴定结论和加固方案，取得了良好的效果。

练习题

一、单项选择题

1. 原位双剪试验时，当采用释放试件上部压应力 σ_0 的实验方案时，应掏空水平灰缝，掏空范围由剪切试件的两端向上按（　　　）角扩散。

A. 30°　　　　　　　B. 45°　　　　　　　C. 60°　　　　　　　D. 75°

2. 原位双剪法中，试件两个受剪面的水平灰缝厚度应为（　　　）。

A. 1～2mm　　　B. 3～5mm　　　　　C. 5～10mm　　　　D. 8～12mm

3. 原位双剪法的加荷全过程宜为（　　　）。

A. 2～4min　　　B. 1～3min　　　　　C. 2～5min　　　　D. 3～6min

4. 为了保证墙体能够提供充足的反力和约束，需要对（　　　）试件的布设进行设置。

A. 洞口边　　　　　　　　　　　　B. 独立砖柱

C. 后补或经过修补的砌体　　　　　D. 门窗边

二、多项选择题

1. 剪试验在测区内选择测点，应符合（　　　）规定。

A. 每个测区随机布置 n_1 个测点，在墙体两面的数量宜接近或相等。以一块完整的顺砖及其上下两条水平灰缝作为一个测点（试件）

B. 试件两个受剪面的水平灰缝厚度应为1～2mm

C. 下列部位不应布设测点：门、窗洞口侧边120mm范围内；后补的施工洞口和经修补的砌体；独立砖柱和窗间墙

D. 同一墙体的各测点之间，水平方向净距不应小于0.5m，垂直方向净距不应小于1.5m

E. 同一墙体的各测点之间，水平方向净距不应小于1.5m，垂直方向净距不应小于0.5m

2. （请按顺序选择）在掏空水平灰缝时，掏空长度应大于（　　　），深度应大于（　　　）。

A. 520mm　　　　B. 420mm　　　　　C. 620mm　　　　D. 240mm

E. 250mm

3. （请按顺序选择）原位双砖双剪法将剪切试件相邻一端并排的两块砖掏出，清除四周的灰缝，制备出安放主机的孔洞，其截面尺寸不得小于以下值：普通砖砌体：（　　　）；多孔砖砌体：（　　　）。

A. 120mm×65mm
B. 240mm×65mm

C. 240mm×130mm
D. 240mm×120mm

E. 240mm×110mm

4. 以下可用于检测砌筑砂浆强度的测试方法有（　　　）。

A. 扁顶法
B. 点荷法

C. 原位单剪法
D. 筒压法

E. 原位双剪法

三、问答题

1. 原位双剪法中，哪些部位不应设置测点，为什么？

2. 原位单砖双剪试件的孔洞尺寸要求有哪些？

3. 原位双砖双剪法和原位单砖双剪法的区别在哪里？为什么会有这样的区别？

4. 请写出双剪法的数据分析主要的公式，并对公式中字母所代表的值进行指示说明。

四、综合题

某图书馆为一栋 4 层的砖混结构房屋，建筑面积约 5700m²。工程设计时间为 1960 年 3 月。该工程平面布置呈"山"字形，东西长 118.42m，南北宽 31.2m，楼房总高度为 17m。墙体采用普通砖砌体，墙体采用 M2.5 石灰混合砂浆砌筑。由于发现该图书馆墙体有裂缝，且近期裂缝出现发展趋势，受业主委托对该图书馆进行检测评定。

（1）在该楼房 1 层、3 层设置两个检测单元共 10 个测区。

（2）每个测区设置三个测点，在距离门侧边 100mm 处设置，垂直方向间距不应小于 0.5m。

（3）测试采用释放上部荷载的检测方案，将试件相邻一端的一块砖掏出，清除四周的灰缝，制备出安放主机的孔洞。其截面尺寸为 100mm×60mm。

（4）掏空、清除剪切试件另一端的竖缝。

（5）将剪切仪主机放入孔洞中。

（6）操作剪切仪，加速施加水平荷载，直至试件和砌体之间发生相对位移，试件达到破坏状态。

（7）数据分析，其中第 1 层测试结果见表 1。

（8）记录试件破坏时剪切仪测力计的最大读数，精确至 1 个分度值。

第 1 层测试结果

表 1

检测单元	测区位置	测点	破坏荷载 （kN）	测点抗剪 强度（MPa）	测区抗剪强度 平均值（MPa）
检测单元 1	1 层 1	测点 1	18.21	0.21	0.19
		测点 2	13.33	0.15	
		测点 3	17.62	0.20	

续表

检测单元	测区位置	测点	破坏荷载 (kN)	测点抗剪 强度（MPa）	测区抗剪强度 平均值（MPa）
检测单元1	1层2	测点1	11.31	0.13	0.18
		测点2	15.43	0.18	
		测点3	19.01	0.22	
	1层3	测点1	21.66	0.25	0.26
		测点2	28.44	0.33	
		测点3	17.52	0.20	
	1层4	测点1	11.31	0.13	0.18
		测点2	15.76	0.18	
		测点3	19.82	0.23	
	1层5	测点1	16.74	0.19	0.18
		测点2	11.04	0.13	
		测点3	19.32	0.22	
	1层6	测点1	18.21	0.21	0.22
		测点2	15.25	0.18	
		测点3	24.21	0.28	

根据上述案例，回答以下问题：

1. 原位双剪法包括哪两种，它们之间的区别是什么？
2. 将上述各步骤进行合理排序。
3. 找出上述步骤中不合理的地方并说明理由。
4. 将表1补充完整并推定出检测单元1的抗剪强度标准值。

3.7　推出法及其原理

3.7.1　概述

推出法检测砌体结构中的砌筑砂浆抗压强度的原理是建立在砌体沿通缝抗剪强度与砌筑砂浆抗压强度存在一定相关关系的基础之上的。推出法是一种砌筑砂浆现场测试的方法，由于受到现场测试条件和设备限制，实质上是单砖抗剪试验，在受力模式和受剪面尺寸方面均与规范建立公式的条件存在差异，因此不能直接采用规范公式进行计算，需要通过一系列的对比试验来确定推出力与砂浆抗压强度之间的相关关系，因此建立相关曲线对比试件的受力和施工工艺，应尽可能接近砌体实际的施工工艺和受力情况。

3.7.2　推出法原理

将推出法的试件设计为 $b×h＝6m×3m$ 的墙体，每个试件自上而下设计 M15、M10、M7.5、M5、M2.5、M1.0 共 6 个砂浆强度等级，每个砂浆强度等级的砌体砌筑 0.5m 高，同时预留一组砂浆试块。到规定龄期后在每一个砂浆强度的砌体上，选择 6 块丁砖进行推出试验，同时对砂浆试件的强度等级进行抗压试验。如此进行回归分析后，便可得到推出法测试砂浆强度的相关曲线。

采用推出法测试砌筑砂浆的抗压强度时，根据推出力和砂浆强度二者之间存在的相关关系，在一定条件下对比试验建立的经验公式。通常影响二者之间的因素并不是都一致的。某些因素只对其中一项有影响而对另外一项不产生影响或影响甚微。试验结果表明：

块材种类及砌筑砂浆饱满度对"$f_2 - N_1$"影响显著，必须在建立公式时加以考虑，砂浆种类、养护龄期、温度等因素影响甚微，可忽略不计。

3.7.3 推出法检测技术

1. 适用范围

推出法适用于推定 240mm 厚烧结普通砖、烧结多孔砖、蒸压灰砂砖或蒸压粉煤灰砖墙体中的砌筑砂浆强度，所测砂浆的强度宜为 1～15MPa。检测时，应将推出仪安放在墙体的空洞内。推出仪应由钢制部件、传感器、推出力峰值测定仪等组成，如图 3-16 所示。

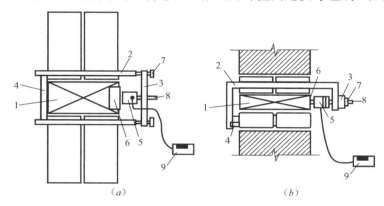

图 3-16 推出仪及测试安装示意

(a) 平面图；(b) 纵面图

1—被推出丁砖；2—支架；3—前梁；4—后梁；5—传感器；6—垫片；
7—调平螺钉；8—加荷螺杆；9—推出力峰值测定仪

选择测点应符合下列要求：

(1) 测点宜均匀布置在墙上，并应避开施工中的预留洞口。

(2) 被推丁砖的承压面可采用砂轮磨平，并应清理干净。

(3) 被推丁砖下的水平灰缝厚度应为 8～12mm。

(4) 测试前，被推丁砖应编号，并应详细记录墙体的外观情况。

2. 测试设备的技术指标

推出仪应由钢制部件、传感器、推出力峰值测定仪等组成，推出仪的主要技术指标应符合表 3-10 的要求。

推出仪的主要技术指标　　　　　　　　　　　　　　　　　　　表 3-10

项目	指标	项目	指标
额定推力（kN）	30	额定行程（mm）	80
相对测量范围（%）	20～80	示值相对误差（%）	±3

力值显示仪器或仪表应符合下列要求：

(1) 最小分辨值应为 0.05kN，力值范围应为 0～30kN。

(2) 应具有测力峰值保持功能。

(3) 仪器读数应稳定，在 4h 内的读数漂移应小于 0.05kN。

推出仪的力值，每年校验一次。

3. 测试步骤

推出法测试按下列步骤进行测试：

（1）取出被推丁砖上部的两块顺砖（图 3-17）应符合下列要求：

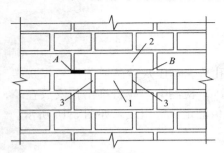

图 3-17　试件加工步骤示意图
1—被推丁砖；2—被取出的两块顺砖；
3—掏空的竖缝

1）使用冲击钻在如图 3-17 所示 A 点打出约 40mm 的孔洞。

2）使用锯条自 A 至 B 点锯开灰缝。

3）将扁铲打入上一层灰缝，并应取出两块顺砖。

4）使用锯条锯切被推丁砖两侧的竖向灰缝，并应直至下皮砖顶面。

5）开洞及清缝时，不得扰动被推丁砖。

（2）安装推出仪（图 3-16），应使用钢尺测量前梁两端与墙面的距离，误差应小于 3mm。传感器的作用点，在水平方向应位于被推丁砖中间；铅垂方向距被推丁砖下表面之上的距离，普通砖应为 15mm，多孔砖应为 40mm。

（3）旋转加荷螺杆对试件施加荷载时，加荷速度宜控制在 5kN/min。当被推丁砖和砌体之间发生相对位移时，试件达到破坏状态，并记录推出力 N_{ij}。

（4）取下被推丁砖，用百格网测试砂浆饱满度 B_{ij}。

4. 数据分析

（1）单个测区的推出力平均值，应按下式计算：

$$N_i = \xi_{2i} \frac{1}{n_1} \sum_{j=1}^{n_1} N_{ij} \tag{3-19}$$

式中　N_i——第 i 个测区的推出力平均值（kN），精确至 0.01kN；

　　　N_{ij}——第 i 个测区第 j 块测试砖的推出力峰值（kN）；

　　　ξ_{2i}——砖品种的修正系数，对烧结普通砖和烧结多孔砖，取 1.00；对蒸压灰砂砖或蒸压粉煤灰砖，取 1.14。

（2）测区的砂浆饱满度平均值，应按下式计算：

$$B_i = \frac{1}{n_1} \sum_{j=1}^{n_1} B_{ij} \tag{3-20}$$

式中　B_i——第 i 个测区的砂浆饱满度平均值，以小数计；

　　　B_{ij}——第 i 个测区第 j 块测试砖下的砂浆饱满度实测值，以小数计。

（3）当测区的砂浆饱满度平均值不小于 0.65 时，测区的砂浆强度平均值，应按下列公式计算：

$$f_{2i} = 0.30 \left(\frac{N_i}{\xi_{3i}} \right)^{1.19} \tag{3-21}$$

$$\xi_{3i} = 0.45 B_i^2 + 0.90 B_i \tag{3-22}$$

式中　f_{2i}——第 i 个测区的砂浆强度平均值（MPa）；

　　　ξ_{3i}——推出法的砂浆强度饱满度修正系数，以小数计。

（4）当测区的砂浆饱满度平均值小于 0.65 时，宜选用其他方法推定砂浆强度。

（5）强度推定。

3.7.4　推出法应用实例

某钢厂附属生活间，地下一层，地上三层，为部分梁柱承重的混合结构，单面走廊形式，预制混凝土梁板结构，无圈梁构造柱。该生活间长 68m，宽 9.0m，开间为 4m，进深为 6.6m，外走廊宽 2.4m，外纵墙厚 630mm，承重横墙 370mm，地下室及第 1 层承重纵墙厚 370mm，混凝土柱截面尺寸为 500mm×500mm，2～3 层承重外纵墙厚 240mm，基础形式为砖条形基础。部分平面布置图如图 3-18 所示。

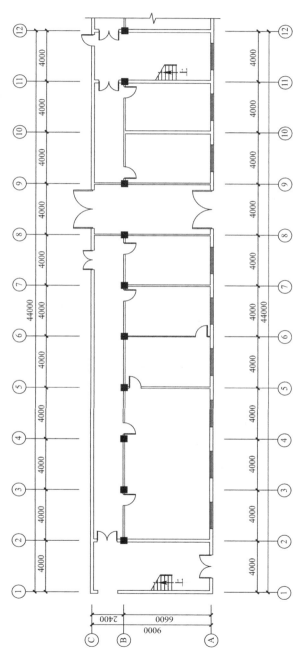

图 3-18　某钢厂生活间部分平面布置图

该生活间地下室及一层墙体设计采用烧结普通砖 Mu10、混合砌筑砂浆 M2.5，2～3

层墙体采用烧结普通砖 Mu7.5、混合砌筑砂浆 M2.5，混凝土柱设计强度等级为 C20。该生活间建于 20 世纪 50 年代，至今已使用 50 多年，某些结构已老化、腐蚀或损伤。为了了解结构可靠性从而保证正常使用条件下的结构安全，需要对其进行检测鉴定，其中砌筑砂浆采用推出法进行检测。

现场采用推出仪，依据《砌体工程现场检测技术标准》GB/T 50315—2011 有关规定对砌体构件的砂浆强度进行分层抽样检测。将该生活间作为一个结构单元，一层墙体作为一个检测单元，二层墙体作为一个检测单元，共 2 个检测单元，每个检测单元共检测 6 个测区（编号 1～6），每个测区划分为 3 个测点（编号：①～③），依据上述公式（3-19）～式（3-22）可以计算出该生活间各测区的砂浆抗压强度，检测数据及计算结果见表 3-11。

测点实测值与计算结果　　　　　　　　　表 3-11

楼层	构件	测区	测点	N_{ij} (kN)	ε_{2i}	N_i (kN)	B_{ij}	B_i	ε_{3i}	f_{2i}
1 层	墙体	1	①	4.50	1.00	4.48	0.67	0.67	0.81	2.32
			②	4.35	1.00		0.66			
			③	4.60	1.00		0.68			
		2	①	5.15	1.00	5.00	0.71	0.71	0.86	2.43
			②	4.90	1.00		0.69			
			③	4.95	1.00		0.72			
		3	①	4.70	1.00	4.62	0.66	0.69	0.83	2.31
			②	4.60	1.00		0.68			
			③	4.55	1.00		0.72			
		4	①	4.55	1.00	4.73	0.66	0.68	0.82	2.43
			②	4.70	1.00		0.68			
			③	4.95	1.00		0.69			
		5	①	4.65	1.00	4.85	0.73	0.73	0.89	2.25
			②	4.90	1.00		0.76			
			③	5.00	1.00		0.69			
		6	①	4.70	1.00	4.92	0.74	0.74	0.92	2.21
			②	4.95	1.00		0.78			
			③	5.10	1.00		0.71			
2 层	墙体	1	①	4.65	1.00	4.45	0.68	0.69	0.84	2.18
			②	4.45	1.00		0.69			
			③	4.25	1.00		0.71			
		2	①	4.60	1.00	4.48	0.72	0.70	0.86	2.15
			②	4.65	1.00		0.70			
			③	4.20	1.00		0.69			
		3	①	4.50	1.00	4.20	0.71	0.68	0.83	2.08
			②	4.00	1.00		0.72			
			③	4.10	1.00		0.62			
		4	①	4.30	1.00	4.35	0.68	0.70	0.86	2.08
			②	4.35	1.00		0.76			
			③	4.40	1.00		0.67			
		5	①	4.65	1.00	4.48	0.71	0.69	0.84	2.20
			②	4.40	1.00		0.69			
			③	4.40	1.00		0.68			
		6	①	4.15	1.00	4.35	0.66	0.68	0.83	2.17
			②	4.35	1.00		0.71			
			③	4.35	1.00		0.68			

该生活间为既有砌体工程，测区数不小于 6 个，根据《砌体工程现场检测技术标准》（GB/T 50315—2011）第 15 章中的强度推定公式，砌筑砂浆抗压强度推定值取 $\min\{f_{2,\mathrm{m}}, f_{2,\mathrm{min}}\}$，具体数据及计算结果见表 3-12。

砂浆强度按批评定表   表 3-12

层数	平均值（MPa）	最小值（MPa）	变异系数	砂浆强度推定值（MPa）	设计强度等级
1 层	2.3	2.2	0.09	2.3	M2.5
2 层	2.1	2.1	0.05	2.1	M2.5

以上的检测结果表明，1 层墙体砌筑砂浆抗压强度为 2.3MPa，2 层墙体砌筑砂浆抗压强度为 2.1MPa，均略小于设计强度等级。

练习题

一、单项选择题

1. 采用推出法的试验中，旋转加荷螺杆对试件施加荷载，加荷速度宜控制在（　　）。

A. 3kN/min   B. 4kN/min   C. 5kN/min   D. 8kN/min

2. 采用推出法进行试验时，安装推出仪，应使用钢尺测量前梁两端与墙面距离，误差应小于（　　）。

A. 0.5mm   B. 2.0mm   C. 1.5mm   D. 3.0mm

3. 采用推出法进行试验时，位移是很小的，规定螺杆行程不小于（　　），主要考虑测试时，现场安装方便。

A. 40mm   B. 60mm   C. 80mm   D. 100mm

4. 当测区的砂浆饱满度平均值小于（　　）时，宜选用其他方法推定砂浆强度。

A. 0.65   B. 0.75   C. 0.85   D. 0.95

二、多项选择题

1. 采用推出法推定砖墙中的砌筑砂浆强度，所选择测点应符合（　　）要求。

A. 测点宜均匀布置在墙上，并应避开施工中的预留洞口

B. 被推丁砖的承压面可采用砂轮磨平，并应清理干净

C. 被推丁砖下的水平灰缝厚度应为 8～12mm

D. 被推丁砖下的水平灰缝厚度应为 8～10mm

E. 测试前，被推丁砖应编号，并详细记录墙体的外观情况

2. 采用推出法试验时，取出被推丁砖上部的两块顺砖，应遵守（　　）规定。

A. 使用冲击钻在规定位置打出约 40mm 的孔洞

B. 将扁铲打入上一层灰缝，取出两块顺砖

C. 用锯条锯切被推丁砖两侧的竖向灰缝，直至下皮砖顶面

D. 推出仪的力值应每一年校验一次

E. 开洞及清缝时，不得扰动被推丁砖

3.（请按顺序选择）推出法主要测定（　　）和（　　）两项参数，据此推定砌筑砂浆抗压强度，它综合反映了砌筑砂浆的质量状况和施工质量水平，与我国现行的施工规范及工程质量评定标准相结合，较为适合我国国情。

A. 抗拔力   B. 砂浆饱满度

C. 推出力　　　　　　　　　　　　　　D. 砂浆密实度

E. 砖抗压值

4. 以下可用于检测砌筑砂浆强度的测试方法有（　　　）。

A. 筒压法　　　　　　　　　　　　　　B. 点荷法

C. 原位单剪法　　　　　　　　　　　　D. 扁顶法

E. 推出法

三、问答题

1. 推出法中，力值显示仪器或仪表应符合哪些要求？

2. 推出法选择测点应符合哪些要求？

3. 推出法取出的被推丁砖上部的两块顺砖，应该满足怎样的要求？

4. 测定砌体结构中的砂浆强度的主要方法有哪些？它们各有何优缺点？请举例说明。

四、综合题

某钢厂附属生活间，地下一层，地上三层，为部分梁柱承重的混合结构，单面走廊形式，预制混凝土梁板结构，无圈梁构造柱。该生活间建于 20 世纪 50 年代，某些结构已老化、腐蚀或损伤。该生活间地下室及一层墙体设计采用烧结普通砖 Mu10、混合砌筑砂浆 M2.5。为了了解结构可靠性从而保证正常使用条件下的结构安全，需要对其进行检测鉴定，其中砌筑砂浆采用推出法进行检测。现场采用推出仪。

（1）将该生活间作为一个结构单元，1 层墙体作为一个检测单元，2 层墙体作为一个检测单元，每个检测单元共检测 6 个测区（编号 1～6）。

（2）每个测区设置五个测点。

（3）使用冲击钻在将被取出的顺砖脚灰缝打出约 40mm 孔洞。

（4）使用锯条锯开灰缝。

（5）安装推出仪。

（6）清理灰缝。

（7）使用锯条锯切被推顺砖两侧的竖向灰缝。

（8）将扁铲打入上一层灰缝，并取出两块丁砖。

（9）对试件试加荷载，匀速施载（加速度控制在 5kN/min）。

（10）试件达到破坏状态时记录推出力 N_{ij}。

（11）取下被推丁砖，用百格网测试砂浆饱满度 B_{ij}。

（12）数据分析（表 1）。

第 1 层测试结果　　　　　　　　　　　　　　　　　　　　　　表 1

检测单元	测区位置	测点	N_{ij}（kN）	N_i（kN）	B_{ij}	B_i	ε_{3i}	f_{2i}
1 层墙体	1 层 1	测点 1	4.50	4.48	0.67	0.67	0.81	2.32
		测点 2	4.35		0.66			
		测点 3	4.60		0.68			
	1 层 2	测点 1	5.15	5.00	0.71	0.71	0.86	2.43
		测点 2	4.90		0.69			
		测点 3	4.95		0.72			

检测单元	测区位置	测点	N_{ij} (kN)	N_i (kN)	B_{ij}	B_i	ε_{3i}	f_{2i}
1层墙体	1层3	测点1	4.70	4.62	0.66	0.69	0.83	2.31
		测点2	4.60		0.68			
		测点3	4.55		0.72			
	1层4	测点1	4.55	4.73	0.66	0.68	0.82	2.43
		测点2	4.70		0.68			
		测点3	4.95		0.69			
	1层5	测点1	4.65	4.85	0.73	0.73	0.89	2.25
		测点2	4.90		0.76			
		测点3	5.00		0.69			
	1层6	测点1	4.70	4.92	0.74	0.74	0.92	2.21
		测点2	4.95		0.78			
		测点3	5.10		0.71			

根据上述案例，回答以下问题：

1. 简述推出法的适用范围？

2. 将上述各步骤进行合理排序。

3. 找出上述步骤中不合理的地方并说明理由。

4. 将表1补充完整并推定出1层墙体砌筑砂浆抗压强度。

3.8 筒压法及其原理

3.8.1 概述

筒压法是将取样砂浆破碎、烘干并筛成一定级配要求的颗粒，装入承压筒并施加筒压荷载后，测定其破碎程度，用筒压比来检测砌筑砂浆抗压强度的方法。该方法是由山西四建集团有限公司等十个单位试验研究成功的测试砂浆强度的方法，是一种间接测定砌筑砂浆强度的方法。

筒压法是利用不同品种砂浆骨料性能的差异，以及同种砂浆因强度不同，在一定压力作用下破碎的粒径不同的特性，以确定砂浆的强度。

筒压法最早用于测定普通烧结砖的砌筑砂浆强度。山西省建四公司和重庆市建筑科学研究院对筒压法是否适用于烧结多孔砖的砌筑砂浆前侧问题，分别进行了对比试验，结果表明，筒压法的现有计算公式同样适用。为此，将筒压法的使用范围扩大至烧结多孔砖砌体。

3.8.2 筒压法原理

筒压法测定的筒压强度间接反映的是松散粒状材料颗粒的强度指标。根据这一原理，将试压破型的砂浆试件捣碎，控制粒径，装入承压筒试压。经回归分析，建立砂浆试件与该试件砂浆碎粒筒压的强度关系式，用筒压强度推定试件强度。

3.8.3 筒压法检测技术

1. 适用范围

筒压法适用于检测烧结砖（包括烧结普通砖和烧结多孔砖）的砌筑砂浆强度。筒压法适用于检测的砂浆品种包括：中砂、细砂和特细砂配置的水泥砂浆，水泥石灰混合砂浆（以下简称为混合砂浆），以及中、细砂配置的水泥粉煤灰砂浆（以下简称为粉煤灰砂浆），石灰石质石粉砂与中、细砂混合配制的水泥石灰混合砂浆和水泥砂浆（以下简称为石粉砂浆）。从砂浆检测的品种可以看出，该方法目前还是针对传统砂浆的强度检测，至于今后会逐步推广应用的商品砂浆，以及其他特殊砂浆的检测还需要进行系统的试验，这也是筒压法近几年来继续研究的重要方向。

筒压法所检测的砂浆强度范围在 2.5～20MPa 之间。也就是说，在确定砂浆的检测方法之前，应该用一定的手段预估烧结砖砌筑砂浆的尺寸是否在强度范围之内。若砌筑砂浆的强度低于 2.5MPa 或者高于 20MPa，都不应该考虑采用筒压法，以免误差太大，导致误判。还应注意的是，混合砂浆的强度范围一般不高于 10MPa，若检测出来的强度高于此，需要检测是否测定有误。

另外，筒压法不适用于推定高温、长期浸水、遭受火灾、环境侵蚀等砌筑砂浆的强度。这里需要说明的是，在火灾现场，对最高温度没有超过 300℃、时间没有超过 1h，表面抹灰层没有脱落、只出现龟裂的部位，还是可以采用筒压法进行检测的。至于化学侵蚀，主要的砌筑砂浆受到液态化学介质的浸渍，以及环境中长期含有对砂浆有害的化学物质，如：化工厂长期有酸雾的车间。

2. 筒压法测试设备的主要技术指标

承压筒（图 3-19）可用普通碳素钢或合金钢制作，也可用测定轻骨料筒压强度的承压筒代替。这是使用筒压法的关键设备。在以往测试时，曾出现过承压盖受力变形的问题，所以在如今的新规程中，适当增大了承压盖的截面尺寸，提高了其刚度和整体牢固性。

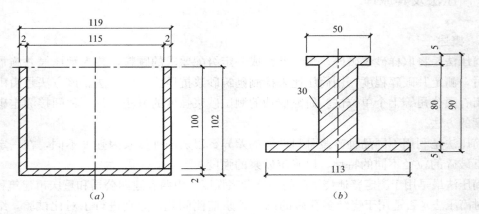

图 3-19　承压筒构造
(a) 承压筒剖面；(b) 承压盖剖面

承压法需要的其他设备和仪器应包括：50～100kN 压力试验机或万能试验机；砂摇筛机；干燥箱；孔径为 5mm、10mm、15mm 的标准砂石筛（包括筛盖和底盘）；水泥跳桌；称量为 1000g、感量为 0.1g 的托盘天平。

水泥跳桌技术指标，应符合现行国家标准《水泥胶砂流动度测定方法》（GB/T 2419—2005）的相关规定。

3. 取样方法

每组试样取样点不少于 10 个。在每一个测区，应从距墙表面 20mm 以里的水平灰缝中凿取砂浆约 4000g，砂浆片（块）的最小厚度不得小于 5mm。各个测区的砂浆样品应分别放置并编号，不得混淆。

筒压法是原位取样检测，因此属于微破损检测方法，也有人认为是破损检测方法。前者是从整个砌筑墙体的破损比率来评价，后者是从墙体局部破损情况来评价。由于取样会给砌体局部带来损伤，抽样时应该注意如下问题：

（1）取样部位距墙体下部或顶部的距离不小于 0.5m。

（2）取样部位距墙边或纵横墙交接处，不小于 1m。

（3）尽量避免在承重墙体上取样，若需取样，应能保证取样后不会使墙体产生裂缝或影响结构的安全。

（4）不能在独立柱上取样。

（5）取样后应尽早填补修复，不宜长久晾置。

4. 测试步骤

（1）击碎、烘干试样

含水量的多少对筒压的试验结果有明显的影响，故需要对取样的砂浆进行一定的处理才能够进行试验操作。现场取回的，每个约 4000g 的砂浆样品，需要分别用手锤击碎。在击碎的过程中，应将不易与砖块分离的砂浆块丢弃掉。若是检测多孔砖砌体中的砂浆强度，必须把挤入孔中的砂浆剔除掉，否则因挤入砖孔洞中的砂浆密实度较小，筒压破碎的细颗粒增多，影响测试精度。

筛取破碎好的 5~15mm 的砂浆颗粒约 3000g，在 105±5℃的温度下烘干至恒重，待冷却至室温后备用。

（2）试样筛分

试样筛分，分为筒压实验前的分级筛分和筒压后测定筒压指标的筛分。筒压前的分级筛分是为了去除过大或过小的砂浆颗粒。

每次取烘干样品约 1000g，置于孔径 5mm、10mm、15mm 的标准砂石筛所组成的套筛中，然后进行人工或机械摇筛。每次筛分的时间对测定筒压比值均有影响。筛分时间应取不同品种、不同强度的砂浆筛分时，均能较快稳定下来的时间。经测定，用 YS-2 型摇摆式筛分机需 120s，人工摇筛需 90s。具备摇筛机的试验室，应选用机械摇筛。

称取粒径 5~10mm 和 10~15mm 的砂浆颗粒各 250g，混合均匀后即为一个试样。共制备三个试样。每个测区取 3 个有效标准试样，可避免测试值的单向偏移，并减小抽样的总体变异系数。

（3）承压筒装料

为减小因装料和筒压前的搬运对装料密实度的影响，预防增大试验的误差，《砌体工程现场检测技术标准》（GB/T 50315—2011）规定了分层振动的装料程序，使承压前的试样达到紧密状态。每个试样应分两次装入承压筒。每次约 1/2，在水泥跳桌上跳振 5 次。第二次装料并跳振后，整平表面，安上承压盖。两次装料、两次振动的程序是为了减小装料和施压前搬运对装料密实程度的影响，使承压前筒内试样的紧密程度基本一致。

如无水泥跳桌，可按照砂、石紧密体积的试验方法颠击密实。具体标准可参照《普通混凝土用砂、石质量及检验方法标准》(JGJ 52—2006)。

（4）筒压加载

筒压荷载是指通过承压筒施加在被测砂浆颗粒上的静压力值。筒压荷载的大小，对不同强度砂浆的筒压指标敏感性不同。筒压荷载低时，砂浆强度越高，筒压指标越拉不开档次；筒压荷载高时，砂浆强度较低，筒压指标同样拉不开档次。经试验和统计分析，根据不同砂浆品种、不同筒压荷载试验的回归分析结果，对不同品种的砂浆选用了不同的筒压荷载。

将装料的承压筒置于压力机上，再次检查承压筒内的砂浆试样表面是否平整，如稍有不平，立即整平；盖上承压盖，开动压力试验机，应于 20～40s 内均匀加荷至规定的筒压值后，立即卸荷。不同品种砂浆的筒压荷载分别为：

水泥砂浆、石粉砂浆为 20kN；

特细砂水泥砂浆为 10kN；

水泥石灰混合砂浆、粉煤灰砂浆为 10kN。

在加荷过程中，应注意匀速加荷的速度。承压筒施加过程中的加荷速度，是指均匀加荷至筒压荷载时所需的时间。经测试，在 20～70s 内加荷至规定的筒压荷载时，对筒压指标的影响在 3% 以内，选定 20～60s，影响小于 2%。

另外，在施加荷载过程中，若出现承压盖倾斜的状况，应立即停止测试，并检查承压盖是否受损（变形），以及承压筒内砂浆样品表面是否完整。出现上述情况后，应立即停止当前试验，重新制备试样。

（5）试样称量

将施压后的试样倒入由孔径 5mm 和 10mm 标准筛组成的套筛中，装入摇筛机摇筛2min 或手工摇筛 1.5min，筛至每隔 5s 的筛出量基本相同。

称量各筛筛余量（精确至 0.1g），各筛的分计筛余量和底盘剩余量的总和，与筛分前的试样重量相比，相对差值不得超过试样重量的 0.5%；当超过时，应重新进行试验。

5. 数据处理

（1）标准试样的筒压比，应按下式计算：

$$\eta_{ij} = \frac{t_1 + t_2}{t_1 + t_2 + t_3} \tag{3-23}$$

式中　　　　η_{ij}——第 i 个测区中第 j 个试样的筒压比，以小数计；

$t_1 + t_2 + t_3$——分别为孔径 5mm、10mm 筛的分计筛余量和底盘中剩余量。

（2）测区的砂浆筒压比，应按下式计算：

$$\eta_i = 1/3(\eta_{i1} + \eta_{i2} + \eta_{i3}) \tag{3-24}$$

式中　　　　η_i——第 i 个测区的砂浆筒压比平均值，以小数计，精确至 0.01；

$\eta_{i1} + \eta_{i2} + \eta_{i3}$——分别为第 i 个测区三个标准砂浆试样的筒压比。

（3）根据筒压比，测区的砂浆强度平均值应按下列公式计算：

水泥砂浆：

$$f_{2i} = 34.58 \, (\eta_i)^{2.06} \tag{3-25}$$

特细砂水泥砂浆：

$$f_{2i} = 21.36 \, (\eta_i)^{3.07} \tag{3-26}$$

水泥石灰混合砂浆:

$$f_{2i} = 6.1\eta_i + 11(\eta_i)^2 \qquad\qquad (3\text{-}27)$$

粉煤灰砂浆:

$$f_{2i} = 2.52 - 9.4\eta_i + 32.8(\eta_i)^2 \qquad\qquad (3\text{-}28)$$

石粉砂浆:

$$f_{2i} = 2.7 - 13.9\eta_i + 44.9(\eta_i)^2 \qquad\qquad (3\text{-}29)$$

3.8.4 筒压法应用实例

某工程第 6 层砌体施工结束后,因该层施工过程中留置的砂浆试块缺失,无法对该层砂浆强度进行评定。为保证工程质量,确定该层砌筑砂浆的实际强度值,施工单位委托检测单位采用筒压法测定砂浆强度。

经过调查了解,待检砌筑砂浆种类为水泥砂浆且砂浆配合比相同,强度等级为 M10。且该层砌体在同一时间段内施工,龄期一致。该层砌体砌筑总量不超出 250m³,故所检测砌体可视为一个检测单元。

在检测单元内随机抽取 6 片墙体,每片墙体作为一个测区,在每个测区任选一个部位作为一个测点。在每个测点采集 4kg 砂浆片,共计采集 6 份试样,分别放置编号。

在检测室内将采集到的砂浆片按标准要求进行制样、试验。最后将试验所得数据分别进行记录。筛余量计算与统计见表 3-13。测区筒压比计算见表 3-14。测区砂浆抗压强度计算见表 3-15。

筛余量计算与统计 表 3-13

试样编号	t_1(g)	t_2(g)	t_3(g)	t_1+t_2(g)	$t_1+t_2+t_3$(g)
	122.6	148.2	227.4	270.8	498.2
1	120.0	136.6	241.2	256.6	497.8
	91.8	163.0	243.4	254.8	498.2
	87.2	159.2	251.8	246.4	498.2
2	126.2	148.2	223.4	274.4	497.8
	109.4	167.2	222.4	276.6	499.0
	95.6	182.2	221.0	277.8	498.8
3	125.2	175.6	198.6	300.8	499.4
	145.2	155.0	197.8	300.2	498.0
	116.8	175.0	207.3	291.8	499.1
4	114.6	165.2	218.2	279.8	498.0
	142.4	144.0	211.2	286.4	497.6
	132.6	140.2	225.0	272.8	497.6
5	136.4	136.7	225.0	273.1	498.1
	118.8	165.2	215.2	284.0	499.2
	119.2	150.6	229.0	269.8	498.8
6	101.2	167.0	230.2	268.2	198.2
	133.8	139.8	224.6	273.6	498.2

测区筒压比的计算　　　　　　表 3-14

试样编号	$\eta_{ij}=(t_1+t_2)/(t_1+t_2+t_3)$		$\eta_i=1/3(\eta_{i1}+\eta_{i2}+\eta_{i3})$	
1	η_{11}	0.54	η_1	0.52
	η_{12}	0.52		
	η_{13}	0.51		
2	η_{21}	0.49	η_2	0.53
	η_{22}	0.55		
	η_{23}	0.55		
3	η_{31}	0.56	η_3	0.59
	η_{32}	0.60		
	η_{33}	0.60		
4	η_{41}	0.58	η_4	0.57
	η_{42}	0.56		
	η_{43}	0.58		
5	η_{51}	0.55	η_5	0.56
	η_{52}	0.55		
	η_{53}	0.57		
6	η_{61}	0.54	η_6	0.54
	η_{62}	0.54		
	η_{63}	0.55		

测区砂浆抗压强度的计算　　　　　　表 3-15

试样编号	$f_{2i}=34.58\ (\eta_i)^{2.06}$
1	$f_{21}=34.58\ (\eta_1)^{2.06}=34.58\ (0.52)^{2.06}=8.99\mathrm{MPa}$
2	$f_{22}=34.58\ (\eta_2)^{2.06}=34.58\ (0.53)^{2.06}=9.35\mathrm{MPa}$
3	$f_{23}=34.58\ (\eta_3)^{2.06}=34.58\ (0.59)^{2.06}=11.66\mathrm{MPa}$
4	$f_{24}=34.58\ (\eta_4)^{2.06}=34.58\ (0.57)^{2.06}=10.86\mathrm{MPa}$
5	$f_{25}=34.58\ (\eta_5)^{2.06}=34.58\ (0.56)^{2.06}=10.47\mathrm{MPa}$
6	$f_{26}=34.58\ (\eta_6)^{2.06}=34.58\ (0.54)^{2.06}=9.72\mathrm{MPa}$

施工单位按《砌体结构工程施工质量验收规范》（GB 50203—2011）施工，检测单元砂浆抗压强度推定值宜采用下列两式中的较小值确定：

$$f_2'=f_{2,\mathrm{m}}'$$
$$f_2'=1.33f_{2,\mathrm{min}}'$$
$$f_{2,\mathrm{m}}'=(f_{21}+f_{22}+f_{23}+f_{24}+f_{25}+f_{26})/6=10.18\mathrm{MPa}$$

因而：

$$f_2'=f_{2,\mathrm{m}}'=10.18\mathrm{MPa}$$
$$f_2'=1.33f_{2,\mathrm{min}}'=1.33\times8.99=11.96\mathrm{MPa}$$

检测砌体单元的砂浆抗压强度为 10.18MPa＞10MPa，满足设计要求。

练习题

一、单项选择题

1. 在筒压法所测试的砂浆中，其强度范围应为（　　）。

A. 1～10MPa　　　　　　　　　　　　B. 2.5～20MPa

C. 3.0～15MPa   D. 5.0～30MPa

2. 进行筒压试验时，称量各筛筛余试样的重量（精确至0.1g），各筛的分计筛余量和底盘剩余量的总和，与筛分前的试样重量相比，相对差值不得超过试样重量的（   ）；当超过时，应重新进行试验。

A. 0.2%   B. 0.5%   C. 0.7%   D. 1.0%

3. 承压筒装料时，每次约装（   ）在水泥跳桌上跳振5次。

A. 1/2   B. 1/3   C. 1/4   D. 1/5

4. 在筒压法测试的过程中，应该称量各筛筛余试样的重量，并精确到（   ）。

A. 0.01g   B. 0.1g   C. 0.5g   D. 1.0g

二、多项选择题

1. 筒压法的下列试验步骤中不正确的是（   ）。

A. 在每一测区，从距墙表面10mm以内的水平灰缝中凿取砂浆约1000g砂浆片（块）的最小厚度不得小于5mm。各个测区的砂浆样品应分别放置并编号，不得混淆

B. 使用手锤击碎样品，筛取5～15mm的砂浆颗粒3000g在105±5℃的温度下烘干至恒重，待冷却至室温后备用

C. 每次取烘干样品约1000g置于孔径为5mm、10mm、15mm标准筛所组成的套筛中，机械摇筛2min或手工摇筛1.5min。称取粒级5～10mm和10～15mm的砂浆颗粒各250g混合均匀后即为一个试样。共制备三个试样

D. 每个试样应分三次装入承压筒。每次约装1/3在水泥跳桌上跳振5次

E. 无水泥跳桌时，可按砂、石紧密体积密度的测试方法颠击密实

2. 筒压法不适用于推定（   ）的砌筑砂浆的强度。

A. 长期浸水   B. 火灾过后

C. 环境侵蚀   D. 长期风化

E. 高温

3. 下列关于不同品种砂浆的筒压荷载的说法中，正确的是（   ）。

A. 水泥砂浆、石粉砂浆为20kN   B. 水泥砂浆、石粉砂浆为20kN

C. 特细砂水泥砂浆为10kN   D. 水泥石灰混合砂浆10kN

E. 粉煤灰砂浆为10kN

4. 以下可用于检测砌筑砂浆强度的测试方法有（   ）。

A. 筒压法   B. 点荷法

C. 原位单剪法   D. 扁顶法

E. 推出法

三、问答题

1. 筒压法测试中，砂浆品种及强度范围应符合哪些要求？

2. 筒压法的适用范围有哪些及检测中如何得到砂浆强度？

3. 筒压法不同品种砂浆的筒压荷载分别是什么？

4. 请简述筒压法的测试步骤。

四、综合题

某工厂第6层砌体施工结束后，因该层施工过程中留置的砂浆试块缺失，无法对该层

砂浆强度进行评定。为保证工程质量，确保该层砌筑砂浆的实际强度值，施工单位委托检测单位采用筒压法测定砂浆强度。

经调查了解，待检砌筑砂浆种类为水泥砂浆且砂浆配合比相同，强度等级为 M10。可将所检测砌体视为一个检测单元。试验步骤如下：

（1）在检测单元内随机抽取 6 片墙体，每片墙体作为一个测区，在每个测区内任选一个部位作为一个测点。

（2）在每个测点采集 4kg 砂浆片，共计采集 6 份试样，分别放置编号。

（3）试样筛分。

（4）击碎、烘干试样。

（5）承压筒装料。

（6）筒压加载。

（7）试样称量。

（8）数据处理。

根据上述案例，回答以下问题：

1. 筒压法所测试的砂浆中，其强度范围应为多少？

2. 将上述各步骤进行合理排序。

3. 阐述筒压试验中对取样部位的要求。

4. 介绍上述试样称量的具体步骤。

3.9　砂浆片剪切法及其原理

3.9.1　概述

砂浆片剪切法是采用砂浆测强仪检测砂浆片的抗剪度，以此推定砂浆砌体抗压强度的方法。此方法由宁夏回族自治区建筑科学研究院所研究并提出，适用推定烧结普通砖砌体中的砌筑砂浆强度。

检测时，应从砖墙中抽取砂浆片试样，采用砂浆测强仪测试其抗剪强度，然后换算为砂浆强度。目前有专用的砂浆测强仪进行试验，试验工作较简便、快速，数据比较准确，缺点是取样部位局部损伤，在实际工程检测中比较适合司法鉴定，是目前使用比较多的方法之一。

3.9.2　砂浆片剪切法原理

根据钢筋混凝土的相关文献，在集中荷载下，剪跨比 $m=a/h<1$ 的简支梁为深梁，剪切破坏机理为斜压破坏，承载能力为抗压强度控制。且混凝土的强度愈高，深梁的抗剪强度愈大，二者可取线性关系。所以根据上述结论，砂浆片在测试中的受力模式为深梁受剪，如图 3-20 所示。

3.9.3　砂浆片剪切法检测技术

1. 适用范围

砂浆片剪切法适用于推定烧结普通砖的砌筑砂浆强度。试验研究表明，砂浆品种、砂子粒径、龄期等因素对

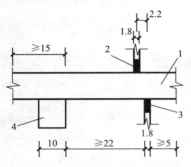

图 3-20　砂浆测强仪工作原理

1—砂浆片；2—上刀片；

3—下刀片；4—条钢块

本方法的测试无显著影响。所以，该方法适用范围较广，适用于各种砂浆强度的推定。

2. 砂浆片剪切法测试设备的主要技术指标

砂浆片剪切法的主要测试设备是砂浆测强仪。砂浆测强仪的主要技术指标应符合表 3-16 的要求。

砂浆测强仪主要技术指标　　　　　　　　　　　　　　　表 3-16

项目		指标
上下刀片刃口厚度（mm）		1.8±0.02
上下刀片中心间距（mm）		2.2±0.05
测试荷载 N_v 范围（N）		40～1400
示值相对误差（%）		±3
刀片行程	上刀片（mm）	>30
	下刀片（mm）	>3
刀片刃口面平面度（mm）		0.02
刀片刃口棱角线垂直度（mm）		0.02
刀片刃口棱角垂直度（mm）		0.02
刀片刃口硬度（HRC）		55～58

由于砂浆片属于小试件，破坏荷载较小，对力值精度、刀片定位精度要求较高，所以针对此方法，宁夏回族自治区建筑科学研究院研制了定型仪器。

砌筑砂浆测强仪采用液压系统施加试验荷载，示值系统为量程 0～0.16MPa、0～1MPa 的带有被动针的 0.4 级压力表，该仪器重量轻、体积小、测强范围广、测试方便，可携带至现场检测，使砂浆片剪切法具有现场检测和取样检测两方面的优点。

砌筑砂浆测强标定仪系砌筑砂浆测强仪出厂标定、使用中定期校验的专用仪器；其计量标准器系三等标准测力计（压力环），须经计量部门定期检验。

砂浆测强标定仪的主要技术指标应符合表 3-17 的要求。

砂浆测强标定仪主要技术指标　　　　　　　　　　　　　表 3-17

项目	指标
标定荷载 σ_0 范围（N）	40～1400
示值相对误差（%）	±1
N_b 作用点偏离下刀片中心线距离（mm）	±0.2

3. 测试方法

（1）制备试件

制备砂浆片试件，应符合下列要求：

1）从测点处的单块砖大面上取下的原状砂浆大片应编号，并应被分别放入密封袋内。从每个测点处，宜取出两个砂浆片，一片用于检测，一片备用。

2）一个测区的墙面尺寸宜为 0.5m×0.5m。同一个测区的砂浆片，应加工成尺寸接近的片状体，大面、条面应均匀平整，单个试件的各向尺寸，厚度应为 7～15mm，宽度应为 15～50mm，长度应按净跨度不小于 22mm 确定（图 3-20）。

3）试件加工完毕，应放入密封袋内，以避免水分散失，使含水率接近工程实际情况，从而更准确地测得砂浆在结构受力时的实际强度。

砂浆试件的含水率,应与砌体正常工作时的含水率基本一致。试件呈冻结状态时,应缓慢升温解冻。对于±0.000以上主体结构的砌筑砂浆试件,一般可不考虑含水率这一影响因素。

(2)剪切测试

剪切测试应该按照下列程序进行:

1)应调平测强仪,并使水准气泡居中。

2)应将砂浆片试件置于砂浆测强仪内,并用上刀片压紧。

3)应开动砂浆测强仪,并对试件匀速连续施加荷载,加荷速度不宜大于10N/s,直至试件破坏。若加荷速度过快,可能会对试件造成冲击破坏,而使试验结果失真。

(3)注意事项

1)试件未沿刀片刃口破坏时,此次测试应作废,应取备用试件进行补测。

2)试件破坏后,应记读压力表指针读数,并应换算成剪切荷载值。

3)用游标卡尺或最小刻度为0.5mm的钢板尺量测试件破坏截面尺寸时,应每个方向量测两次,并应分别取平均值。

4. 数据分析

(1)砂浆片试件的抗剪强度,应按下式计算:

$$\tau_{ij} = 0.95 \frac{V_{ij}}{A_{ij}} \tag{3-30}$$

式中 τ_{ij}——第 i 个测区第 j 个砂浆片试件的抗剪强度(MPa);

V_{ij}——试件的抗剪荷载值(N);

A_{ij}——试件的抗剪荷载面积(mm²)。

(2)测区的砂浆片抗剪强度平均值,应按下式计算:

$$\tau_i = \frac{1}{n_1} \sum_{j=1}^{n_1} \tau_{ij} \tag{3-31}$$

式中 τ_i——第 i 个测区的砂浆片抗剪强度平均值(MPa)。

(3)测区的砂浆片抗压强度平均值,应按下式计算:

$$f_{2i} = 7.17\tau_i \tag{3-32}$$

(4)当测区的砂浆抗剪强度低于0.3MPa时,应对式(3-32)的计算结果乘以表3-18中的修正系数。

低强砂浆修正系数　　　　　　　　　　　　　　　　　　　　　表 3-18

τ_i（MPa）	＞0.30	0.25	0.20	＜0.15
修正系数	1.00	0.86	0.75	0.35

练习题

一、单项选择题

1. 砂浆片剪切试验中,开动砂浆测强仪,对试件匀速连续施加荷载,加荷速度不宜大于( ),直至试件破坏。

A. 5N/s   B. 10N/s   C. 15N/s   D. 20N/s

2. 砂浆片剪切法中，一个侧区的墙面尺寸宜为（   ）。

A. 1m×1m   B. 0.8m×0.8m

C. 0.5m×0.5m   D. 0.2m×0.2m

3. 砂浆片剪切法检测时，应从砖墙中抽取砂浆片试样，采用砂浆测强仪测试其（   ），然后换算为砂浆强度。

A. 抗拉强度   B. 抗剪强度

C. 剪压强度   D. 抗压强度

4. 按照规范要求，砂浆片试件制备时，长度应符合净跨度不小于（   ）的规定。

A. 10mm   B. 15mm   C. 22mm   D. 25mm

二、多项选择题

1. 砂浆片属小试件，破坏荷载较小，对（   ）要求较高，为此该方法中使用定型仪器即砌筑砂浆测强仪。

A. 力值精度   B. 刀口精度

C. 刀片定位精度   D. 砂浆片取样精度

E. 刀片硬度

2. 下列关于砂浆片试件制备的说明中，正确的有（   ）。

A. 从测点处的单块砖大面上取下的原状砂浆大片应编号，并应被分别放入密封袋内

B. 从每个测点处，宜取出两个砂浆片，一片用于检测，一片备用

C. 一个测区的墙面尺寸宜为1.0m×1.0m。同一个测区的砂浆片，应加工成尺寸接近的片状体，大面、条面应均匀平整，单个试件的各向尺寸，厚度应为7~15mm，宽度应为15~50mm

D. 长度应按净跨度不小于20mm计算

E. 试件加工完毕，应放入密封袋内，以避免水分散失，使含水率接近工程实际情况，从而更准确地测得砂浆在结构受力时的实际强度

3. 下列（   ）因素对砂浆片剪切法的测试无显著影响。

A. 砂子粒径   B. 砂浆龄期

C. 砂浆品种   D. 砂浆片所在位置

E. 砂浆截面尺寸

4. 下列有关砂浆片剪切法的步骤和注意事项的说法中，不正确的有（   ）。

A. 应调平测强仪，并使水准气泡居中

B. 应将砂浆片试件置于砂浆测强仪内，并用上刀片压紧

C. 应开动砂浆测强仪，并对试件匀速连续施加荷载，加荷速度不宜大于15N/s，直至试件破坏。若加荷速度过快，可能会对试件造成冲击破坏，而使试验结果失真

D. 用游标卡尺或最小刻度为0.5mm的钢板尺量测试件破坏截面尺寸时，应每个方向量测两次，并应分别取平均值

E. 试件破坏后，应记读压力表指针读数，并应换算成剪切荷载值

三、问答题

1. 砂浆片剪切法中，制备砂浆片试件，应符合哪些要求？为什么？

2. 在砂浆片试件的剪切测试中，应符合哪些程序？

3. 请简述砂浆片剪切法的原理（从怎样的试验值得到怎样的结果）。

4. 请写出砂浆片剪压法的数据分析的三个主要公式，并对公式中字母所代表的值进行指示说明。

3.10　砂浆回弹法检测技术

3.10.1　适用范围

砂浆回弹法适用于推定烧结普通砖砌体或烧结多孔砖砌体中砖的抗压强度，不适用于推定表面已风化或遭受冻害、环境侵蚀的烧结普通砖砌体或烧结多孔砖砌体中砂浆的抗压强度。检测时，应用回弹仪测试砂浆的表面硬度，并用浓度为 $1\%\sim2\%$ 的酚酞酒精溶液测试砂浆的碳化深度，应以回弹值和碳化深度两项指标换算为砂浆强度。

对新建砌体工程，当遇到下列情况之一的，可使用砂浆回弹法检测和推定烧结砖砌体的强度：

(1) 砂浆试块缺乏代表性或试块数量不足；

(2) 对砖强度或砂浆试块的检验结果存在怀疑或者争议，需要确定实际的砂浆抗压强度；

(3) 发生工程事故或者对施工质量有怀疑和争议，需要进一步分析砖、砂浆和砌体的强度。

对于既有烧结砖砌体工程，在进行下列鉴定时，可选择砂浆回弹法推定砖的强度或砌体的工作应力、弹性模量和强度：

(1) 安全鉴定、危房鉴定及其他应急鉴定；

(2) 抗震鉴定；

(3) 大修前的可靠性鉴定；

(4) 房屋改变用途、改建、加层或扩建前的专门鉴定。

3.10.2　砂浆回弹仪的使用要求

(1) 砂浆回弹法的测试设备，应采用示值系统为指针直读的砂浆回弹仪。

(2) 回弹仪的主要技术性能指标，应符合表 3-19 的要求。

砂浆回弹仪的主要技术性能指标　　　　　　　表 3-19

项目	指标
标称动能（J）	0.196
指针摩擦力（N）	0.5±0.1
弹击杆端部球面半径（mm）	25±1.0
钢砧率定值（R）	74±2

(3) 砂浆回弹仪使用时，为了试验结果的准确性，应该定期对回弹仪进行保养和检验。

回弹仪有下列情况之一时应进行常规保养：

1) 弹击超过 2000 次；

2) 对检测值有怀疑时；

3) 钢砧率定值不合格。

常规保养方法应符合下列要求：

1）使弹击锤脱钩后取出机芯，然后卸下弹击杆（取出里面的缓冲压簧）和三联件（弹击锤、弹击拉簧和拉簧座）。

2）用汽油清洗机芯各部件，特别是中心导杆、弹击锤和弹击杆的内孔与冲击面。清洗后在中心导杆上薄薄地涂上一层钟表油或缝纫机油，其他零部件均不得涂油。

3）清洗机壳内壁，卸下刻度尺，检查指针磨擦力应在 0.5～0.8N 之间。

4）不得旋转尾盖上已定位紧固的调零螺栓。

5）不得自制或更换零部件。

6）保养后应按要求进行率定试验，率定值应为 74±2R。

不同生产厂家的回弹仪在参数、性能上会有一些细微的差别，因而在使用一段时间后，性能也会有一定的差异和变化。所以，需要定时对回弹仪进行计量检定。只有回弹仪计量检定合格后，才能保证对实际检测工程的砂浆检测有个大致统一的结果，才有利于砂浆回弹法的推广和使用。

（4）在使用砂浆回弹仪进行工程检测的前后，均应在钢砧上进行率定测试。钢砧的率定值是回弹仪的主要性能指标，是统一回弹仪标准状态的必要条件。因此，按照规范相关要求，回弹仪每次在使用前和使用后都应进行率定，以便及时发现和解决回弹仪使用过程中的问题。

我国相关的规范标准规定，当砂浆回弹仪的率定值达不到要求时，应该对回弹仪进行保养、维护或者鉴定。不允许用试块上的回弹值予以修正，更不允许旋转调零螺钉人为地使其达到率定值。试验表明，上述方法尽管可以使回弹仪的率定值满足要求，但是这样做不符合回弹仪的测试性能，并破坏了零点起跳即回弹仪处于非标准状态，因此这样测出的结果缺乏可信度，在试验中被严禁使用。

砂浆回弹仪的率定环境要求干燥，室温在 5～35℃ 范围内，也就是说，回弹仪和钢砧要先放在该温度范围内的场所预置，达到其温度控制范围后率定（因为弹击拉簧的线性收缩膨胀受温度的影响）。率定的钢砧要摆放水平和稳定，钢砧的导向筒要拧紧，防止倾斜和振动，率定时回弹仪的轴线应始终垂直钢砧。要求在洛氏硬度 HRC58-62 的钢砧上垂直向下率定时平均率定回弹值为 74±2R。检验方法：将钢砧放在刚度大的混凝土地坪上后用回弹仪在钢砧上垂直向下做率定试验，弹击杆分四次旋转每次旋转 90° 且每旋转一次弹击 5 点，其 20 次率定值平均数在 74±2R 时仪器为标准状态。

用于砂浆回弹仪率定的钢砧在被弹击时，表面硬度会受到弹击次数的影响，因此弹击次数增加，钢砧的表面硬度也会增加。所以，为了保证钢砧率定的准确性和可信度，需要定时将钢砧送至有关部门进行鉴定和校准，使钢砧有一个可信的表面硬度。

（5）新回弹仪的启用：先送到有检定资质的检定机构进行检定，检定合格后才能投入使用。

回弹仪应按如下要求正确操作：

1）将弹击杆顶住砂浆的表面，轻压仪器，使按钮松开，放松压力时弹击杆伸出，挂钩挂上弹击锤。

2）使仪器的轴线始终垂直于砂浆的表面并缓慢均匀施压，待弹击锤脱钩冲击弹击杆后，弹击锤回弹带动指针向后移动至某一位置时，指针块上的示值刻线在刻度尺上示出一定数值即为回弹值。

3）使仪器机芯继续顶住砂浆表面进行读数并记录回弹值。如条件不利于读数，可按下按钮，锁住机芯，将仪器移至它处读数。

4）逐渐对仪器减压，使弹击杆自仪器内伸出，待下一次使用。

3.10.3　砂浆回弹仪的常用故障及排除方法

砂浆回弹仪在使用过程中出现故障时，一般应送检定部门进行修理和检定，未经专门培训的操作人员，不熟悉回弹仪的构造和工作原理，不能擅自拆回弹仪，以免损坏零件。

现将回弹仪常见故障、原因分析和检修方法列于表 3-20 中，供操作人员参考。

回弹仪常见故障、原因分析和维修方法　　　　　　　　　　表 3-20

故障情况	原因分析	检修方法
回弹仪弹击时，指针块停在起始位置上不动	(1) 指针块上的指针片相对于指针轴上的张角太小； (2) 指针片折断	(1) 卸下指针块，将指针片的张角适当扳大些； (2) 更换指针片
指针块在回弹过程中抖动	(1) 指针块的指针片张角略小； (2) 指针块与指针轴之间的配合太松； (3) 指针与刻度尺的局部碰撞摩擦或与固定刻度尺的小螺钉相碰撞摩擦，或与机壳刻度槽局部摩阻太大	(1) 卸下指针块，适当把指针片的张角扳大； (2) 将指针的摩擦力调大一些； (3) 修挫指针块上的平面或截短小螺钉，或修挫刻度槽
指针块在未弹击前就被带上来，无法计数	指针块上的指针张角太大	卸下指针块，将指针片的张角适当扳小
弹击锤过早击发	(1) 挂钩的钩端已成小钝角； (2) 弹击锤的尾端局部破碎	(1) 更换挂钩； (2) 更换弹击锤
不能弹击	(1) 挂钩弹簧已脱落； (2) 挂钩的钩端已折断或磨成大钝角； (3) 弹击拉簧已拉断	(1) 换上挂钩弹簧； (2) 更换挂钩； (3) 更换弹击拉簧
弹击杆伸不出来，无法使用	按钮不起作用	用手握住尾盖并施加一定压力，慢慢地将尾盖拧开（注意压簧将尾部冲开弹击伤人），使导向法兰往下运动，然后调整好按钮，如果按钮零件缺损，则应更换
弹簧杆易脱落	中心导杆端部与弹簧杆内孔配合不紧密	取下弹击杆，若中心导杆为爪瓣则适当扩大，若为簧圈则调整簧圈，如无法调整（装卸弹击杆时切勿丢失缓冲压簧）则更换中心导杆
回弹仪率定值偏低	(1) 弹击锤与弹击杆的冲击平面有污物； (2) 弹击锤与中心导杆间有污物，摩擦力增大； (3) 弹击锤与弹击杆间的冲击面接触不均匀； (4) 中心导杆端部分爪瓣折断； (5) 机芯损坏	(1) 用汽油擦洗冲击面； (2) 用汽油擦洗弹击锤内孔及中心导杆，并薄薄地抹上一层 20 号机油； (3) 更换弹击锤； (4) 更换中心导杆； (5) 回弹仪报废

3.10.4　测试步骤

1. 测位处理

选择测位时，应以砌体构件总数作为检测批的容量进行随机抽样，且依据《计数抽样检验程序　第 1 部分：按接收质量限（AQL）检表的逐批检验抽样计划》（GB/T 2828.1—2012）及《建筑结构检测技术标准》（GB/T 50344—2004）进行科学、合理地抽样。测位宜选在承重墙的可测面上，并应尽量避开门窗洞口及预埋件附近的墙体，每个测位的面积应大于 $0.3m^2$。

根据规范，测位处应按下列要求进行处理：

（1）测位处的粉刷层、勾缝砂浆、污物等应清除干净。

（2）弹击点处的砂浆表面，应仔细打磨平整，并除去浮灰。

（3）磨掉表面砂浆的深度应为 5～10mm，且不应小于 5mm。

2. 弹击砂浆

（1）弹击点数

砂浆由于匀质性差，容易发生分层现象，所以较易产生不同高度的砂浆回弹值离散性较大的情况。所以，弹击点数应充分考虑不同高度的砂浆强度的离散性。

《砌体工程现场检测技术标准》（GB/T 50315—2011）中规定，每个测位应均匀布置 12 个弹击点。选定弹击点应避开砖的边缘、灰缝中的气孔或松动的砂浆。相邻弹击点的间距不应小于 20mm。在计算砂浆回弹值时，采用稳健估计，即去掉 12 个弹击点中的一个最大值与一个最小值，剩下的 10 个测试结果取算术平均值作为该测位的有效回弹测试值。

（2）弹击次数

相较于混凝土和烧结砖，砂浆的表面硬度明显偏低。并且，砌筑砂浆的表面可能存在疏松的情况，所以第一次弹击的值往往缺乏可信度。试验表明，砂浆的回弹数值随着回弹次数的增加有所提高，第 3 次的回弹值较之前有所提高，之后的回弹值趋于稳定。所以，《砌体工程现场检测技术标准》（GB/T 50315—2011）规定，在每个弹击点上，应使用回弹仪连续弹击 3 次，第 1、2 次不应读数，仅记第 3 次的回弹值，回弹值的读数应估读至 1。

3. 检测碳化深度

由于砌筑砂浆是碱性材料，碳化会使砂浆的碱性降低，并使其强度有所提高。所以如果不考虑碳化深度，有可能砂浆是由于碳化而强度较高，并不是它本身的强度。因而在检测砂浆强度时，还应该检测砂浆的碳化深度。

在每一个测位内，都应该选择 3 处灰缝，并应采用工具在测区表面打凿出直径约 10mm 的孔洞。接着应清除孔洞中的粉末和碎屑，并不得用水擦洗，然后采用浓度为 1%～2% 的酚酞酒精溶液滴在孔壁内边缘处。酚酞遇碱性物体会变红，所以不变色的区域表示已碳化，变红色的区域表示为非碳化。最后用游标卡尺精确测量碳化区与非碳化区交界面到灰缝的垂直距离，并以毫米为单位记录。

4. 数据分析

从每个测位的 12 个回弹值中，分别剔除最大值、最小值，将余下的 10 个回弹值计算算术平均值，以 R 表示，精确到 0.1。

每个测位的平均碳化深度，应取该测位各次测量值的算术平均值，以 d 表示，精确至

0.5mm。平均碳化深度大于 3mm 时，取 3.0mm。

第 i 个测区第 j 个测位的砂浆强度换算值，应根据该测位的平均回弹值和平均碳化深度值，分别按下列公式计算：

$d \leqslant 1.0$mm 时：

$$f_{2ij} = 13.97 \times 10^{-5} R^{3.57} \tag{3-33}$$

1.0mm$<d<3.0$mm 时：

$$f_{2ij} = 4.85 \times 10^{-4} R^{3.04} \tag{3-34}$$

$d \geqslant 3.0$mm 时：

$$f_{2ij} = 6.34 \times 10^{-5} R^{3.60} \tag{3-35}$$

式中　f_{2ij}——第 i 测区第 j 个测位的砂浆强度换算值（MPa）；

　　　d——第 i 测区第 j 个测位的平均碳化深度（mm）；

　　　R——第 i 测区第 j 个测位的平均回弹值。

然后再计算砂浆抗压强度的平均值，按照下式计算：

$$f_{2i} = \frac{1}{n_1} \sum_{j=1}^{n_1} f_{2ij} \tag{3-36}$$

3.10.5　砂浆回弹法应用实例

某培训中心楼①～⑤轴裙楼为 3 层砖混结构房屋，基本开间为 3.6m，进深为 5m，楼面、架空隔热层楼面、屋面主要采用预应力空心板；现因重新装修过程中涉及对①～⑤号楼的部分使用功能的改变、部分承重结构的改造（增设电梯、部分位置承重墙局部拆除等），为详细了解 1～5 号楼裙楼现有承重结构的实际状况，故对该房屋进行检测，其中包括对墙体的砌筑砂浆进行强度检测。

根据该栋房屋的具体情况，划分结构单元。由于该砖混结构房屋共 3 层，根据要求可将每一层划分为一个检测单元，在每一个检测单元中按规范要求选择 2 个面积不小于 1.0m² 的测区，按要求布置测位供回弹测试。每个测位弹击 12 个点。

将现场测试的数据进行处理，检测结果见表 3-21。

采用回弹法对 1 号楼①～⑤轴裙楼承重墙的砌筑砂浆抗压强度进行现场抽检，检测结果见表 3-21。

回弹法检测砌筑砂浆抗压强度结果汇总表　　　　　　　　表 3-21

检测部位	强度平均值（MPa）	强度最小值（MPa）	强度推定值（MPa）	设计强度等级	备注
1 层①～③×ⓖ轴墙	2.8	2.7	2.7	M5	
1 层Ⓦ～Ⓟ×①轴墙	2.9	2.7	2.7	M5	
2 层⑤×①～ⓛ轴墙	3.0	2.8	2.8	M5	
2 层①～②×Ⓦ轴墙	2.8	2.5	2.5	M5	
3 层①～③×ⓖ轴墙	4.5	3.6	3.6	M5	
3 层Ⓦ～Ⓟ×①轴墙	4.5	3.6	3.9	M5	

在每一个测位内，选择 3 处灰缝，进行碳化深度测试，测得砂浆的碳化深度为 1～3mm。从表 3-21 所列的检测结果表明，砌筑砂浆强度在 2.5～3.9MPa 之间，均不满足原设计强度等级和施工质量验收规范要求。根据该砂浆的检测结果，建议对该楼①～⑤轴裙楼相关承重墙体采用高性能水泥复合砂浆钢筋网等方法进行加固处理。

一、单项选择题

1. 在进行砂浆回弹试验中，测位宜选在承重墙的可测面上，并避开门窗洞口及预埋件等附近的墙体。墙面上每个测位的面积宜大于（　　）。

A. 0.1m² 　　　　 B. 0.2m² 　　　　 C. 0.3m² 　　　　 D. 0.4m²

2. 在进行砂浆回弹试验中，在每一个测位内，选择 3 处灰缝，进行碳化深度测试，测得砂浆的碳化深度为（　　）。

A. 1～3mm 　　　 B. 2～5mm 　　　 C. 3～7mm 　　　 D. 5～10mm

3. 在砂浆回弹法中，每一个测位内，应该选择（　　）处灰缝，并采用工具在测区表面打凿出直径约为 10mm 的孔洞。

A. 1 　　　　　　 B. 2 　　　　　　 C. 3 　　　　　　 D. 5

4. 按照规范要求，在进行砂浆回弹法时，应该在每个测位选择（　　）个测点。

A. 5 　　　　　　 B. 8 　　　　　　 C. 10 　　　　　 D. 12

二、多项选择题

1. 砂浆回弹法不适用于推定（　　）的砌筑砂浆的强度。

A. 长期浸水 　　　　　　　　　　 B. 火灾过后

C. 环境侵蚀 　　　　　　　　　　 D. 长期风化

E. 高温

2. 下列关于砂浆回弹法测位处理的说法中，正确的有（　　）。

A. 磨掉表面砂浆的深度应为 3～7mm

B. 磨掉的砂浆表面深度不应小于 5mm

C. 测位处的粉刷层、勾缝砂浆、污物等应清除干净

D. 弹击点处的砂浆表面，应仔细打磨平整，并除去浮灰

E. 每一个测位内，应选择 4 处灰缝，进行碳化深度测量

3. 以下可用于检测砌筑砂浆强度的测试方法有（　　）。

A. 筒压法 　　　　　　　　　　　 B. 砂浆回弹法

C. 原位单剪法 　　　　　　　　　 D. 原位轴压法

E. 推出法

4. 以下关于砂浆回弹法数据的数据分析的说法中，正确的有（　　）。

A. 应该在每个测位选择 10 个测点

B. 从每个测位得到的回弹值中，分别剔除最大值、最小值，将余下的各回弹值计算算术平均值

C. 上述回弹结果的算术平均值精确到 0.1

D. 每个测位的平均碳化深度，应取该测位各次测量值的算术平均值，以 d 表示，精确至 0.1mm

D. 平均碳化深度大于 3mm 时，取 3.0mm

三、问答题

1. 砂浆回弹法中，测位处需要进行哪些处理？

2. 请简述砂浆回弹法的原理（从怎样的试验值得到怎样的结果）。

3. 砂浆回弹法中，碳化深度应该怎样进行测量？

4. 某工程水泥混合砂浆的设计等级为 M10，根据要求，现对其中一片墙体采用回弹法检测砂浆强度，回弹测试数据见表 1，请算出该片墙体的砂浆强度平均值。

回弹测试数据　　　　　表 1

构件	测位	回弹值（MPa）													碳化深度（mm）			
		1	2	3	4	5	6	7	8	9	10	11	12	R	1	2	3	d
1层墙体A	1	25	31	30	26	22	29	30	31	31	29	30	26		2.0	1.5	1.5	
	2	25	30	23	29	30	26	28	27	28	29	31	30		2.0	2.0	1.5	
	3	30	25	28	31	32	29	28	29	21	23	20	33		2.0	2.0	1.0	
	4	31	29	27	30	24	25	26	26	20	24	32	33		2.5	2.5	3.0	
	5	24	31	26	24	30	20	31	24	29	27	30	23		2.5	3.0	3.0	

四、综合题

某培训中心楼裙楼为 3 层砖混结构房屋，开间为 3.6m，进深为 5m，现因重新装修过程中涉及对裙楼部分使用功能的改变，部分承重结构的改造，为详细了解裙楼现有承重结构的实际状况，故对该房屋进行检测，其中包括对墙体的砌筑砂浆进行强度检测。试验步骤如下：

（1）根据该栋房屋的具体情况划分单元，将每一层划分为一个检测单元。

（2）在每个检测单元内按规范要求选择 2 个面积不小于 0.5m² 的测区，每个测区弹击 12 个点，相邻弹击点的间距不应小于 25mm。

（3）用浓度为 3% 的酚酞酒精溶液检测其碳化深度。

（4）在每个弹击点上进行弹击，弹击次数为 5 次，仅记录第 5 次的回弹值，见表 2。

（5）数据处理。

测区平均抗压强度数据　　　　　表 2

测区	测点	回弹值	测区平均抗压强度（平均碳化深度值为 3.0mm）
墙体 1	1	3.77	
	2	3.73	
	3	2.06	
	4	1.94	
	5	2.42	
	6	3.22	
	7	4.36	
	8	3.79	
	9	0.86	
	10	3.86	
	11	7.20	
	12	8.10	

根据上述案例，回答以下问题：

1. 将上述各步骤进行合理排序。

2. 找出上述步骤中不合理的地方并说明理由。

3. 补充表格中的空白并写明计算步骤。

3.11 点荷法及其原理

3.11.1 概述

点荷法是指利用点式荷载测试材料抗压强度方法的简称，是由中国建筑科学研究院所研究提出的一项砂浆取样检测技术。

常规的砌筑砂浆的抗压强度检测方法为立方体抗压试验，即制备尺寸为 70.7mm×70.7mm×70.7mm 的试件进行面荷载抗压试验。但砌体工程中的砌筑砂浆层的厚度较小，一般只有十几个毫米，用常规的抗压强度试验方法无法测试砂浆层的厚度。所以，点荷法就应运而生了。它是一种间接砂浆检测方法，适用于推定烧结普通砖和烧结多孔砖砌体中的砌体砂浆强度。检测时，应从砖墙中抽取砂浆片试样，并应采用试验机或专用仪器测试其点荷载值，然后换算为砂浆强度。

点荷法的特点是测试工作较为直观简便，对取样部位会带来局部损伤但损伤较小，试验出来的结果能较好地反映砂浆的实际强度。随着 SQD-1 型砂浆点荷仪和 SQD-2 型砂浆点荷仪等点荷仪相继研制成功和投入使用，砌筑砂浆强度点荷法在砌筑工程质量评定、既有砌体结构可靠性鉴定和抗震鉴定技术工作中得到了更广泛的应用。

3.11.2 点荷法原理

点荷法通过对砌筑砂浆层试件施加集中的"点式"荷载，代替常规抗压强度上测试使用的面荷载，测试试样所能承受的最大"点荷值"，综合考虑试件尺寸，利用抗拉强度与抗压强度存在的关系，计算出砂浆的立方体抗压强度。

点荷法检测砌筑砂浆强度的原理如图 3-21 所示。

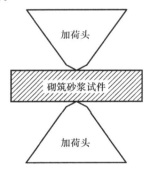

图 3-21 点荷法原理图

3.11.3 点荷法检测技术

1. 适用范围

点荷法仅适用于推定烧结砌体中的砌筑砂浆强度。由于砂浆本身强度较低，在取样的过程中容易发生碎裂等破坏，所以砂浆强度低的时候取样不标准，难以反映工程的真实情况，因而此方法不适用于砂浆强度小于 2MPa 的墙体。

根据《砌体工程现场检测技术标准》（GB/T 50315—2011），对于其他块材砌体中的砂浆强度，点荷法还未进行专门试验。如何将点荷法推广至其他材料的砌筑砂浆中，也将是近几年检测方法的重要研究方向。

2. 点荷法测试设备的主要技术指标

（1）测试设备

由于砌筑砂浆的压力值相对来说不是太大，为了测试结果的准确性，测试设备应选择量程较小、精度较高的小吨位压力试验机（最小读数盘宜为 50kN 以内）。

砂浆强度点荷测试仪由仪器支架、加载系统、加载头、压力传感器和荷载表组成，该仪器质量轻，手动加荷，液晶显示，可以保持峰值，现场操作方便，较适合于现场检测。SQD-1 型点荷仪构造示意图如图 3-22 所示，砂浆点荷仪的实物图如图 3-23 所示。

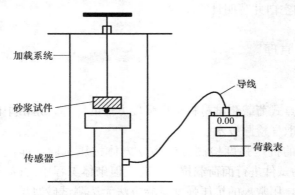

图 3-22　SQD-1 型点荷仪构造示意图

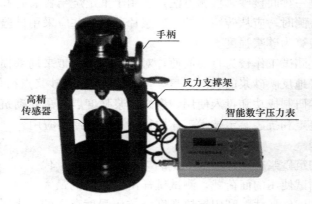

图 3-23　砂浆点荷仪实物图片

　　为了便于记录砂浆试件的破坏荷载，荷载显示系统一般选用具有峰值保持功能的荷载表或荷载盘。

　　（2）加荷附件

　　自制加荷装置作为试验机的附件，应符合下列要求：

　　1）钢质加荷头是内角为 60°的圆锥体，锥底直径为 40mm，锥体高度为 30mm；锥体的头部是半径为 5mm 的截球体，锥球高度为 3mm（图 3-24）；其他尺寸可自定。加荷头需 2 个。

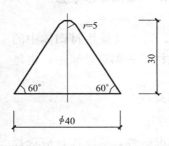

图 3-24　加荷头尺寸

　　制作加荷头的关键是确保其端部的截球体尺寸。截球体的尺寸要求与试验机上的布式硬度测头一致。

　　2）加荷头与试验机的连接方法，可根据试验机的具体情况确定，宜将连接件与加荷头设计为一个整体附件。

　　3）在满足上款 2）的要求的前提下，也可制作其他专用加荷附件。

　　3. 测试方法

　　（1）取样方法

　　从每个测点处，宜取出两个砂浆大片，一片用于检测，一片备用。

（2）制备试件

从砖砌体中取出砂浆薄片的方法，可采用手工方法，也可采用机械取样方法，如可用混凝土取芯机钻取带灰缝的芯样，用小锤敲击芯样，剥离出砂浆片。后者用于砂浆强度较高的砖砌体，且备有钻机的单位。

采用凿取法时，用锤和钢钎将砖小心凿碎，然后取出砂浆片。

采用钻芯法时，用钻芯机钻出一个含有砖块和砂浆片的砌体芯样，然后将砂浆片两侧的砖块清除后即可得到砂浆片。为保证砂浆片具有足够的尺寸，钻芯时最好选用内径不小于直径50mm的空心薄壁钻头。取样时钻头可不通冷却水。

砂浆薄片过厚或过薄，都将增大测试值的离散性，最大厚度的波动范围不应超过5～20mm，宜为10～15mm。现行的国家标准《砌体结构工程施工质量验收规范》（GB 50203—2011）规定灰缝厚度为10±2mm，所以选取适宜厚度的砂浆薄片并不困难。作用半径即荷载作用点至破坏线边缘的最小距离。

制备试件，应遵守下列规定：

1）从每个测点处剥离出砂浆大片。

2）加工或选取的砂浆试件应符合下列要求：

① 厚度为5～12mm。

② 预估荷载作用半径为15～25mm。

③ 大面应平整，但其边缘不要求非常规则。

3）在砂浆试件上画出作用点，量测其厚度，精确至0.1mm。

（3）点荷试验

点荷试验一般按照下列步骤依次进行：

1）开启仪器，保证仪器为正常工作状态。

2）在小吨位压力试验机上、下压板上分别安装上、下加荷头，两个加荷头应对齐，预估荷载作用半径15～25mm，以匀速加载方式对砂浆试件施加点式荷载。

3）将砂浆试件水平放置在下加荷头上，上、下加荷头对准预先画好的作用点，并使上加荷头轻轻压紧试件，然后缓慢匀速施加荷载至试件破坏。试件可能破坏成数个小块。记录荷载值，精确至0.1kN。

4）将破坏后的试件拼接成原样，测量荷载试件作用点中心到试件破坏线边缘的最短距离即荷载作用半径，精确至0.1mm。

5）进行下一个试件的点荷载测试工作。

6）完成全部试验工作后关闭仪器。

试验过程中，应使砂浆试样保持水平，使上、下荷载头对准，两轴线重合并处于铅垂线方向。否则，将增大测试误差。

4. 数据分析

（1）砂浆试件的抗压强度换算值，应按下列公式计算：

$$f_{2ij} = (33.3\varepsilon_{5ij}\varepsilon_{6ij}N_{ij} - 1.1)^{1.09} \tag{3-37}$$

$$\varepsilon_{5ij} = 1/(0.05r_{ij} + 1) \tag{3-38}$$

$$\varepsilon_{6ij} = 1/[0.03t_{ij}(0.1t_{ij} + 1) + 0.4] \tag{3-39}$$

式中　N_{ij}——点荷载值（kN）；

ε_{5ij}——荷载作用半径修正系数；

ε_{6ij}——试件厚度修正系数；

r_{ij}——荷载作用半径（mm）；

t_{ij}——试件厚度（mm）。

（2）测区的砂浆抗压强度平均值，应按下式计算：

$$f_{2i} = \frac{1}{n_1} \sum_{j=1}^{n_1} f_{2ij} \tag{3-40}$$

（3）当遇到下列情况之一时，除提供砌筑砂浆强度必要的测试参数外，还应提供受影响层的深度：

1）砌筑砂浆表层受到侵蚀、风化、剔凿、冻害影响的构件；

2）遭受火灾影响的构件；

3）使用年数较长的结构。

3.11.4 点荷法应用实例

某砌体结构办公楼，施工时间为 2003 年，建筑面积为 2833m²。检测时已投入使用 5 年。该办公楼在使用过程中，部分承重构件出现了裂缝，已进行过鉴定加固。加固后部分承重构件又出现了裂缝。为了给该楼结构安全性鉴定提供依据，采用点荷法对墙体砌筑砂浆抗压强度进行抽样检验。

砌筑砂浆的设计强度为 M7.5。抽取 6 面墙体，每面墙体选取 5～6 个测点，检测数据和检测结果见表 3-22。

墙体砌筑砂浆强度点荷法检测结果　　　　　　　表 3-22

测区	测点	试样厚度（mm）	破坏半径（mm）	破坏荷载（N）	抗压强度（MPa）	测区平均抗压强度（MPa）
墙体 1	1	17.3	15.2	430	3.77	2.86
	2	16.3	25.1	508	3.73	
	3	15.5	27.0	340	2.06	
	4	16.4	16.7	275	1.94	
	5	14.9	15.8	273	2.42	
	6	15.5	15.5	340	3.22	
墙体 2	1	15.1	16.7	420	4.36	4.70
	2	15.3	17.0	390	3.79	
	3	14.8	11.0	138	0.86	
	4	14.2	7.6	270	3.86	
	5	14.0	13.1	505	7.20	
	6	14.6	17.0	650	8.10	
墙体 3	1	13.8	16.0	248	2.37	3.37
	2	13.6	27.4	525	4.92	
	3	14.0	17.0	518	6.43	
	4	12.9	13.6	163	1.45	
	5	14.5	18.9	493	5.34	
	6	12.9	10.5	243	3.33	

测区	测点	试样厚度（mm）	破坏半径（mm）	破坏荷载（N）	抗压强度（MPa）	测区平均抗压强度（MPa）
墙体 4	1	14.1	14.2	205	1.80	1.57
	2	14.1	12.6	158	1.18	
	3	12.4	13.9	198	2.18	
	4	18.1	18.2	285	1.53	
	5	18.7	13.2	223	1.13	
墙体 5	1	14.4	23.4	340	2.70	1.46
	2	13.9	17.3	215	1.72	
	3	21.1	14.6	253	0.95	
	4	16.2	25.6	218	0.78	
	5	18.7	13.2	223	1.13	
墙体 6	1	12.6	13.2	0.385	5.85	4.66
	2	12.3	14.5	0.390	5.85	
	3	12.3	11.0	0.335	5.51	
	4	12.7	19.8	0.260	2.53	
	5	12.6	16.9	0.300	3.57	

检测结果表明，所测墙体砂浆强度离散性较大，且抽检墙体砌筑砂浆强度均不满足设计强度 M7.5 的要求。根据检测结果对房屋进行安全鉴定，并提出对可靠指标偏低的墙体应进行加固处理的意见。

练习题

一、单项选择题

1. 点荷法试验中，试样的点荷值较低，为保证测试精度，规定选用读数精度较高的（　　）。

A. 大吨位压力试验机　　　　　　　　B. 小吨位压力试验机

C. 小型加荷头　　　　　　　　　　　D. 中型加荷头

2. 点荷法适用于推定烧结普通砖砌体中的砌筑砂浆强度。检测时，应从砖墙中抽取砂浆片试样，采用试验机测试其（　　），然后换算为砂浆强度。

A. 集中荷载值　　　　　　　　　　　B. 瞬时荷载值

C. 点荷载值　　　　　　　　　　　　D. 荷载平均值

3. 下列有关点荷法试验步骤不正确的是（　　）。

A. 制备试件时，加工或选取的砂浆试件应符合下列要求：厚度为 5～12mm，预估荷载作用半径为 5～15mm，大面应平整，但其边缘不要求非常规则

B. 在小吨位压力试验机上、下压板上分别安装上、下加荷头，两个加荷头应对齐

C. 将砂浆试件水平放置在下加荷头上，上、下加荷头对准预先画好的作用点，并使上加荷头轻轻压紧试件，然后缓慢匀速施加荷载至试件破坏。试件可能破坏成数个小块。记录荷载值，精确至 0.1kN

D. 将破坏后的试件拼接成原样，测量荷载实际作用点中心到试件破坏线边缘的最短距离即荷载作用半径，精确至 0.1mm

4. 点荷法与砂浆片剪切法一样，从每个测点处，宜取出（　　）个砂浆片。

A. 1　　　　　　　　B. 2　　　　　　　　C. 3　　　　　　　　D. 4

二、多项选择题

1. 以下可用于检测砌筑砂浆强度的测试方法有（　　）。

A. 筒压法　　　　　　　　　　　　　B. 砂浆回弹法

C. 点荷法　　　　　　　　　　　　　D. 原位轴压法

E. 推出法

2. 下列关于点荷法中砂浆片试件制备的有关说法中，正确的有（　　）。

A. 从每个测点处剥离出砂浆大片

B. 加工制取的砂浆片试件厚度为 3～10mm

C. 预估荷载作用半径为 15～25mm

D. 砂浆片试件大面应平整，但其边缘不要求非常规则

E. 在砂浆试件上画出作用点，量测其厚度，精确至 1mm

3. 下列关于点荷法中压力试验机加荷附件要求的说法中，正确的有（　　）。

A. 制作加荷头的关键是确保其端部的截球体尺寸，截球体的尺寸要求与试验机上的布式硬度侧头一致

C. 加荷头需要一个即可

B. 钢质加荷头是内角为 60° 的圆锥体，锥底直径为 40mm，锥体高度为 30mm；锥体的头部是半径为 5mm 的截球体，锥球高度为 3mm，其他尺寸可自定

D. 加荷头与试验机的连接方法，可根据试验机的具体情况确定，宜将连接件与加荷头设计为一个整体附件

E. 在满足加荷头尺寸基本要求的前提下，也可制作其他专用加荷附件

4. 下列有关点荷法试验步骤正确的有（　　）。

A. 将砂浆试件水平放置在下加荷头上，上、下加荷头对准预先画好的作用点，并使上加荷头轻轻压紧试件，然后缓慢匀速施加荷载至试件破坏。试件可能破坏成数个小块

B. 制备试件时，加工或选取的砂浆试件应符合下列要求：厚度为 5～12mm，预估荷载作用半径为 5～15mm，大面应平整，但其边缘不要求非常规则

C. 在小吨位压力试验机上、下压板上分别安装上、下加荷头，两个加荷头应对齐

D. 将破坏后的试件拼接成原样，测量荷载实际作用点中心到试件破坏线边缘的最短距离即荷载作用半径，精确至 0.1mm

E. 记录荷载值，精确至 1kN

三、问答题

1. 在点荷法中，为什么需采用小吨位压力试验机？安装在试验机上的加荷头要注意什么？为什么？

2. 点荷法中制备试件，应符合哪些要求？

3. 点荷法的试验的基本步骤是什么？

4. 在点荷法中，压力试验机的加荷附件应该满足怎样的要求？

四、综合题

某砌体结构办公楼，施工时间为 2003 年，建筑面积为 2833m²。该办公楼使用过程中

部分承重构件出现了裂缝，已进行过鉴定加固，加固后部分承重构件又出现了裂缝，为给该楼结构安全性鉴定提供依据，采用点荷法对墙体砌筑砂浆抗压强度进行抽样检验，检验方法如下：

（1）选取 6 面墙体，每面墙体选取 3 个测点。

（2）从每个测点处取出两个砂浆大片用于检测。

（3）制备试件。

（4）开启仪器进行点荷试验。

（5）水平放置砂浆试件，匀速施加荷载至试件破坏，记录荷载值，精确至 1kN。

（6）在小吨位压力试验机上、下压板上分别安装上、下加荷头，预估荷载作用半径 15～25mm，加速施加点式荷载。

（7）将破坏后的试件拼接成原样，测量荷载试件作用点中心到试件破坏线边缘的最短距离即荷载作用半径，精确至 1mm。

（8）重复上述点荷载测试工作，直至完成全部试验。

根据上述案例，回答以下问题：

1. 将上述各步骤进行合理排序。

2. 找出上述步骤中不合理的地方并说明理由。

3. 试述上述制备试件步骤中应遵守的规定。

3.12 回弹法及其原理

3.12.1 概述

回弹法是一种非破损检测方法，一种原位检测方法，也是现场检测砌体中砖抗压强度最常见的方法。采用回弹法检测砌体中烧结普通砖的抗压强度，即利用回弹仪检测砌体中砖砌块的表面硬度，根据回弹值与抗压强度的相关关系推定砌体中砖的抗压强度。回弹法具有非破损性、检测面广和测试简便迅速等优点，是一种较理想的砌体工程现场检测方法。由于所用回弹仪是瑞士工程师施密特于 1948 年发明的，所以也叫施密特锤法。回弹法较早应用于岩石和混凝土的表面硬度测试，研究人员针对砖的表面硬度对混凝土回弹仪的性能进行改进后，制成了适用于砖的轻型回弹仪。该试验方法非常简便，英国、捷克、美国等国家都在研究。"材料和验证试验与研究试验室国际联合会"（RILEM）已制定了砌体结构回弹法标准《砌体结构回弹硬度确定应用指南》（MS. D. 2：Determination of masonry rebound hardness）。我国用回弹法测定烧结普通砖强度的研究工作始于 1968 年，陕西省建筑科学研究院等单位研究了小型回弹仪的性能，并于 1987 年制定了行业标准《回弹仪评定烧结普通砖标号的方法》。之后，四川省、福建省、安徽省和上海市等省市相继建立了相关地方标准。

与取样检测法相比，非（微）破损检测技术在砖的力学性能检测、内部缺陷及裂缝调查等方面具有明显的优势，这一领域已经成为砌体结构现场检测技术重要的研究方向。对砌体中的砖采用非（微）破损检测方法，直接在砌体结构上进行检测，推定砖抗压强度，具有快速、便捷、对结构和美观损伤小等优点。

3.12.2 回弹法原理

回弹法是用一弹簧驱动的重锤，通过弹击砖表面，并测出重锤被反弹回来的距离以回弹值（反弹距离与弹簧初始长度之比）作为与强度相关的指标，来推定混凝土及砖强度的一种方法。由于测量在试件表面进行，所以回弹法属于表面硬度法的一种。用回弹法测定烧结普通砖抗压强度，主要是根据小型回弹仪对砖表面硬度测得的回弹值，与直接抗压强度的相关性建立关系式，来间接确定砖的抗压强度，并借以评定其强度等级。当重锤被水平拉到冲击前的起始状态时，则重锤的重力势能不变，此时重锤所具有的冲击能量仅为弹簧的弹性势能。

3.12.3 烧结砖回弹法检测技术

1. 适用范围

烧结砖回弹法适用于推定烧结普通砖砌体或烧结多孔砖砌体中砖的抗压强度，不适用

图 3-25　烧结砖回弹仪

于推动表面已风化或遭受冻害、环境侵蚀的烧结普通砖砌体或烧结多孔砖砌体中砖的抗压强度。检测时，应用回弹仪测试砖的表面硬度，并应用此数据换算成砖的抗压强度。

2. 回弹仪的使用要求

（1）烧结砖回弹法的测试设备，应采用示值系统为指针直读的砖回弹仪。烧结砖回弹仪实物如图 3-25 所示。

（2）回弹仪的主要技术性能指标，应符合表 3-23 的要求。

砖回弹仪的主要技术性能指标　　　　　　　　　　　　　　表 3-23

项目	指标
标称动能（J）	0.735
指针摩擦力（N）	0.5±1
弹击杆端部球面半径（mm）	25±1.0
钢砧率定值（R）	74±2

（3）烧结砖回弹仪使用时，为了试验结果的准确性，应该定期对回弹仪进行保养和检验。

回弹仪有下列情况之一时应进行常规保养：

1）弹击超过 2000 次；

2）对检测值有怀疑时；

3）钢砧率定值不合格。

常规保养方法应符合下列要求：

1）使弹击锤脱钩后取出机芯，然后卸下弹击杆（取出里面的缓冲压簧）和三联件（弹击锤、弹击拉簧和拉簧座）。

2）用汽油清洗机芯各部件，特别是中心导杆、弹击锤和弹击杆的内孔与冲击面。清洗后在中心导杆上薄薄地涂上一层钟表油或缝纫机油，其他零部件均不得涂油。

3）清洗机壳内壁，卸下刻度尺，检查指针摩擦力应在 0.1～0.5N 之间。

4）不得旋转尾盖上已定位紧固的调零螺栓。

5）不得自制或更换零部件。

6）保养后应按要求进行率定试验，率定值应为 74±2R。

（4）在使用砖回弹仪进行工程检测的前后，均应在钢砧上进行率定测试。

率定环境要干燥，室温在 5～35℃ 范围内，也就是说，回弹仪和钢砧要先放在该温度范围内的场所预置，达到其温度控制范围后率定（因为弹击拉簧的线性收缩膨胀受温度的影响）。率定的钢砧要摆放水平和稳定，钢砧的导向筒要拧紧，防止倾斜和振动，率定时回弹仪的轴线应始终垂直钢砧。回弹仪的率定值按每一点连续弹击 3 次的稳定回弹值进行平均，弹击杆按照 90°角转动 4 次，弹击杆每转动一次的率定平均值都要符合 74±2R 的要求。

（5）新回弹仪的启用：先送到有检定资质的检定机构进行检定，检定合格后才能投入使用。

回弹仪应按如下要求正确操作：

1）将弹击杆顶住烧结砖的表面，轻压仪器，使按钮松开，放松压力时弹击杆伸出，挂钩挂上弹击锤。

2）使仪器的轴线始终垂直烧结砖的表面并缓慢均匀施压，待弹击锤脱钩冲击弹击杆后，弹击锤回弹带动指针向后移动至某一位置时，指针块上的示值刻线在刻度尺上示出一定数值即为回弹值。

3）使仪器机芯继续顶住烧结砖表面进行读数并记录回弹值。如条件不利于读数，可按下按钮，锁住机芯，将仪器移至它处读数。

4）逐渐对仪器减压，使弹击杆自仪器内伸出，待下一次使用。

3. 测试步骤

（1）选择测区

需要检测的墙为一个独立的检测单元。每个检测单元中应随机选择 10 个测区。每个测区的面积不宜小于 1.0m²，应在其中随机选择 10 块条面向外的砖作为 10 个测位提供回弹测试。选择的砖与砖墙边缘的距离应大于 250mm。

被检测砖应为外观质量合格的完整砖。砖的条面应干燥、清洁、平整，不应有饰面层、粉刷层，必要时可用砂轮清除表面的杂物，并应磨平侧面，同时用毛刷刷去粉尘。

（2）弹击被检测砖

使用回弹仪之前，应对回弹仪进行检验。先检查回弹仪的尾盖和盖帽是否松动，拧紧两端盖；指针滑块是否随回弹仪的上下翻转而上下滑动（指针块滑动的回弹仪不能使用）；按钮是否能够锁住机芯，准确读取回弹值，若弹击杆脱出，要检查杆内的缓冲压簧是否脱落。

在测试烧结砖时，在每块砖的侧面上应均匀布置 5 个弹击点。选定弹击点时应避开砖表面的缺陷。相邻两弹击点的间距不应小于 20mm，弹击点离砖边缘不应小于 20mm，每一弹击点应只能弹击一次，回弹值读数应估读至 1。测试时，回弹仪应处于水平状态，其轴线应垂直于砖的侧面。然后按照要求依次记录回弹的数值，并依次进行分类整理。

4. 数据分析

在进行了回弹之后，需要对所测得的烧结砖的回弹数值进行分析。分析应按照如下原则进行：

(1) 单个测位的回弹值，应取 5 个弹击点回弹值的平均值。

(2) 第 i 个测区第 j 个测位的抗压强度换算值，应按下列公式计算：

1) 对于普通烧结砖：

$$f_{1ij} = 2 \times 10^{-2} R^2 - 0.45R + 1.25 \tag{3-41}$$

2) 对于烧结多孔砖：

$$f_{1ij} = 1.70 \times 10^{-3} R^{2.48} \tag{3-42}$$

式中　f_{1ij}——第 i 测区第 j 个测位的抗压强度换算值（MPa）；

　　　R——第 i 测区第 j 个测位的平均回弹值。

(3) 测区的砖抗压强度平均值，应按照下式计算：

$$f_{1i} = \frac{1}{10} \sum_{j=1}^{n_1} f_{1ij} \tag{3-43}$$

(4) 上述计算拟合出的全国统一测强曲线可用于强度为 6～30MPa 的烧结普通砖和烧结多孔砖的检测。当超出《砌体工程现场检测技术标准》（GB/T 50315—2011）中的测强曲线的测强范围时，应进行验证后使用或制定专用曲线。

3.12.4　烧结砖回弹法应用实例

1. 烧结多孔砖抗压强度检测实例

某安置小区为砖混结构，其承重墙体采用 MU10 烧结多孔砖，因房屋存在墙体、楼面开裂等现象，为详细了解该房屋的工程质量，分析裂缝产生原因，特对该房屋施工质量及安全进行检测分析评定，其中包括烧结多孔砖检测。取该小区 1 号楼为例，该楼为 8 层结构，从下至上依次为：架空层、1～6 层、屋顶隔热层。

根据该栋房屋的具体情况，划分结构单元。由于该房屋共 8 层、3 单元（6 户），根据要求可将每一层划分为一个检测单元，在每一个检测单元中按规范要求选择 10 个面积不小于 1.0m² 的测区，在其中随机选择 10 块条面向外的砖作为 10 个测位供回弹测试。每个测位弹击 5 个点。

将现场测试的数据进行处理，检测结果见表 3-24。

回弹法检测砌筑砖抗压强度结果汇总表　　　　　　　　　　　　　　表 3-24

检测部位	强度平均值（MPa）	强度标准值（MPa）	推定强度等级	设计强度等级	备注
架空层墙体	14.9	12.3	MU10	MU10	变异系数≤0.21
1 层墙体	16.0	15.5	MU15	MU10	变异系数≤0.21
2 层墙体	14.9	13.0	MU10	MU10	变异系数≤0.21
3 层墙体	14.1	11.5	MU10	MU10	变异系数≤0.21
4 层墙体	14.6	12.5	MU10	MU10	变异系数≤0.21
5 层墙体	14.6	12.2	MU10	MU10	变异系数≤0.21
6 层墙体	14.7	12.1	MU10	MU10	变异系数≤0.21
屋顶隔热层墙体	14.1	10.2	MU10	MU10	变异系数≤0.21

检测结果表明，所检测的砖墙砌体中砖回弹推定强度均达到 MU10，满足设计强度要求。

2. 烧结普通砖抗压强度检测实例

某综合楼为 6 层混合结构（不含 1 层局部夹层和屋顶隔热层），1 层大部分为现浇钢筋混凝土框架结构、2 层以上为砖混结构；综合楼基础为夯扩灌注桩基础；各层承重墙体为烧结黏土普通砖砌筑的 240mm 厚眠墙。因该楼在西北角相邻 6 层住宅楼建设（2006 年开工、2008 年投入使用）后出现倾斜变形、现浇钢筋混凝土构件和承重墙体开裂、屋面渗漏等现象，为详细了解综合楼的主体结构现状，确保综合楼主体结构的安全和正常使用，故对该楼进行砌筑砖抗压强度检测。

根据该栋房屋的具体情况，划分结构单元。由于该砖混结构房屋共 5 层、2 单元（4 户），根据要求可将每一层划分为一个检测单元，在每一个检测单元中按规范要求选择 10 个面积不小于 1.0m² 的测区，在其中随机选择 10 块条面向外的砖作为 10 个测位供回弹测试。每个测位弹击 5 个点。

将现场测试的数据进行处理，检测结果见表 3-25。

回弹法检测砌筑砖抗压强度结果汇总表 表 3-25

检测部位	强度平均值（MPa）	强度标准值（MPa）	推定强度等级	设计强度等级	备注
2 层墙体	9.3	7.9	MU7.5	不详	变异系数≤0.21
3 层墙体	9.9	7.7	MU7.5	不详	变异系数≤0.21
4 层墙体	10.2	6.1	MU7.5	不详	变异系数≤0.21
5 层墙体	7.3	5.4	MU7.5	不详	变异系数≤0.21
6 层墙体	7.1	5.5	MU7.5	不详	变异系数≤0.21

练习题

一、单项选择题

1. 在烧结砖回弹法中，每个测区的面积不宜小于（   ），选择的砖与砖墙边缘的距离应大于（   ）。

A. 1.0m² 200mm
B. 1.5m² 200mm
C. 1.0m² 250mm
D. 1.5m² 250mm

2. 回弹法检测砖砌体的砌筑砂浆强度时，相邻两弹击点的间距不应小于（   ）mm。

A. 10
B. 20
C. 50
D. 100

3. 在烧结砖回弹法中，每块砖的侧面上应均匀布置（   ）个弹击点。

A. 2
B. 3
C. 5
D. 8

4. 在烧结砖的回弹法测试中，每个检测单元中应随机选择（   ）测区。

A. 5
B. 10
C. 15
D. 20

二、多项选择题

1. 回弹法不适用于推定（   ）情况下的砂浆抗压强度。

A. 高温
B. 长期浸水
C. 化学侵蚀
D. 火灾

E. 表面风化

2. 下列关于砖回弹的测区选择的说法中，正确的有（   ）。

A. 需要检测的墙为一个独立的检测单元。每个检测单元中应随机选择 10 个测区

B. 每个测区的面积不宜小于 $0.5m^2$，应在其中随机选择 10 块条面向外的砖作为 10 个测位提供回弹测试

C. 选择的砖与砖墙边缘的距离应大于 250mm

D. 被检测砖应为外观质量合格的完整砖

E. 砖的条面应干燥、清洁、平整，不应有饰面层、粉刷层，必要时可用砂轮清除表面的杂物，并应磨平侧面，同时用毛刷刷去粉尘

3. 下列关于烧结砖被弹击的说法中，正确的有 （　　）。

A. 在测试烧结砖时，在每块砖的侧面上应均匀布置 10 个弹击点

B. 选定弹击点时应避开砖表面的缺陷。相邻两弹击点的间距不应小于 20mm，弹击点离砖边缘不应小于 20mm

C. 每一弹击点应只能弹击一次，回弹值读数应估读至 0.1；测试时，回弹仪应处于水平状态，其轴线应垂直于砖的侧面

D. 使用回弹仪之前，应对回弹仪进行检验

E. 应按照要求依次记录回弹的数值，并依次进行分类整理

4. 下列关于砖回弹法的数据分析中，正确的有 （　　）。

A. 单个测位的回弹值，应取 10 个弹击点回弹值的平均值

B. 第 i 个测区第 j 个测位的抗压强度换算值，对于烧结普通砖和烧结多孔砖有不同的计算公式

C. 测区的砖抗压强度平均值，应取 10 个强度换算值的算术平均值

D. 上述计算拟合出的全国统一测强曲线可用于强度为 $1\sim30MPa$ 的烧结普通砖和烧结多孔砖的检测

E. 当超出《砌体工程现场检测技术标准》（GB/T 50315—2011）中的测强曲线的测强范围时，应进行验证后使用，或制定专用曲线

三、问答题

1. 根据砌体结构的损伤程度，砌体现场检测可分为哪几类？

2. 烧结砖回弹中，回弹测试步骤有哪些？

3. 烧结砖回弹测试中，每个检测单元应如何进行回弹测试？

四、综合题

某安置小区为砖混结构，其承重墙体采用 MU10 烧结多孔砖，因房屋存在墙体、楼面开裂等现象，为详细了解该房屋的工程质量，分析裂缝产生原因，特对该房屋施工质量及安全进行检测分析评定，其中包括烧结多孔砖检测，取该小区 1 号楼为例。

对回弹仪进行检验。

选择测区。需要检测的墙为一个独立的检测单元，每个检测单元中随机选择 10 个测区。

在每块砖的侧面上均匀布置 5 个弹击点。

对每块砖进行回弹并记录数据。

数据分析见表 1。

数据分析 表 1

检测部位	强度平均值 （MPa）	强度标准值 （MPa）	推定强度 等级	设计强度 等级	变异系数
架空层墙体	14.9	12.3		MU10	
1 层墙体	16.0	15.5		MU10	
2 层墙体	14.9	13.0		MU10	
3 层墙体	14.1	11.5		MU10	
4 层墙体	14.6	12.5		MU10	≤0.21
5 层墙体	14.6	12.2		MU10	
6 层墙体	14.7	12.1		MU10	
屋顶隔热层墙体	14.1	10.2		MU10	

根据上述案例，回答以下问题：

1. 回弹仪出现什么情况时需进行常规保养？
2. 将上述各步骤进行合理排序。
3. 补充表 1 中的空白并判断是否满足设计要求。

3.13 强度推定

3.13.1 基本概念

本教材现场所测数据的最终计算结果，仅作为对强度的推定，用来验证和鉴定结构的设计和施工质量，为处理工程质量事故，以及既有建筑物普查、各种鉴定以及改造及加固提供设计依据。

要使推定的结果具有可信度，就一定要对结构构件材料性能的不定性有一个较为深入的了解。在做了大量关于不同材料砌体的抗压强度研究后，分析研究取得的各种材料分布及其统计参数，极具指导意义的是在这些研究的基础上，在《建筑结构可靠度设计统一标准》（GB 50068—2001）中明确规定了"材料强度的概率分布采用正态分布或正态对数分布"，因此在砌体工程现场检测中数据的统计处理和解释，将是以正态样本为基础作出。

首先回顾数据的形成过程。检测是为鉴定采集基础数据。对建筑物进行鉴定时，首先应根据被鉴定建筑物的构造特点和承重体系的种类，将该建筑物划分为一个或若干个可以独立进行分析（鉴定）的结构单元。在每一个结构单元，采用如同对新施工建筑的规定，将同一材料品种、同一等级 250m³ 砌体作为一个总体，进行测区和测点的布置，并将此母体称为"检测单元"，一个结构单元可以划分为一个或者多个检测单元。

每一个检测单元内，应随机选择 6 个构件（单片墙体、柱），作为 6 个测区。但一个检测单元不足 6 个构件时，应将每个构件作为一个测区。

每一测区应随机布置若干测点。各种检测方法的测点数，应符合下列要求：

（1）原位轴压法、扁顶法、原位单剪法、筒压法：测点数不应少于 1 个。

（2）原位单砖双剪法、推出法、砂浆片剪切法、回弹法、点荷法：测点数不应少于 5 个。

测区和测点的数量，主要依据砌体工程质量的检测需要，检测成本（工作量）与现有检测和验收标准的衔接、各检测方法以及科研工作的基础，运用数理统计理论，作出统一规定。

本教材中的各种检测方法，得出的是每个测点的检测强度值 f_{ij} 以及每一个测区的强度平均值，并以测区强度平均值作为代表值 f_i（测区为 1 个时，改制即为测区强度代表值）。

3.13.2　离群值

离群值即异常值，它是样本中的一个或几个观测值，它们离其他观测值较远，暗示它们来自不同的群体，可能会对检测结果带来较大的影响。

按现行国家标准《数据的统计处理和解释　正态样本离群值的判断和处理》（GB/T 4883—2008）中格拉布斯检验法或狄克逊检验法，检出和剔除检测数据中的异常值和高度异常值。检出水平 α 取 0.05，剔除水平 α 取 0.01。当检出歧离值后（特别是在砌体抗压或者抗剪强度进行分析时），不得随意舍去，如歧离值查明是由于技术或物理上原因导致，应予剔除；否则不应剔除。

关于格拉布斯法检验法和狄克逊检验法的详细论述和规定，请参考阅读有关书籍。

3.13.3　检测单元数据统计

每一检测单元强度平均值、标准差和变异系数，应按下列公式计算：

$$\overline{x} = \frac{1}{n_2} \sum_{i=1}^{n_2} f_i \tag{3-44}$$

$$s = \sqrt{\frac{\sum_{i=1}^{n_2} (\overline{x} - f_i)^2}{n_2 - 1}} \tag{3-45}$$

$$\delta = \frac{s}{\overline{x}} \tag{3-46}$$

式中　$\overline{x}$——同一检测单元的强度平均值（MPa）。当检测砂浆抗压强度时，$\overline{x}$ 即为 $f_{2,m}$；当检测烧结砖抗压强度时，$\overline{x}$ 即为 $f_{1,m}$；当检测砌体抗压强度时，$\overline{x}$ 即为 f_m；当检测砌体抗剪强度时，$\overline{x}$ 即为 $f_{v,m}$；

n_2——同一检测单元测区数；

f_i——测区的强度代表值（MPa）。当检测砂浆抗压强度时，f_i 即为 f_{2i}；当检测烧结砖抗压强度时，f_i 即为 f_{1i}；当检测砌体抗压强度时，f_i 即为 f_{mi}；当检测砌体抗剪强度时，f_i 即为 f_{vi}；

s——同一检测单元，按 n_2 个测区计算的强度标准差（MPa）；

δ——同一检测单元的强度变异系数。

3.13.4　砌筑砂浆抗压强度推定

在砌体结构中，砂浆是一个至关重要的参数。

设计规范将砂浆强度分为若干等级：M15、M10、M7.5、M5 和 M2.5。设计人员设计构件时将根据砌体构件设计强度的需要和块材强度，确定砂浆强度的等级。

（1）对于在建或新建砌体工程，当需推定砌筑砂浆抗压强度值时，可按下列公式计算：

1）当测区数 $n_2 \geq 6$ 时，应取下列公式中的较小值：

$$f_2' = 0.91 f_{2,m} \tag{3-47}$$

$$f_2' = 1.18 f_{2,min} \tag{3-48}$$

式中　f_2'——砌筑砂浆抗压强度推定值（MPa）。

$f_{2,\min}$——同一检测单元，测区砂浆抗压强度的最小值（MPa）。

2）当测区数 $n_2 < 6$ 时，可按下式计算：

$$f'_2 = f_{2,\min} \tag{3-49}$$

（2）对于既有砌体工程，当需推定砌筑砂浆抗压强度值时，应符合下列要求：

1）按国家标准《砌体结构工程施工质量验收规范》（GB 50203—2011）及之前实施的砌体工程施工质量验收规范的相关规定修建时，应按下列公式计算：

当测区数 $n_2 \geqslant 6$ 时，应取下列公式中的较小值：

$$f'_2 = f_{2,m} \tag{3-50}$$

$$f'_2 = 1.33 f_{2,\min} \tag{3-51}$$

当测区数 $n_2 < 6$ 时，可按下式计算：

$$f'_2 = f_{2,\min} \tag{3-52}$$

2）按《砌体工程施工质量验收规范》（GB 50203—2002）的有关规定修建时，可按在建或新建砌体工程的公式推定砂浆抗压强度值。

2011 版的《砌体工程施工质量验收规范》较之前的 2002 版有所修改，所以按照 2011版规范施工的工程，应按照新规范的要求推定强度，按之前的规范施工的，仍然按照 2002版的规范来推定强度。

（3）砌筑砂浆抗压强度的最终计算或推定结果，应精确至 0.1MPa。当砌筑砂浆强度检测结果小于 2.0MPa 或大于 1.5MPa 时，不宜给出具体的检测值，仅可给出检测值范围 $f_2 < 2.0\text{MPa}$ 或 $f_2 > 15.0\text{MPa}$。

（4）砌筑砂浆强度的推定值，宜相当于被测墙体所用块体作底模的同龄期、同条件养护的砂浆试块强度。

3.13.5 砌体抗压强度和抗剪强度标准值的推定

每一检测单元的砌体抗压强度标准值应分别按下列规定进行推定：

（1）当测区数 $n_2 \geqslant 6$ 时：

$$f_k = f_m - kS \tag{3-53}$$

式中 f_k——砌体抗压强度标准值（MPa）；

f_m——同一检测单元的砌体抗剪强度平均值（MPa）；

S——同一检测单元，按 n_2 个测区计算的强度标准差（MPa）；

k——与 α、c、n_2 有关的强度标准值计算系数，按表 3-26 取值；

α——确定强度标准值所取的概率分布下分位数，取 $\alpha = 0.05$；

c——置信水平，取 $c = 0.60$。

计算系数 表 3-26

n_2	5	6	7	8	9	10	12	15	18
k	2.005	1.947	1.908	1.880	1.858	1.841	1.816	1.790	1.773

n_2	20	25	30	35	40	45	50
k	1.764	1.748	1.736	1.728	1.721	1.716	1.712

（2）当测区数 $n_2 < 6$ 时：

$$f_k = f_{mi,\min} \tag{3-54}$$

$$f_{v,k} = f_{vi,min} \qquad\qquad (3-55)$$

式中　$f_{mi,min}$——同一检测单元中，测区砌体抗压强度的最小值（MPa）；

　　　　$f_{vi,min}$——同一检测单元中，测区砌体抗剪强度的最小值（MPa）。

砌体的抗压强度和抗剪强度的结果均应精确至 0.01MPa，砌筑砂浆的检测结果应精确至 0.1MPa。每一检测单元的砌体抗压强度，当检测结果的变异系数 δ 分别大于 0.2 或 0.25 时，不宜直接按式（3-53）计算。此时应检查检测结果离散性较大的原因，若查明系混入不同总体的样本所致，宜分别进行统计，并按式（3-54）、式（3-55）确定标准值。

3.13.6　烧结砖抗压强度等级推定

对既有砌体工程，当采用回弹法检测烧结砖抗压强度时，每一检测单元的砖抗压强度等级，应符合下列要求：

（1）当变异系数 $\delta \leqslant 0.21$ 时，应按表 3-27 和表 3-28 中的抗压强度平均值 $f_{1,m}$、抗压强度标准值 f_{1k} 推定每一检测单元的砖抗压强度等级。每一检测单元的砖抗压强度标准值，应按下式计算：

$$f_{1k} = f_{1,k} - 1.8s$$

式中　f_{1k}——同一检测单元中砖的抗压强度的标准值（MPa）。

烧结普通砖抗压强度等级的推定　　　　　　　　　　　　　表 3-27

平均	抗压强度推定等级	抗压强度平均值 $f_{1,m}\geqslant$	变异系数 $\delta\leqslant 0.21$	变异系数 $\delta > 0.21$
			抗压强度标准值 $f_{1k}\geqslant$	抗压强度标准值 $f_{1,min}\geqslant$
MU	MU25	25.0	18.0	22.0
	MU20	20.0	14.0	16.0
	MU15	15.0	10.0	12.0
	MU10	10.0	6.5	7.5
	MU7.5	7.5	5.0	5.5

烧结多孔砖抗压强度等级的推定　　　　　　　　　　　　　表 3-28

平均	抗压强度推定等级	抗压强度平均值 $f_{1,m}\geqslant$	变异系数 $\delta\leqslant 0.21$	变异系数 $\delta > 0.21$
			抗压强度标准值 $f_{1k}\geqslant$	抗压强度标准值 $f_{1,min}\geqslant$
MU	MU30	30.0	22.0	25.0
	MU25	25.0	18.0	22.0
	MU20	20.0	14.0	16.0
	MU15	15.0	10.0	12.0
	MU10	10.0	6.5	7.5

（2）当变异系数 $\delta > 0.21$ 时，应按表 3-27、表 3-28 中抗压强度平均值 $f_{1,m}$、以测区为单位统计的抗压强度最小值 $f_{1,min}$ 推定每一测区的砖抗压强度等级。

以上提出了根据砌体抗压强度或抗剪强度的检测平均值和标准差分别计算强度标准值的公式。它们不同于现行的国家标准《砌体结构设计规范》（GB 50003—2001）确定标准值的方法。《砌体结构设计规范》是依据全国范围内众多试验资料确定标准值，本标准的检测对象是具体的单项工程，且抽样数量有限，这里有一个置信水平的问题，世界各国倾向于砌体结构取置信水平为 0.60，两者是有区别的，但两者均取 0.05 的下分位数还是相同的。本标准采用了现行国家标准《民用建筑可靠性鉴定标准》（GB 50292—2015）确定强度标准值的方法，即最终采用的计算系数是一致的。

练习题

单项选择题

1. 强度推定时，每一检测单元的砌体抗压强度或抗剪强度，当检测结果的变异系数 δ 分别大于（　　）时，不宜直接按规范公式计算，应检查检测结果离散性较大的原因，重新推定。

A. 0.20 或 0.25   B. 0.20 或 0.30

C. 0.15 或 0.25   D. 0.25 或 0.30

2. 根据《砌体工程现场检测技术标准》（GB/T 50315—2011）强度推定的有关说明，砌体抗压强度和抗剪强度应该精确至（　　）MPa。

A. 0.1   B. 0.01   C. 0.001   D. 1

3. 根据《砌体工程现场检测技术标准》（GB/T 50315—2011）强度推定的有关说明，砂浆抗压强度和抗剪强度应该精确至（　　）MPa。

A. 0.1   B. 0.01   C. 0.001   D. 1

第4章 木结构检测

4.1 概述

木结构是单纯由木材或主要由木材承受荷载的结构，通过各种金属连接件或榫卯手段进行连接和固定。木材是一种取材容易，加工简便的结构材料。木结构因其自重较轻，木构件便于运输、装拆，能多次使用等特点，被广泛地用于房屋建筑中，也还用于桥梁和塔架。近代胶合木结构的出现，更扩大了木结构的应用范围。木材受拉和受剪皆是脆性破坏，其强度受木节、斜纹及裂缝等天然缺陷的影响很大；但在受压和受弯时具有一定的塑性。木材处于潮湿状态时，将受木腐菌侵蚀而腐朽；在空气温度、湿度较高的地区，白蚁、蛀虫、家天牛等对木材危害颇大。木材能着火燃烧，但有一定的耐火性能。因此木结构应采取防腐、防虫、防火措施，以保证其耐久性。

木结构作为一种古老的建筑结构形式，在我国很多木结构建筑都进入了老龄期，在木结构出现损伤后，需要进行安全性检测评定。尤其在木结构古建筑中，木结构检测更为常见。木结构的检测可分为木材性能、木材缺陷、尺寸与偏差、连接与构造、变形与损伤和防护措施等项目结构的一般检测项目，具体如图4-1所示。

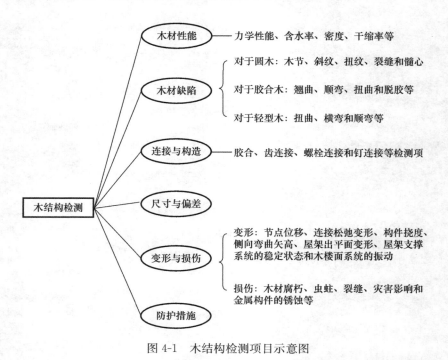

图4-1 木结构检测项目示意图

4.2 木材性能的检测

作为木结构的主要承重结构，木材本身的性能会直接影响木结构的性能。木材性能的检测包括木材的力学性能、含水率、密度和干缩率等检测项目。

4.2.1 力学性能

木结构中，主要由木结构承受荷载，所以木构件的力学性能直接决定了木结构承受荷载的能力，也能直接影响木结构的安全性能。

当木材的材质或外观与同类木材有显著差异时或树种和产地判别不清时，可取样检测木材的力学性能，以确定木材的强度等级。

木结构工程质量检测涉及的木材力学性能可分为抗弯强度、抗弯弹性模量、顺纹抗剪强度、顺纹抗压强度等检测项目。具体可按照《木结构工程施工质量验收规范》（GB 50206—2012）和《木结构试验方法标准》（GB/T 50329—2012）中的有关要求进行。

木材的强度等级，应按木材的弦向抗弯强度试验情况确定。木材弦向抗弯强度取样检测及木材强度等级的评定，应遵守下列规定：

（1）抽取 3 根木材，在每根木材上截取 3 个试样。

（2）除了有特殊检测目的之外，木材试样应没有缺陷或损伤。

（3）木材试样应取自木材髓心以外的部分；取样方式和试样的尺寸应符合《木材抗弯强度试验方法》（GB/T 1936.1—2009）的要求。

（4）抗弯强度的测试，应按《木材抗弯强度试验方法》（GB 1936.1—2009）的规定进行，并应将测试结果折算成含水率为 12% 的数值；木材含水率的检测方法，可参见后面含水率的有关部分。

（5）以同一构件 3 个试样换算抗弯强度的平均值作为代表值，取 3 个代表值中的最小代表值，按表 4-1 评定木材的强度等级。

木材强度等级检验标准　　　　表 4-1

木材种类	针叶材				阔叶材				
强度等级	TC11	TC13	TC15	TC17	TB11	TB13	TB15	TB17	TB20
检验结果的最低强度值 不得低于（N/mm²）	44	51	58	72	58	68	78	88	98

（6）当评定的强度等级高于现行国家标准《木结构设计规范》（GB 50005—2003）所规定的同种木材的强度等级时，取《木结构设计规范》（GB 50005—2003）所规定的同种木材的强度等级为最终评定等级。

（7）对于树种不详的木材，可按检测结果确定等级，但应采用该等级 B 组的设计指标。

（8）木材强度的设计指标，可依据评定的强度等级按《木结构设计规范》（GB 50005—2003）的规定确定。

4.2.2 含水率

正常状态下的木材及其制品，都会有一定数量的水分，木材中所含水分的重量与绝对干燥后木材重量的百分比值，称为木材含水率。木材的含水率，将会直接影响到木结构构件的内在品质。当木结构构件的使用达到平衡含水率后，这时候的木材最不容易发生开裂变形。一般木结构构件的含水率可采用取样的重量法测定，规格材可用电测法测定。

采用重量法测量木结构构件的含水率时，应从成批木材中或结构构件的木材的检测批中随机抽取 5 根，在端头 200mm 处截取 20mm 厚的片材，再加工成 20mm×20mm×20mm 的 5 个试件；应按《木材含水率测定方法》（GB/T 1931—2009）的规定进行测定。以每根构件 5 个试件含水率的平均值作为这根木材含水率的代表值。5 根木材的含水率测定值的最大值应符合下列要求：

（1）原木或方木结构不应大于 25%。

（2）板材和规格材不应大于 20%。

（3）胶合木不应大于 15%。

木材含水率的电测法使用电测仪测定，可随机抽取 5 根构件，每根构件取 3 个截面，在每个截面的 4 个周边进行测定。每根构件 3 个截面 4 个周边的所测含水率的平均值，作为这根木材含水率的测定值，5 根构件的含水率代表值中的最大值应符合规格材含水率不应大于 20% 的要求。

4.2.3　木材缺陷的检测

对于圆木和方木结构可分为木节、斜纹、扭纹、裂缝和髓心等项目；对胶合木结构，尚有翘曲、顺弯、扭曲和脱胶等检测项目；对于轻型木结构尚有扭曲、横弯和顺弯等检测项目。

对承重用的木材或结构构件的缺陷应逐根进行检测。

（1）木材木节的尺寸，可用精度为 1mm 的卷尺量测，对于不同木材木节尺寸的量测应符合下列规定：

1）方木、板材、规格材的木节尺寸，按垂直于构件长度方向量测。木节表现为条状时，可量测较长方向的尺寸，直径小于 10mm 的活节可不量测。

2）原木的木节尺寸，按垂直于构件长度方向量测，直径小于 10mm 的活节可不量测。同时，木节的评定还应按照《木结构工程施工质量验收规范》（GB 50206—2012）的规定执行。

（2）斜纹的检测，在方木和板材两端各选 1m 材长量测三次，计算其平均倾斜高度，以最大的平均倾斜高度作为其木材的斜纹的检测值。

（3）对原木扭纹的检测，在原木小头 1m 材上量测三次，以其平均倾斜高度作为扭纹检测值。

（4）胶合木结构和轻型木结构的翘曲、扭曲、横弯和顺弯，可采用拉线与尺量的方法或用靠尺与尺量的方法检测；检测结果的评定可按《木结构工程施工质量验收规范》（GB 50206—2012）的相关规定进行。

（5）木结构的裂缝和胶合木结构的脱胶，可用探针检测裂缝的深度，用裂缝塞尺检测裂缝的宽度，用钢尺量测裂缝的长度。

（6）木结构的尺寸与偏差可分为构件制作尺寸与偏差和构件的安装偏差等。

木结构构件尺寸与偏差的检测数量，当为木结构工程质量检测时，应按《木结构工程施工质量验收规范》（GB 50206—2012）的规定执行；当为既有木结构性能检测时，应根据实际情况确定，抽样检测时，抽样数量可按表 4-2 确定。

检测批的容量	检测类别和样本最小容量			检测批的容量	检测类别和样本最小容量		
	A	B	C		A	B	C
2~8	2	2	3	501~1200	32	80	125
9~15	2	3	5	1201~3200	50	125	200
16~25	3	5	8	3201~10000	80	200	315
26~50	5	8	13	10001~35000	125	315	500
51~90	5	13	20	35001~150000	200	500	800
91~150	8	20	32	150001~500000	315	800	1250
151~280	13	32	50	>500000	500	1250	2000
281~500	20	50	80	—	—	—	—

注：检测类别 A 适用于一般施工质量的检测，检测类别 B 适用于结构质量或性能的检测，检测类别 C 适用于结构质量或性能的严格检测或复检。

木结构构件尺寸与偏差，包括桁架、梁（含檩条）及柱的制作尺寸，屋面木基层的尺寸，桁架、梁、柱等的安装的偏差等，可按《木结构工程施工质量验收规范》GB 50206 建议的方法进行检测。

木构件的尺寸应以设计图纸要求为准，偏差应为实际尺寸与设计尺寸的偏差，尺寸偏差的评定标准，可按《木结构工程施工质量验收规范》（GB 50206—2012）的规定执行。

4.2.4 木结构连接的检测

木结构的连接可分为胶合、齿连接、螺栓连接和钉连接等检测项目。

1. 胶合

胶合是将木材与木材或其他材料的表面胶接成为一体的技术，是木制品部件榫接和钉接技术的发展。

当对胶合木结构的胶合能力有疑义时，应对胶合能力进行检测；胶合能力可通过对试样木材胶缝顺纹抗剪强度确定。

当工程尚有与结构中同批的胶时，可检测胶的胶合能力，其检测应符合下列要求：

（1）被检验的胶在保质期之内。

（2）用与结构中相同的木材制备胶合试样，制备工艺应符合《木结构设计规范》（GB 50005—2003）胶合工艺的要求。

（3）检验一批胶至少用两个试条，制成 8 个试件，每一试条各取两个试件做干态试验，两个做湿态试验。

（4）试验方法，应按现行《木结构设计规范》（GB 50005—2003）的规定进行。

（5）承重结构用胶的胶缝抗剪强度不应低于表 4-3 的数值。

对承重结构用胶的胶合能力最低要求 表 4-3

试件状态	胶缝顺纹抗剪强度值（N/mm²）	
	红松等软木松	栎木或水曲柳
干态	5.9	7.8
湿态	3.9	5.4

（6）若试验结果符合表 4-3 的要求，即认为该试件合格，若试件强度低于表 4-3 所列

数值，但其中木材部分剪坏的面积不少于试件剪面的 75%，则仍可认为该试件合格。若有一个试件不合格，须以加倍数量的试件重新试验，若仍有试件不合格，则该批胶被判为不能用于承重结构。

当需要对胶合构件的胶合质量进行检测时，可采取取样的方法，也可采取替换构件的方法；但取样要保证结构或构件的安全，替换构件的胶合质量应具有代表性。胶合质量的取样检测宜符合下列规定：

（1）当可加工成符合表 4-3 要求的试样时，试样数量、试验方法和胶合质量评定，可按表 4-3 的规定执行。

（2）当不能加工成符合表 4-3 要求的试样时，可结合构件胶合面在构件中的受力形式按相应的木材性能试验方法进行胶合质量检测，试样数量和试样加工形式宜符合相应木材性能试验方法标准的规定。当测试得到的破坏形式是木材破坏时，可判定胶合质量符合要求，当测试得到的破坏形态为胶合面破坏时，宜取胶合面破坏的平均值作为胶合能力的检测结果。但在检测报告中，应对测试方法、测试结果的适用范围予以说明。

（3）必要时，可核查胶合构件木材的品种和是否存在树脂溢出的现象。

2. 齿连接

齿连接是将受压构件的端头做成齿榫，抵承在另一构件的齿槽内以传递压力的一种连接方式。齿槽除承受压杆的压力外，并在槽底平面上承受顺纹方向的剪力。

齿连接的检测项目和检测方法，可按下列规定执行：

（1）压杆端面和齿槽承压面加工平整程度，用直尺检测；压杆轴线与齿槽承压面垂直度，用直角尺量测。

（2）齿槽深度，用尺量测，允许偏差±2mm；偏差为实测深度与设计图纸要求深度的差值。

（3）支座节点齿的受剪面长度和受剪面裂缝，对照设计图纸用尺量，长度负偏差不应超过 10mm；当受剪面存在裂缝时，应对其承载力进行核算。

（4）抵承面缝隙，用尺量或裂缝塞尺量测，抵承面局部缝隙的宽度不应大于 1mm 且不应有穿透构件截面宽度的缝隙；当局部缝隙不满足要求时，应核查齿槽承压面和压杆端部是否存在局部破损现象；当齿槽承压面与压杆端部完全脱开（全截面存在缝隙）时，应进行结构杆件受力状态的检测与分析。

（5）保险螺栓或其他措施的设置，螺栓孔等附近是否存在裂缝。

（6）压杆轴线与承压构件轴线的偏差，用尺量。

3. 螺栓连接或钉连接

螺栓连接或钉连接的检测项目和检测方法，可按下列规定执行：

（1）螺栓和钉的数量与直径，直径可用游标卡尺量测。

（2）被连接构件的厚度，用尺量测。

（3）螺栓或钉的间距，用尺量测。

（4）螺栓孔处木材的裂缝、虫蛀和腐朽情况，裂缝用塞尺、裂缝探针和尺量测。

（5）螺栓、变形、松动、锈蚀情况，观察或用卡尺量测。

4.2.5　木结构损伤的检测

木结构构件损伤的检测可分为木材腐朽、虫蛀、裂缝、灾害影响和金属件的锈蚀等项目；木结构的变形检测可分为节点位移、连接松弛变形、构件挠度、侧向弯曲矢高、屋架出平面变形、屋架支撑系统的稳定状态和木楼面系统的振动等。

木结构构件虫蛀的检测，可根据构件附近是否有木屑等进行初步判定，可通过锤击的方法确定虫蛀的范围，可电钻打孔用内窥镜或探针测定虫蛀的深度。

当发现木结构构件出现虫蛀现象时，宜对构件的防虫措施进行检测。

木材腐朽的检测，可用尺量测腐朽的范围，腐朽深度可用除去腐朽层的方法量测。

当发现木材有腐朽现象时，宜对木材的含水率、结构的通风设施、排水构造和防腐措施进行核查或检测。

火灾或侵蚀性物质影响范围和影响层厚度的检测，可根据构件附近是否有木屑等进行初步判定，可通过锤击的方法确定火灾或侵蚀物质影响的范围，然后用电钻打孔用内窥镜或探针测定虫蛀的深度。

当需要确定受腐朽、灾害影响木材强度时，可按本章第 2 节的相关规定取样测定，木材强度降低的幅度，可通过与未受影响区域试样强度的比较确定。在检测报告中应对试验方法及适用范围予以必要的说明。

木结构和构件变形及基础沉降等项目，可分别用混凝土构件的变形沉降的相关检测方法进行检测。具体如下：

（1）木结构构件的挠度，可采用激光测距仪、水准仪或拉线等方法检测。

（2）木结构构件或结构的倾斜，可采用经纬仪、激光定位仪、三轴定位仪或吊锤的方法检测，宜区分倾斜中施工偏差造成的倾斜、变形造成的倾斜、灾害造成的倾斜等。

木楼面系统的振动，可按《建筑结构检测技术标准》（GB/T 50344—2004）附录 E（结构动力测试的方法和要求）中提出的相应方法检测振动幅度。

必要时，可按《木结构工程施工质量验收规范》（GB 50206—2012）、《木结构设计规范》（GB 50005—2003）和《建筑设计防火规范》（GB 50016—2014）等标准的要求和设计图纸的要求检测木结构的防虫、防腐和防火措施。

4.2.6　木结构检测应用实例

湖南省某大学的教学楼的屋架为木质结构，因该教学楼已使用 50 多年，超过原设计使用寿命，为详细了解该房屋屋盖结构现状，结合后期修缮需要，需要对该房屋屋盖结构的现状进行检测调查。

经现场检测调查，该教学楼屋盖结构的做法为：木质屋架上搁置圆木檩条，满铺望板、油毡、黏土红瓦。该教学楼大部分木屋架各杆件及节点仍较完好，在使用过程中还曾进行维护和修理，部分屋架杆件进行过加固处理，部分檩条进行了更换，整体情况较好。目前主要存在以下问题：

（1）大部分的上弦杆、下弦杆、腹杆和檩条都存在顺长度方向开裂，最大裂缝宽度约为 15mm，裂缝深度约为 100mm，如图 4-2、图 4-3 所示。

（2）部分杆件、檩条存在表面腐朽现象，如图 4-4 所示。

（3）屋面存在局部渗漏现象。

（4）房屋的屋檐、铁制天沟存在一定的破损现象。

（5）房屋的木屋架、檩条及旺板等未进行防火处理，整个屋顶结构不满足现行防火规范要求。

图 4-2　腹杆开裂

图 4-3　檩条开裂

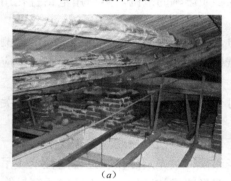

（a）

（b）

图 4-4　杆件表面腐朽

根据对教学楼屋盖结构的现场检测、调查结果及综合分析，结论及建议如下：

（1）教学楼屋盖结构已使用 50 多年，主要为自然损坏，在使用过程中进行过维护、修理，现状仍较完好，目前主要存在杆件和檩条顺长度方向开裂、表面腐朽等现象；屋面存在局部渗漏现象，屋檐、铁制天沟等存在一定的破损现象。

（2）教学楼屋盖结构的木屋架、檩条及望板等未进行防火处理，整个屋盖结构不满足现行防火规范要求。

综上所述，建议对教学楼屋盖结构进行修缮处理。

练习题

一、单项选择题

1. 木材的强度等级，应按木材的（　　）试验情况确定。

A. 横向抗弯强度　　　　　　　　　　B. 弦向抗弯强度

C. 纵向抗弯强度　　　　　　　　　　D. 轴向抗压强度

2. 一般木结构构件的含水率可采用取样的（　　）测定。

A. 密度法　　　　　B. 晒干法　　　　　C. 重量法　　　　　D. 电测法

3. 木材强度等级评定时，取三根木材，每根木材应取（　　）个试样。

A. 1　　　　　　　B. 2　　　　　　　C. 3　　　　　　　D. 4

4. 木结构构件（　　）的检测，可根据构件附近是否有木屑等进行初步判定。

A. 腐朽　　　　　B. 虫蛀　　　　　C. 裂缝　　　　　D. 腐烂

二、多项选择题

1. 木结构建筑常见的损伤检测有（　　　）。

A. 裂缝　　　　　　　B. 虫蛀　　　　　　　C. 腐朽　　　　　　　D. 金属件的锈蚀

E. 连接松弛变形

2. 木结构构件挠度检测时，可采用（　　　）等方法检测。

A. 激光测距仪　　　　　　　　　　　B. 三轴定位仪

C. 经纬仪　　　　　　　　　　　　　D. 水准仪

E. 拉线

3. 木结构的连接可分为（　　　）等检测项目。

A. 榫卯连接　　　　　　　　　　　　B. 螺栓连接

C. 胶合　　　　　　　　　　　　　　D. 齿连接

E. 钉连接

4. 下列关于木材含水率的说法，正确的有（　　　）。

A. 应从成批木材中或结构构件的木材的检测批中随机抽取 5 根，在端头 200mm 处截取 20mm 厚的片材，再加工成 10mm×10mm×10mm 的 5 个试件

B. 原木或方木结构不应大于 25%

C. 板材和规格材不应大于 20%

D. 胶合木不应大于 15%

E. 使用电测仪测定，可随机抽取 5 根构件，每根构件取 3 个截面，在每个截面的 4 个周边进行测定

三、问答题

1. 木结构检测的一般检测项目有哪些？

2. 木结构的缺陷检测包含哪些内容？

3. 采用重量法测量木结构的含水率时，应该怎样进行取样？含水率最大的测定值对于不同种类的木材有什么要求？

4. 木结构在进行螺栓连接或钉连接检测时，需要按照怎样的规定执行？请分条罗列。

第 5 章　混凝土构件荷载试验

5.1　测量仪器

5.1.1　对测量仪表的有效性要求

混凝土结构试验用的量测仪表，应符合有关精度等级的要求，并应定期检验校准、有处于有效期内的合格证书。人工读数的仪表应进行估读，读数应比所用量测仪表的最小分度值小一位。仪表的预估试验量程宜控制在量测仪表满量程的 30%～80% 范围之内。并且，对测量仪表的有效性要求，体现在仪表具备定期检验校准的合格证，并处于计量有效期内。这对仪表的量程选择提出了要求。预计量程过大则测量误差偏大；预计量程过小则试验过程中容易超出量程范围导致数据缺失或损坏仪表。因此，需要根据预计值选择合适的仪表量程。如果仪表在全量程范围内呈良好的线性，则预估量程也可低于满量程的30%。仪表精度的选用既要注意满足量测要求，也要避免盲目追求高精度。

5.1.2　仪器、仪表系统的选择

为及时记录试验数据并对量测结果进行初步整理，应该选用具有自动数据采集和初步整理功能的配套仪器、仪表系统。近年来试验技术不断发展，具有自动量测、记录和初步整理功能的仪器、仪表大量出现。具备条件时，应该优先选择能够自动连续进行数据采集和初步整理的仪表系统。这有利于保证数据测读、处理的速度和精度，并有助于现场试验分析和判断。

1. 集中加载力值量测仪表

结构试验中测量集中加载力值的仪表可选用荷载传感器、弹簧式测力仪等，荷载传感器的精度不应低于 C 级；对于长期试验，精度不宜低于 B 级。

荷载传感器仪表的最小分度值不宜大于被测力值总量的 1.0%，示值允许误差为量程的 1.0%；同时，弹簧式测力仪的最小分度值不应大于仪表量程的 2.0%，示值允许误差为量程的 1.5%；并且，当采用分配梁及其他加载设备进行加载时，宜通过荷载传感器直接量测施加于试件的力值，利用试验机读数或其他间接量测方法计算力值时，应计入加载设备的重量；此外，当采用悬挂重物加载时，可通过直接称量加载物的重量计算加载力值，并应计入承载盘的重量；称量加载物及承载盘重量的仪器允许误差为量程的 ±1.0%。

这对集中加载力值量测仪表提出了要求，除量测精度的要求外，还强调了试验中应重视采用分配梁、悬挂重物等方式加载时设备重量的影响。

2. 位移测量仪表

位移测量的仪器、仪表可根据精度及数据采集的要求，选用电子位移计、百分表、千分表、水准仪、经纬仪、倾角仪、全站仪、激光测距仪、直尺等。这些都是常用的位移测量仪表。一般选用电子位移计、百分表、千分表、倾角仪等精度较高的仪表，原位加载试

验或结构监测时也可根据试验要求，选用水准仪、经纬仪、全站仪、激光测距仪、直尺、挠度计、连通管等精度略低的仪器。除此之外，倾角、曲率、扭角等变形的量测，可以用基本仪表和各类转换元件，配以不同的附件及夹具，制作成曲率计、扭角计等各种适用的量测仪表。

各种位移量测仪器、仪表的精度、误差应当符合相应的规定。百分表、千分表和钢直尺的误差允许值应符合国家现行相关标准的规定；水准仪和经纬仪的精度分别不应低于 3 级精度（DS3）和 2 级精度（DS2）；位移传感器的准确度不应低于 1.0 级；位移传感器的指示仪表的最小分度值不宜大于所测总位移的 1.0%，示值允许误差为量程的 1.0%。

倾角仪的最小分度值不宜大于 $5''$，电子倾角计的示值允许误差为量程的 1.0%。

根据现行国家标准《指示表》（GB/T 1219—2008）和《金属直尺》（GB/T 9056—2004）的规定，百分表、千分表和钢直尺的误差允许值应符合表 5-1 的规定。

百分表、千分表和钢直尺的误差允许值　　　　　　　表 5-1

名称	量程 S（mm）	最大允许误差（μm）							回程误差（μm）	重复性（μm）
		任意 0.05mm	任意 0.1mm	任意 0.2mm	任意 0.5mm	任意 1mm	任意 2mm	全量程		
百分表（分度值 0.01mm）	S≤3		±5		±8	±10	±12	±14	3	3
	3<S≤5							±16		
	5<S≤10							±20		
	10<S≤20	—		—				±25	5	4
	20<S≤30				±15			±35	7	
	30<S≤50	—		—		—		±40	8	5
	50<S≤100							±50	9	
千分表（分度值 0.001mm）	S≤1	±2	—	±3		—	—	±5	0.3	0.6
	1<S≤3	±2.5	—	±3.5		±5	±6	±8	0.5	
	3<S≤5	±2.5	—	±3.5		±5	±6	±9	0.5	
千分表（分度值 0.002mm）	S≤1	±3	—	±4		—	—	±7	0.6	0.6
	1<S≤3	±3	—	±5		±5	±6	±9		
	3<S≤5	±3	—	±5		±5	±6	±11		
	5<S≤10	±3	—	±5		—	—	±12		
钢直尺	150、300、500	—						150	—	—
	600、1000							200		

3. 应变量测仪表

应变量测仪表应该根据试验目的以及对试件混凝土和钢筋应变测量的要求进行选择。钢筋和混凝土的应变应当采用电阻应变计、振弦式应变计、光纤光栅应变计、引伸仪等进行量测。

各种应变量测仪的精度及其他性能应符合相应的规定。金属粘贴式电阻应变仪或电阻片的技术等级不应低于 C 级，其应变计电阻、灵敏系数、蠕变和热输出等工作特性应符合相应等级的要求；量测混凝土应变的应变计或电阻片的长度不应小于 50mm 和 4 倍粗骨料粒径；电阻应变仪的准确度不应低于 1.0 级，其示值误差、稳定度等技术指标应符合该级别的相应要求；振弦式应变计的允许误差为量程的 ±1.5%；光纤光栅应变计的允许误差为量程的±1.0%；手持式引伸仪的准确度不应低于1级，分辨率不宜大于标距的0.5%，示值允许误差为量程的1.0%；当采用千分表或位移传感器等位移计构成的装置测量应变时，其标距允许误差为±1.0%，最小分度值不宜大于被测总应变的1.0%，位移计的精度应符合相应的要求。根据现行国家标准《金属粘贴式电阻应变计》（GB/T 13992—2010）规定，电阻应变计的单项工作特性分为A、B、C三个等级，根据现行国家行业标准《电阻应变仪检定规程》（JJG 623—2005）对应变仪各项技术指标的有关规定，电阻应变仪的准确度级别应不低于1.0级。

4. 裂缝宽度测量仪表

试件裂缝的宽度可选用刻度放大镜、电子裂缝观测仪、振弦式测缝计、裂缝宽度检验卡等仪表进行测量，测量仪表应当符合相应的规定。刻度放大镜最小分度不宜大于0.05mm；电子裂缝观察仪的测量精度不应低于0.02mm；振弦式测缝仪的量程不应大于50mm，分辨率不应大于量程的0.05%；裂缝宽度检验卡最小分度值不应大于0.05mm。除此之外也可选用其他的仪表测量裂缝宽度，但量测精度应符合试验要求。裂缝宽度检验卡可以简便地量测裂缝宽度，但须经校准后使用。

练习题

一、单项选择题

1. 荷载传感器仪表的最小分度值不宜大于被测力值总量的（　　）。

A. 0.5%　　　　　　B. 1.0%　　　　　　C. 2.0%　　　　　　D. 5.0%

2. 量测混凝土应变的应变计或电阻片的长度不应小于（　　）。

A. 10mm　　　　　　B. 20mm　　　　　　C. 50mm　　　　　　D. 100mm

3. 刻度放大镜最小分度不宜大于（　　）。

A. 0.05mm　　　　　B. 0.10mm　　　　　C. 0.20mm　　　　　D. 0.50mm

二、多项选择题

1. 在结构试验中，测量集中加载力值可选用的仪表有（　　）。

A. 荷载传感器　　B. 弹簧式测力仪　　C. 水准仪　　　　D. 经纬仪

E. 电子位移计

2. 测量试件裂缝的宽度可选用的仪器有（　　）。

A. 刻度放大镜　　B. 电子裂缝观测仪　　C. 振弦式测缝计　　D. 裂缝宽度检验卡

E. 直尺

5.2　试验装置和加载设备

5.2.1　试验支承装置

试验试件的支承应满足相应的要求。支承装置应保证试验试件的边界约束条件和受力状态符合实验方案的计算简图；同时，支承试件的装置应有足够的刚度、支承力和稳定性；并且试件的支承装置不应产生影响试件正常受力和测试精度的变形；此外，为保证支承面紧密接触，支承装置上下钢垫板与试件、支墩垫平。当试件承受较大支座反力时，应进行局部承压验算。

设置试件的支承装置时，应当使试件的受力状态符合试验方案的要求，避免因试验装置的刚度、承载力、稳定性不足而影响试验结果。同时支承装置在试验时的受力变形应不影响构件在加载过程的受力、变形。

1. 简支梁以及单向简支板等简支受弯试件支座的规定

简支受弯构件的支座应符合相应的规定。简支支座应仅提供垂直于跨度方向的竖向反力；同时，单跨试件和多跨连续试件的支座，除一端应为固定铰支座外，其他应为滚动铰支座（图5-1），铰支座的长度不宜小于试件在支承处的宽度；并且固定铰支座应限制试件在跨度方向的位移，但不应限制试件在支座处的转动；滚动铰支座不应影响试件在跨度方向的变形和位移，以及在支座处的转动（图5-2）。

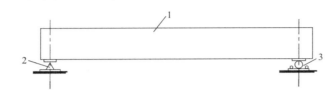

图 5-1　简支受弯试件的支承方式

1—试件；2—固定铰支座；3—滚动铰支座

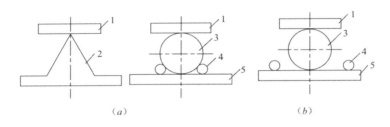

图 5-2　铰支座的形式

（a）固定铰支座；（b）滚动铰支座

1—上垫板；2—带刀口的下垫板；3—钢滚轴；4—限位钢筋；5—下垫板

此外，各支座的轴线布置应符合计算简图的要求；当试件平面为矩形时，各支座的轴线应彼此平行，且垂直于试件的纵向轴线；各支座轴线间的距离应等于试件的试验跨度；试件铰支座的长度不宜小于试件的宽度；上垫板的宽度宜与试件的设计支承宽度一致；垫板的厚度比不宜小于1/6；钢滚轴直径宜按表5-2取用。当无法满足上述理想简支条件时，应考虑支座处水平位移受阻引起的约束力或支座处转动受阻引起的约束弯矩等因素对试验的影响。

<table>
<tr><td colspan="2" style="text-align:center">钢滚轴的直径</td><td style="text-align:right">表 5-2</td></tr>
</table>

支座单位长度上的荷载（kN/mm）	直径（mm）
<2.0	50
2.0~4.0	60~80
2.0~6.0	80~100

试验中也可采用其他形式的支座构造，但应满足第1条的要求。对无法满足理想简支条件时，一般情况下水平移动受阻会在加载之初引起水平推力，在加载后期引起水平拉力，而转动受阻会引起组织正常受力变形的约束弯矩。

2. 悬臂试件嵌固端的支座形式

悬臂试件的支座应具有足够的承载力刚度，并应满足对试件端部嵌固的要求。悬臂支座可采用图 5-3 所示的形式，上支座中心和下支座中心线至梁端的距离宜分别为设计嵌固长度 c 的 $1/6$ 和 $5/6$，上、下支座的承载力和刚度应符合试验要求。

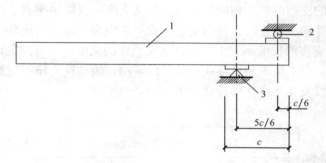

图 5-3　悬臂试件嵌固端支座设置
1—试件；2—钢滚轴；3—刀口式垫板

悬臂试件嵌固端的支座形式，在受弯、受剪情况下支座应不产生水平力，不发生水平和竖向位移及转动，符合嵌固端支座受力状态的要求。试验也可采用其他构造形式的支座，但应满足上述要求。

3. 常用的两种简支双向板支座形式

四角简支及四边简支双向板试件的支座宜采用图 5-4 所示的形式，其他支承形式双向板试件的简支支座可按图 5-4 的原则设置。

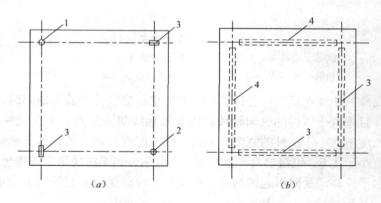

图 5-4　简支双向板的支承方式
(a) 四角简支；(b) 四边简支
1—钢球；2—半圆钢球；3—滚轴；4—角钢

常用的两种简支双向板支座形式中支座应当只提供向上的竖向反力而不产生水平力，不发生水平和竖向位移及转动，但应保证不发生水平滑落。其他支承形式的简支双向板，支座形式参考图 5-4 的方式进行布置。支座应具有足够的承载力和刚度，钢球、滚轴及角钢与试件之间应设置垫板。

4. 受压试件的端部支座的要求

受压试件的端支座应符合相应的规定。支座对试件只提供沿试件轴向的反力，无水平

反力，也不应发生水平位移；试件端部能够
自由转动，无约束弯矩；同时，受压试件支
座可采用图 5-5 和图 5-6 所示的形式；轴心
受压和双向偏心受压试件两端宜设置球形支
座，单向偏心受压试件两端宜设置沿偏压方
向的刀口支座，也可采用球形支座，刀口支
座和球形支座中心应与加载点重合。

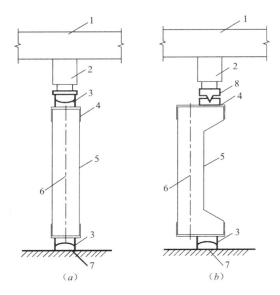

图 5-5　受压构件的支座布置
(a) 轴心受压；(b) 偏心受压
1—门架；2—千斤顶；3—球形支座；4—柱头钢套；
5—试件；6—试件几何轴线；7—底座；8—刀口支座

对于刀口支座，刀口的长度不应小于试
件截面的宽度；安装时上下刀口应在同一平
面内，刀口的中心线应垂直于试件发生纵向
弯曲的平面，并应与试验机或荷载架的中心
线重合；刀口中心线与试件截面形心间的距
离应取为加载设定的偏心距；而且，对于球
形支座，轴心加载时支座中心正对试件截面
形心；偏心加载时支座中心与试件截面形心
的距离应取为加载设定的偏心距；当在压力
试验机上做单向偏心受压试验时，若试验机
的上、下压板之一布置球铰时，另一端也可
以设置刀口支座；如在试件端部进行加载，应进行局部承压验算，必要时应设置柱头保护
钢套或对柱端进行局部加强，但不应改变柱头的受力状态（图 5-7）。

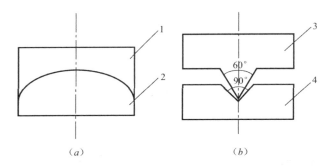

图 5-6　受压构件的支座
(a) 球形支座；(b) 刀口支座
1—上半球；2—下半球；3—刀口；4—刀口支座

5. 扭转加载试验时支座形式

当对试件进行扭转加载试验时，试件支座的转动平面应彼此平行，并均应垂直于试件
的扭转轴线。纯扭试验支座不应约束试件的轴向变形；针对自由扭转、弯剪扭复合受力的
试验，应根据实际受力情况对支座作专门的设计。由于实际结构中受扭的构件很少，受扭
试件试验时的实际受力工况往往比较复杂，难以对支座作统一的规定，应根据试验所模拟
的具体受力状态，对支座进行设计。

6. 其他特定试验时的支座要求

当进行开口薄壁受弯试件的加载试验时，应设置专门的薄壁试件定形架或卡具（图 5-8），

以固定截面形状，避免加载引起试件扭曲失稳破坏。在进行 V 形折板等开口薄壁试件的受弯、受剪承载力试验时，容易发生试件的屈曲失稳或局部破坏，为此应在支座或跨中设置定形架或卡具，保持截面形状，避免屈曲失稳。对于专门考察稳定性能的开口薄壁试件，则应按照实际情况设置支座。

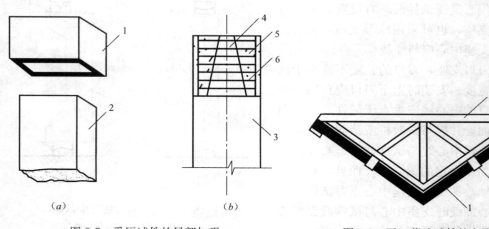

图 5-7   受压试件的局部加强

(a) 柱头保护钢套；(b) 榫接柱头的局部加强

1—保护钢套；2—柱头；3—预制柱；4—榫头；

5—后浇混凝土；6—加密箍筋

图 5-8   开口薄壁试件的定形架

1—薄壁构件；2—卡具；3—定形架

侧向稳定性较差的屋架、桁架、薄壁梁等受弯构件进行加载试验时，应根据试件的实际情况设置平面外支撑或加强顶部的侧向刚度，保持试件的侧向稳定。平面外支撑及顶部的侧向加强设施的刚度和承载力应符合试验要求，且不应影响试件在平面内的正常受力和变形。不单独设置平面外支撑时，也可采用构件拼装组合的形式进行加载试验（图 5-9）。薄腹试件平面外刚度较小，加载时容易侧向丧失稳定，发生侧弯，甚至翻倒，故应布置可靠的侧向支撑。侧向支撑的设置一般可利用现有结构、反力墙或在两侧设置撑杆或者三脚架，也可拼装组合成稳定的结构组件后进行加载试验。

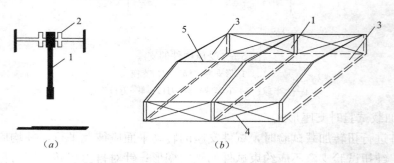

图 5-9   薄壁试件的试验

(a) 设置平面外支撑；(b) 拼装组合后试验

1—试件；2—侧向支撑；3—辅助构件；4—横向支撑；5—上弦系杆

重型受弯构件进行足尺试验时，可采用水平相背放置的两榀试件，两端用拉杆连接互为支座，采用对顶加载的方式进行试验（图 5-10）。试件应水平卧放，构件下部应设置滚轴，保证试件在受力平面内的自由变形，拉杆的承载力和抗拉刚度应进行验算，并应符合试验要求。对于吊车梁等重型结构构件所受的荷载和构件尺寸很大，一般试验机的加载能力已难以满足要求，故可以采用两榀试件互为支座的对顶加载方式。但拉杆的刚度和承载力应满足试验要求，且平卧的加载试件下应设置滚轴以减小摩擦，使试件能够自由变形。

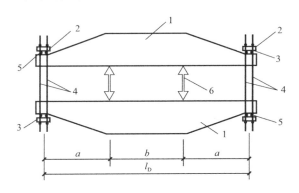

图 5-10　试件互为支座的对顶加载

1—试件；2—支座钢板；3—刀口支座；4—拉杆；5—滚动铰支座；6—千斤顶

7. 支座下的支墩和地基要求

试验时试件支座下的支墩和地基应符合相应的规定：支墩和地基在试验最大荷载作用下的总压缩变形不应超过试件挠度值的 1/10；连续梁、四角支承和四边支承双向板等试件需要两个以上的支墩时，各支墩的刚度应相同；单向试件两个铰支座的高差应符合支座设计的要求，其允许偏差为试件跨度的 1/200；双向板试件支墩在两个跨度方向的高差和偏差均应满足上述要求；多跨连续试件各中间支墩宜采用可调式支墩，并宜安装力值量测仪表，根据支座反力的要求调节支墩的高度。对于其他受力条件复杂的试件，其支墩根据试验要求确定。

5.2.2　加载设备的要求

实验室试验加载所使用的各种试验机应符合相应的精度、误差规定：万能试验机、拉力试验机、压力试验机的精度不应低于 1 级；电液伺服结构试验系统的荷载量测允许误差为量程的 ±1.5%。并应定期检验校准、有处于有效期内的合格证书；非实验室条件进行的预制构件试验、原位加载试验等受场地、条件限制时，可采用满足试验要求的其他加载方式，加载量值的允许误差为 ±5%。实验室可根据本身条件及试验要求采用更高精度的加载设备。对实验室试验的各种试验机、千斤顶等加载设备提出精度和定期检验合格证的要求，有利于保证试验结果的准确性。而且对结构现场的原位加载等试验，受各种客观因素的影响，要求加载设备具有很高的精度并进行定期校准往往存在较大困难，故允许适当放宽要求。根据工程经验和常规的误差要求，加载精度确定为 ±5%。

练习题

一、单项选择题

1. 进行混凝土构件荷载试验时，支承装置应保证试验试件的（　　　）符合实验方案的计算简图。

　　A. 受力状态　　　　　　　　　　　　B. 边界约束条件

C. 变形条件　　　　　　　　　　　D. 边界约束条件和受力状态

2. 进行混凝土构件荷载试验时，简支受弯构件滚动铰支座不应影响试件在支座处的（　　）。

A. 变形　　　　　B. 位移　　　　　C. 转动　　　　　D. 变形和位移

3. 当简支受弯构件支座单位长度上的荷载小于 2.0kN/mm，钢滚轴直径宜取（　　）mm。

A. 50　　　　　B. 60～80　　　　　C. 80～100　　　　　D. 100～120

4. 悬臂试件嵌固端的上支座中心和下支座中心线至梁端的距离宜分别为设计嵌固长度的（　　）。

A. 1/4 和 3/4　　　B. 1/5 和 4/5　　　C. 2/5 和 3/5　　　D. 1/6 和 5/6

5. 轴心受压和双向偏心受压试件两端宜设置（　　）支座。

A. 刀口　　　　　B. 球形　　　　　C. 固定　　　　　D. 铰

6. 单向偏心受压试件两端宜设置沿偏压方向的刀口支座，也可采用球形支座，刀口支座和球形支座中心应与（　　）重合。

A. 试件端部几何中心　　　　　　　B. 加载点

C. 试件端部边缘　　　　　　　　　D. 试件中心轴线

7. 实验室试验加载所使用的各种试验机应符合相应的精度、误差规定：电液伺服结构试验系统的荷载量测允许误差为量程的（　　）。

A. 0.5%　　　　　B. 1.0%　　　　　C. 1.5%　　　　　D. 2.0%

8. 当进行开口薄壁受弯试件的加载试验时，应设置专门的薄壁试件定形架或卡具，以固定截面形状，避免加载引起试件（　　）破坏。

A. 承载力不足　　B. 弯曲失稳　　　C. 剪切失稳　　　D. 扭曲失稳

9. 进行混凝土构件荷载试验时，支墩和地基在试验最大荷载作用下的总压缩变形不应超过试件挠度值的（　　）。

A. 1/5　　　　　B. 1/10　　　　　C. 1/12　　　　　D. 1/15

二、综合题

安装受压试件的端部刀口支座时，需满足哪些要求？

5.3　试验荷载和加载方法

5.3.1　千斤顶的加载要求

千斤顶是最常用的加载设备之一，对实验室试验千斤顶只作为加载设备，加载量值由压力传感器直接测定。对预制构件试验和原位加载试验，如不便采用压力传感器，允许通过油压表读数计算千斤顶的加载量，但精度较低，本节提出了保证量测力值精度的措施。

结构试验中测量集中加载力值的仪表可选用荷载传感器、弹簧式测力仪等。各种力值量测仪器应符合相应的规定：荷载传感器的精度不应低于 C 级；对于长期试验，精度不应低于 B 级；荷载传感器仪表的最小分度值不宜大于被测力值总量的 1.0%，示值允许误差为量程的 1.5%；弹簧式测力仪的最小分度值不应大于仪器量程的 2.0%，示值允许误差为量程的 1.5%；当采用分配梁及其他加载设备进行加载时，宜通过荷载传感器直接测量施加于试件的力值，利用试验机读书或其他间接量测方法计算力值时，应计入加载设备的重量；当采用悬挂重物加载时，可通过直接称量加载物的重量计算加载力值，并应计入承载盘的重量；称量加载物及承载盘重量的仪器允许误差为量程的±1.0%。对非实验室条件进行的试验，也可采用油压表测定千斤顶的加载量。油压表的精度不应低于1.5级，并应与千斤顶配套进行标定，绘制标定的油压表读值—荷载曲线，曲线的重复性允许误差为±5.0%。同一油泵带动的各个千斤顶，其相对高差不应大于5m。

5.3.2　分配梁进行多点加载

对在多处加载的试验，可采用分配梁系统进行多点加载（图5-11）。若采用分配梁进行试验加载时，分配比例不宜大于4:1，分配级数不应大于3级，加载点不应多于8点。分配梁的刚度应满足试验要求，其支座应采用单跨简支支座。试验可采用分配梁进行多点加载，但一般不应超过三级，否则难以保证试验装置的精度和稳定性。分配梁应具有足够的刚度，避免发生过大的变形而影响力的分配、分配梁支座的稳定以及试件的变形。

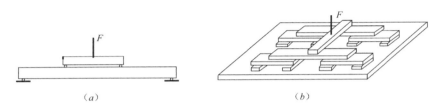

图5-11　千斤顶—分配梁加载

（a）单向试件；（b）双向板试件

5.3.3　机械装置悬挂重物或依托地锚进行集中力加载

当通过滑轮组、捯链等机械装置悬挂重物或依托地锚进行集中力加载时（图5-12），宜采用拉力传感器直接测定加载量，拉力传感器宜串联在靠近试件一端的拉索中；当悬挂重物加载时，也可通过称量加载物的重量控制加载值。现场进行的预制构件试验和原位加载试验可采用悬挂重物、捯链—地锚等方式进行加载。荷载值宜采用荷载传感器直接测定，对于原位加载试验，受条件限制或为简化荷载量测，也可采用称重的方法，但总荷载值应考虑试件自重及加载装置的重量。

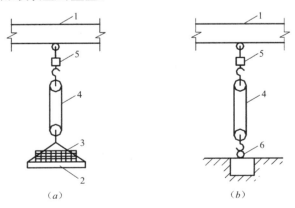

图5-12　悬挂重物集中力加载

（a）悬挂重物加载；（b）捯链—地锚加载

1—试件；2—承载盘；3—重物；4—滑轮组或捯链；5—拉力传感器；6—地锚

5.3.4　长期荷载的加载

长期荷载采用杠杆集中力加载的优点是加载装置简单、荷载值稳定，且不受徐变变形等因素的影响。通过杠杆的方式可以减少加载所需重物的数量，如加载量不大，也可采用重物直接加载。长期荷载宜采用杠杆—重物的方式对试件进行持续集中力加载（图 5-13）。杠杆、拉杆、地锚、吊索、承载盘的承载力、刚度和稳定性应符合试验要求；杠杆的三个支点应明确，并应在同一直线上，加载放大的比例不宜大于 5 倍。

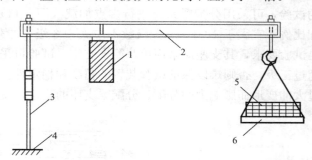

图 5-13　杠杆集中力加载示意
1—试件；2—杠杆；3—拉杆；4—地锚；5—重物；6—承载盘

除此之外，墙板试件上端长度方向的均布线荷载，宜采用横梁将集中力分散，加载横梁应与试件紧密接触。当需要分段施加不同的线荷载时，横梁应分段设置。为模拟墙体试件上端的受力状态，一般采用加载横梁将集中力转化成均布荷载。横梁应有较大的承载力和刚度，加载横梁和试件顶面之间宜采用水泥砂浆或干砂垫层，保证其接触紧密，否则易因竖向加载不均匀而在试件顶部产生竖向裂缝。当混凝土的强度较高时，也可以在试件顶部设计承载力和刚度较大的横梁，并与试件浇筑成一体。进行竖向和侧向水平加载的试件，当发生水平侧向位移时，施加竖向荷载的千斤顶应采用水平滑动装置保证作用位置不变（图 5-14）。剪力墙试件同时承受竖向和水平荷载，为避免水平位移对竖向加载装置和加载值的影响，竖向千斤顶与加载横梁之间可设置滑动装置。滑动装置应有足够的受压承载力，并应尽量减少摩擦。

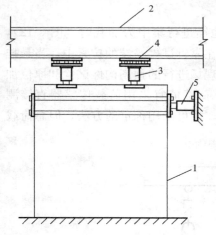

图 5-14　剪力墙试件加载示意
1—剪力墙试件；2—竖向加载反力架；
3—竖向加载千斤顶；4—滑动小车；
5—水平加载千斤顶

预制板类构件试验及结构现场原位试验常采用重物直接加载的形式，在单块加载物重量均匀的前提下，可方便地通过加载物数量控制加载重量。如受试验条件限制，采用吸水性强的加载物时，应有防止含水率变化的措施，并应在试验后抽检复核加载量是否有变化。要求加载物形状规则，主要是为便于堆积码放。分堆码放重物之间的空隙不宜过小，这是因为试件在加载后期弯曲变形较大，重物之间留有足够空隙可避免其互相接触形成拱作用卸载。

5.3.5　重物加载

当采用重物进行加载时，应符合相应的规定：加载物应重量均匀一致，形状规则；不宜采用有吸水性的加载物；铁块、混凝土块、砖块等加载物重量应满足加载分级的要求，单块重量不宜大于 250N；试验前应对加载物称重，求得其平均重量；加载物应分堆码放，沿单向或双向受力试件跨度方向的堆积长度宜为 1m 左右，且不应大于试件跨度的 1/6～1/4；堆与堆之间宜预留不小于 50mm 的间隙，避免试件变形后形成拱作用（图 5-15）。

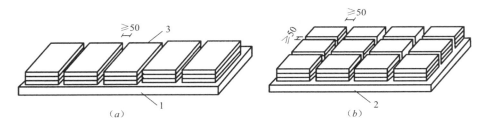

图 5-15　重物均布加载

(a) 单向板按区段分堆码放；(b) 双向板按区段分堆码放

1—单向板试件；2—双向板试件；3—堆载

5.3.6　散体材料进行均布加载要求

散体加载主要用于现场进行板类试件或者楼盖的原位加载试验。散体材料多为就地取用的砂或碎石，本节列出了对散体加载方式的要求。当采用散体材料进行均布加载时，应满足相应的要求：散体材料可装袋称量后计数加载，也可在构件上表面加载区域周围设置侧向围挡，逐级称量加载并均匀摊平（图 5-16）。

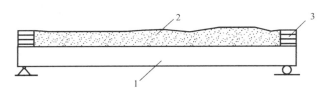

图 5-16　散体均布加载

1—试件；2—散体材料；3—围挡

5.3.7　流体（水）进行均布加载要求

当采用流体（水）进行均布加载时，应有水囊、围堰、隔水膜等有效防止渗漏的措施（图 5-17）。加载可以用水的深度换算成荷载加以控制，也可通过流量计进行控制。流体加载主要用于现场进行板类试件或者楼盖的原位加载试验。一般利用水作为加载物，加载的均匀度好，但应有效地控制加载量并防止渗漏。为保证荷载的均匀，液体底部水平度应予以保证；加载后期构件挠度较大时，宜考虑跨中与支座处液体深度不均匀的影响。

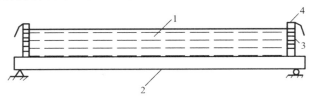

图 5-17　水压均布加载

1—水；2—试件；3—围挡；4—水囊或防水膜

5.3.8　气压加载

气压（水压）加载一般用于密封容器的原位加载试验，如油库、水箱、气柜、安全壳等，也可用于普通构件的均布加载。本节提出了气压（水压）加载试验的一般要求，当采用水压加载时，应考虑水自重的影响。当容器密封性不满足试验要求时，可以设置气囊（水囊）以保持压力的稳定。对密封容器进行内压加载试验时，可采用气压或水压进行均布加载（图 5-18a）；也可依托固定物利用气囊或水囊进行加载（图 5-18b）；气压加载还可以施加任意方向的压力。加载应满足相应的要求：气囊或水囊加压状态下不应泄漏；同时，气囊或水囊应有依托，侧边不宜伸出试件的外边缘；并且，气压计或液压表的精度不应低于 1.0 级。除此之外，试验试件宜采用与其实际受力状态一致的正位加载。当需要采用卧位、反位或其他异位加载方式时，应防止试件在就位过程中产生裂缝、不可恢复的挠曲或其他附加变形，并应考虑试件自重作用方向与其实际受力状态不一致的影响。试件一般应正位加载，不具备正位加载的条件时，可采用卧位、反位等异位加载方式，但应考虑因此而引起的与正常受力状态差异的影响。如预应力构件采用反位试验时，很可能由于预应力与自重作用的叠加在预拉区域产生裂缝。

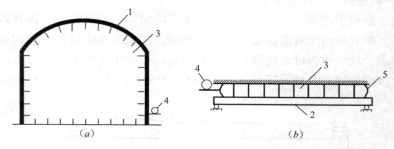

图 5-18　气压或水压均布加载

(a) 密封容器内压加载；(b) 利用气囊（水囊）进行加载

1—密封容器；2—试件；3—压缩空气或压力水；4—气压计或液压表；5—气囊或水囊

5.3.9　简支受弯试件等效加载

当采用集中力模拟均布荷载对简支受弯试件进行等效加载时，可按表 5-3 所列的方式进行加载。加载值 P 及挠度实测值的修正系数 ψ 应采用表中所列的数值。

简支受弯试件等效加载模式及等效集中荷载 P 和挠度修正系数 ψ 　　　　表 5-3

名称	等效加载模式及加载值 P	挠度修正系数 ψ
均布荷载		1.00
4 分点集中力加载		0.91
3 分点集中力加载		0.98

名称	等效加载模式及加载值 P	挠度修正系数 ψ
剪跨集中力加载	$ql^2/8a$　$ql^2/8a$　a　$2a$　a	计算确定
8分点集中力加载	$ql/4$　$ql/4$　$ql/4$　$ql/4$　$l/8$　$l/4\times3$　$l/8$	0.97
16分点集中力加载	$ql/8$　$l/8\times7$　$l/16$　$l/16$	1.00

5.3.10　结构试验的加载程序

结构试验开始前应进行预加载，检验支座是否平稳，仪表及加载设备是否正常，并对仪表设备进行调零。预加载应控制试件在弹性范围内受力，不应产生裂缝及其他形式的加载残余值。试验预加载的主要目的是检验试验装置及仪表、设备，并对其进行相应的调整。同时也对垫层等进行压实，消除试件与装置之间的空隙，使试件支垫平稳。探索性试验的加载程序应根据试验目的及受力特点确定，验证性试验宜分级进行加载，荷载分级应包括各级临界试验荷载值。当以位移控制加载时，应首先确定试件的屈服位移值，再以屈服位移值的倍数控制加载等级。对静力试验，应根据不同试验的目的确定加载程序。

5.3.11　临界试验荷载值

为便于加载控制和试验现象的观测，试验前应根据试验要求分别确定下列临界试验荷载值：试件的挠度、裂缝宽度试验，应确定使用状态试验荷载值 $Q_s(F_s)$；试件的抗裂试验应确定开裂荷载计算值 $Q_{cr}(F_{cr})$；试件的承载力试验应预估承载力试验荷载值，对验证性试验还应计算承载力状态荷载设计值 $Q_d(F_d)$。

1. 正常使用状态试验

验证性试验中使用状态试验荷载值 $Q_s(F_s)$ 应根据试件设计控制截面在正常使用极限状态下的内力计算值和试验加载模式经换算确定。正常使用极限状态下的内力计算值应根据现行国家标准《建筑结构荷载规范》（GB 50009—2012）计算确定，对钢筋混凝土构件、预应力混凝土构件应分别采用荷载（效应）的准永久组合和标准组合；正常使用极限状态下的内力计算值也可由设计文件提供；试件的开裂荷载计算值 $Q_{cr}(F_{cr})$ 应根据结构构件设计控制截面的开裂内力计算值和试验加载模式经换算确定。

（1）验证性试验

正截面抗裂试验的开裂内力计算值应按式（5-1）计算：

$$S_{cr}^c = [\gamma_{cr}]S_s \tag{5-1}$$

式中　S_{cr}^c——正截面抗裂试验的开裂内力计算值；

S_s——正常使用极限状态下的内力计算值；

$[\gamma_{cr}]$——构件抗裂检验系数允许值。

预应力构件采用均布加载或集中加载方式进行抗裂检验时，开裂荷载计算值也可直接按公式（5-2）或式（5-3）进行计算：

$$Q_{cr} = [\gamma_{cr}]Q_s \tag{5-2}$$

或

$$F_{cr} = [\gamma_{cr}]F_s \tag{5-3}$$

式中　Q_{cr}、F_{cr}——以均布荷载、集中荷载形式表达的开裂荷载计算值；

$\quad\quad [\gamma_{cr}]$——抗裂检验系数允许值；

$\quad\quad Q_s$、F_s——以均布荷载、集中荷载形式表达的使用状态试验荷载值。

抗裂检验系数允许值 $[\gamma_{cr}]$ 按下式计算：

$$[\gamma_{cr}] = 0.95\frac{\sigma_{pc} + \gamma f_{tk}}{\sigma_{sc}}$$

式中　σ_{pc}——试验时抗裂验算边缘的混凝土预压应力计算值，应按现行国家标准《混凝土结构设计规范》（GB 50010—2010）的有关规定确定。计算预压应力值时，混凝土的收缩、徐变引起的预应力损失值宜考虑时间因素的影响；

$\quad\quad f_{tk}$——试验时的混凝土抗拉强度标准值，根据设计的混凝土强度等级，按现行国家标准《混凝土结构设计规范》（GB 50010—2010）的有关规定取用，当采用立方体抗压强度实测值时按内插取值；

$\quad\quad \gamma$——混凝土构件的截面抵抗矩塑性影响系数，应按现行国家标准《混凝土结构设计规范》（GB 50010—2010）的有关规定取用；

$\quad\quad \sigma_{sc}$——使用状态试验荷载值作用下抗裂验算边缘混凝土的法向应力。

（2）探索性试验

正截面抗裂试验的开裂内力计算值应按公式（5-4）～式（5-6）计算：

轴心受拉构件：

$$N_{cr}^c = (f_t^\circ + \sigma_{pc})A_0^\circ \tag{5-4}$$

受弯构件：

$$M_{cr}^c = (\gamma f_t^\circ + \sigma_{pc})W_0^\circ \tag{5-5}$$

偏心受拉和偏心受压构件：

$$N_{cr}^c = \frac{\gamma f_t^\circ + \sigma_{pc}}{\dfrac{e_0}{W_0^\circ} \pm \dfrac{1}{A_0^\circ}} \tag{5-6}$$

式中　N_{cr}^c——轴心受拉、偏心受拉和偏心受压构件正截面开裂轴向力计算值；

$\quad\quad M_{cr}^c$——受弯构件正截面开裂弯矩计算值；

$\quad\quad A_0^\circ$——由实际几何尺寸计算的构件换算截面面积；

$\quad\quad W_0^\circ$——由实际几何尺寸计算的换算截面受拉边缘的弹性抵抗矩；

$\quad\quad e_0$——轴向力对构件截面形心的偏心矩；

$\quad\quad \gamma$——混凝土构件的截面抵抗矩塑性影响系数，应按现行国家标准《混凝土结构设计规范》（GB 50010—2010）的有关规定取用；

$\quad\quad f_t^\circ$——混凝土的抗拉强度实测值。

注：偏心受拉（压）公式右边项中，当轴向力为拉力时取正号，为压力时取负号。

2. 承载力试验

承载力试验荷载预估值应根据构件受力类型和承载力标志类型、设计控制截面相应的内力计算值 $S_{u,i}^c$ 和试验加载模式经换算确定。当可能出现多种承载力标志时，应按多个承载力试验荷载预估值依次进行加载试验。

验证性试验承载力状态荷载设计值 $Q_d(F_d)$，应根据承载能力极限状态下试件设计控制截面的内力组合设计值 S_i 和试验加载模式经换算确定。

试件达到承载能力极限状态时的内力计算值 $S_{u,i}^c$ 应按下列方法进行计算：

（1）验证性试验

当按设计规范规定进行试验时，应按式（5-7）计算：

$$S_{u,i}^c = \gamma_0 \gamma_{u,i} S_i \tag{5-7}$$

式中　$S_{u,i}^c$——试件出现第 i 类承载力标志对应的承载能力极限状态的内力计算值；

　　　　γ_0——结构重要性系数；

　　　　$\gamma_{u,i}$——第 i 类承载力标志对应的加载系数，按本标准表 7.3.3 取用；

　　　　S_i——试件第 i 类承载力标志对应的承载能力极限状态下的内力组合设计值。

当设计要求按实配钢筋的构件承载力进行试验时应按式（5-8）及式（5-9）计算：

$$S_{u,i}^c = \gamma_0 \eta \gamma_{u,i} S_i \tag{5-8}$$

式中　η——构件的承载力检验修正系数，按下式计算：

$$\eta = \frac{R_i(f_c, f_s, A_s^0)}{\gamma_0 S_i} \tag{5-9}$$

式中　$R_i(\cdot)$——根据实配钢筋 A_s^0 确定的试件出现第 i 类承载力标志对应的承载力计算值，应按现行国家标准《混凝土结构设计规范》（GB 50010—2010）中有关承载力计算公式的右边项计算，材料强度应取设计值。

（2）探索性试验

试件出现第 i 类承载力标志对应的承载能力极限状态的内力计算值，应根据其受力特点、材料的实测强度、构件的实际配筋和实测几何参数按下式进行计算：

$$S_{u,i}^c = R_i(f_c^o, f_s^o, A_s^o, a^o \cdots\cdots) \tag{5-10}$$

5.3.12　分级加载原则

分级加载是按正常使用极限状态、承载能力极限状态的顺序按预定的步距逐级进行加载。接近开裂荷载计算值时加密荷载步距以准确测得开裂荷载值，接近承载力试验荷载值时应加密荷载步距，以得到准确的承载力检验荷载实测值，并避免试件发生突然性的破坏。

对于验证性试验的分级加载原则应符合相应的规定：在达到使用状态试验荷载值 $Q_s(F_s)$ 以前，每级加载值不宜大于 $0.20Q_s(0.20F_s)$；超过 $Q_s(F_s)$ 以后，每级加载值不宜大于 $0.10Q_s(0.10F_s)$；同时，接近开裂荷载计算值 $Q_{cr}^c(F_{cr}^c)$ 时，每级加载值不宜大于 $0.050Q_s(0.050F_s)$；试件开裂后每级加载值可取 $0.10Q_s(0.10F_s)$；并且，加载到承载能力极限状态的试验阶段时，每级加载值不应大于承载力状态荷载设计值 $Q_d(F_d)$ 的 0.05 倍。

对于验证性试验每级加载的持荷时间应符合每级荷载加载完成后的持荷时间不应少于 $5\sim10\text{min}$，且每级加载时间宜相等；同时，在使用状态试验荷载值 $Q_s(F_s)$ 作用下，持荷时间不应少于 15min。在开裂荷载计算值 $Q_{cr}^c(F_{cr}^c)$ 作用下，持荷时间不宜少于 15min；如荷载达到开裂荷载计算值前已经出现裂缝，则在开裂荷载计算值下的持荷时间不应少于 $5\sim10\text{min}$；而且，跨度较大的屋架、桁架及薄腹梁等试件，当不再进行承载力试验时，使用状态试验荷载值 $Q_s(F_s)$ 作用下的持荷时间不宜少于 12h。

分级加载试验时，试验荷载的实测值应按下列原则确定：

（1）在持荷时间完成后出现试验标志时，取该级荷载值作为试验荷载实测值。

（2）在加载过程中出现试验标志时，取前一级荷载值作为试验荷载实测值。

（3）在持荷过程中出现试验标志时，取该级荷载和前一级荷载的平均值作为试验荷载实测值。

当采用缓慢平稳的持续加载方式时，取出现试验标志时所达到的最大荷载值作为试验荷载实测值。而当要求获得试件的实际承载力和破坏形态时，在试件出现承载力标志后，宜进行后期加载。后期加载应加载到荷载减退、试件断裂、结构解体等破坏状态，探讨试件的承载力余量、破坏形态及实际的抗倒塌性能。后期加载的荷载等级及持荷时间应根据具体情况确定，可适当增大加载间隔，缩短持荷时间，也可进行连续慢速加载直至试件破坏。后期加载可根据试验目的进行，一般采用油压千斤顶或伺服助动器进行加载。宜按位移控制，缓慢持续加载直至试验结束。

对于需要研究试件恢复性能的试验，加载完成以后应按阶段分级卸载。卸载和量测应符合相应的规定：每级卸载值可取为承载力试验荷载值的 20%，也可按各级临界试验荷载逐级卸载；同时，卸载时，宜在各级临界试验荷载下持荷并量测各试验参数的残余值，直至卸载完毕；并且，全部卸载完成以后，宜经过一定的时间后重新量测残余变形、残余裂缝形态及最大裂缝宽度等，以检验试件的恢复性能。恢复性能的量测时间，对于一般结构构件取为 1h，对新型结构和跨度较大的试件取为 12h，也可根据需要确定时间。

试件的自重和作用在其上的加载设备的重量，应作为试验荷载的一部分，并经计算后从加载值中扣除。试件自重和加载设备的重量应经实测或计算取得，并根据加载模式进行换算，对验证性试验其数值不宜大于使用状态试验荷载值的 20%。试件及加载设备自重相对较大时，不可忽视其对试验结果的影响。通常应作为试件上的荷载考虑，加载设备重量不宜过大，以避免安装过程中试件产生较大的变形和应力，影响试验量测结果。当试件承受多组荷载作用时，施加于试件不同部位上的各组荷载宜按同一个比例加载和卸载。当试验方案对各组荷载的加载制度有特别要求时，应按确定的试验方案进行加载。静力试验时，试件上的各组荷载之间应保持固定的比例，同步进行加载和卸载。

练习题

一、单项选择题

1. 当通过滑轮组、捯链等机械装置悬挂重物或依托地锚进行集中力加载时，宜采用拉力传感器直接测定加载量。下图中，代表拉力传感器的是（　　）。

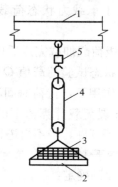 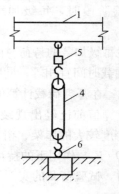

A. 1   B. 2   C. 4   D. 5

2. 剪力墙试件同时承受竖向和水平荷载，为避免水平位移对竖向加载装置和加载值的影响，应该（   ）。

     A. 水平千斤顶与加载横梁之间设置固定装置

     B. 竖向千斤顶与加载横梁之间设置固定装置

     C. 水平千斤顶与加载横梁之间设置滑动装置

     D. 竖向千斤顶与加载横梁之间设置滑动装置

3. 当采用重物进行加载时，单块重量不宜大于（   ）。

A. 100N   B. 250N   C. 300N   D. 350N

二、多项选择题

结构试验加载方法中，按加载材料分类有（   ）。

A. 重物加载   B. 散装材料均布加载   C. 流体均布加载   D. 气压加载

E. 千斤顶加载

三、简答题

1. 常用的试验荷载加载方式有哪些？

2. 试验前应根据试验要求分别确定哪些临界试验荷载值？

3. 分级加载试验时，试验荷载的实测值应按哪些原则确定？

5.4 试验参数的确定与量测

5.4.1 结构试验的量测方案

作用（加载控制等）和作用效应（应力、变形、位移等）的量测，是结构分析的定量依据。结构试验的量测方案应符合相应的原则：应根据实验目的及探讨规律所需的参数，确定量测项目；量测仪表布置的位置应有代表性，能够反映试件的结构性能；应选择能够满足量测量程和精度要求的仪表及支架等附属设备；除基本测点外，尚应布置一定数量的校核性测点；在满足实验分析需要的条件下，最好简化量测方案，控制量测数量。

在制定试验方案时，应当预先对试件进行预估性的计算分析，根据分析结果确定最不利位置及关键部位，据此确定量测项目并布置测点。量测内容宜根据试验目的在下列项目中选择：

荷载：包括均布荷载、集中荷载或其他形式的荷载；

位移：试件的变形、挠度、转角或其他形式的位移；

裂缝：试件的开裂荷载、裂缝形态及裂缝宽度；

应变：混凝土及钢筋的应变；

根据试验需要确定的其他项目。

5.4.2 加载值的量测

均布加载时，应按下列规定确定施加在试件上的荷载：重物加载时，以每堆加载物的数量乘以单重，再折算成区格内的均布加载值；称量加载物重量的衡器允许误差为量程的±1.0%；散体装在容器内倾倒加载，称量容器内的散体重量，以加载次数计算重量，再折算成均布加载值；称量容器内散体重量的衡器允许误差为量程的±1.0%；水加载以量测水的深度，再乘以水的重度计算均布加载值，或采用精度不低于 1.0 级的水表按水的流量计算加载量，再换算为荷载值；气体加载以气压计量测加压气体的压力，均布加载量按气囊与试件表面实际接触的面积乘气压值计算确定；气压表的精度等级不应低于 1.5 级。

5.4.3 变形量测

试验中应根据试件变形量测的需要布置位移量测仪表，并由量测的位移值计算试件的挠度、转角等变形参数。试件位移量测应在试件最大位移处及支座处布置测点；对宽度较大的试件，尚应在试件的两侧布置测点，并取量测结果的平均值作为该处的实测值；对具有边肋的单向板，除应量测边肋挠度外，还宜量测板宽中央的最大挠度；位移量测应采用仪表测读。对于试验后期变形较大的情况，可拆除仪表改用水准仪—标尺量测或采用拉线—直尺等方法进行量测（图 5-19）。对屋架、桁架挠度测点应布置在下弦杆跨中或最大挠度的节点位置上，需要时也可在上弦杆节点处布置测点。对屋架、桁架和具有侧向推力的结构构件，还应在跨度方向的支座两端布置水平测点，量测结构在荷载作用下沿跨度方向的水平位移。加载后期挠度过大时往往已超出量程，为继续量测并保护仪表安全，可以拆除仪表，改用拉线—直尺或者水准仪—标尺等方法量测结构或构件的竖向变形。此类方法也经常在结构原位加载试验变形—位移的量测中应用。

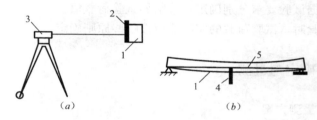

图 5-19 试验后期位移量测方法
(a) 水准仪量测位移；(b) 拉线直尺量测挠度
1—试件；2—标尺；3—水准仪；4—直尺；5—拉线

试件自重和加载设备重量产生的挠度值一般在开始试验量测时已经产生，所以实测值未包含这部分变形，故分析试件总挠度时需要通过计算考虑试件在自重和加载设备重量作用下的挠度计算值。

量测试件挠度曲线时，测点布置应符合受弯及偏心受压构件量测挠度曲线的测点应沿构件跨度方向布置，包括量测支座沉降和变形的测点在内，测点不应少于五点；对于跨度大于 6m 的构件，测点数量还宜适当增多；对双向板、空间薄壳结构置测挠度曲线的测点应沿两个跨度或主曲率方向布置，且任一方向的测点数包括量测支座沉降和变形的测点在内不应少于五点；屋架、桁架量测挠度曲线的测点应沿跨度方向各下弦节点处布置。

确定悬臂构件自由端的挠度实测值时，应消除支座转角和支座沉降的影响。悬臂构件自由端在各级试验荷载作用下直接量测得到的挠度实测值，包括了支座转角和沉降的影响，故试验中应同步量测支座的变形，并在数据处理时进行修正以消除其影响。当采用电阻应变计量测应变时，应有可靠的温度补偿措施。在温度变化较大的地方采用机械式应变仪量测应变时，应对温度影响进行修正。为消除温度对量测结果的影响，电阻应变计可采用桥路补偿法，也可采用自补偿应变片等方法。量测结构构件应变时，测点布置应符合对受弯构件应在弯矩最大的截面上沿截面高度布置测点，每个截面不宜少于 2 个（图 5-20a）；

当需要量测沿截面高度的应变分布规律时，布置测点数不宜少于 5 个（图 5-20b）；对轴心受力构件，应在构件量测截面两侧或四侧沿轴线方向相对布置测点，每个截面不应少于 2 个（图 5-20c）；对偏心受力构件，量测截面上测点不应少于 2 个（图 5-20c）；如需量测截面应变分布规律时，测点布置应与受弯构件相同（图 5-20b）；

对于双向受弯构件，在构件截面边缘布置的测点不应少于 4 个（图 5-20d）。

对同时受剪力和弯矩作用的构件，当需要量测主应力大小和方向及剪应力时，应布置 45°或 60°的平面三向应变测点（图 5-20e）；对受扭构件，应在构件量测截面的两长边方向的侧面对应部位上布置与扭转轴线成 45°方向的测点（图 5-20f）；测点数量应根据研究目的确定。

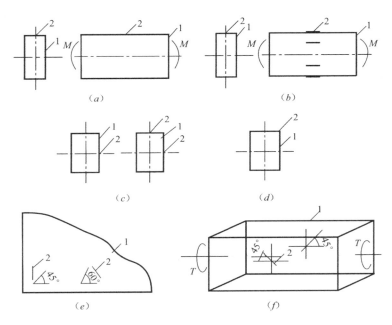

图 5-20　构件应变测点布置

(a) 受弯构件应变测点布置；(b) 量测应变沿截面高度分布时受弯构件应变测点布置；(c) 轴心受力构件应变测点布置；(d) 双向受弯构件应变测点布置；(e) 三向应变测点布置；(f) 受扭构件应变测点布置
1—试件；2—应变计

5.4.4　裂缝量测

对混凝土结构试验，尤其是抗裂性能检验，开裂判断是试验现象观测的重点。试件混凝土的开裂可采用下列四种方法进行判断：

（1）直接观察法：在试件表面刷白，用放大镜或电子裂缝观测仪观察第一次出现的裂缝。

（2）仪表动态判定法：当以重物加载时，荷载不变而量测位移变形的仪表读数持续增大；当以千斤顶加载时，在某变形下位移不变而荷载读数持续减小，则表明试件已经开裂。

（3）挠度转折法：对大跨度试件，根据加载过程中试件的荷载—变形关系曲线转折判断开裂并确定开裂荷载。

（4）应变量测判断法：在试件的最大主拉应力区，沿主拉应力方向连续布置应变计监测应变值的发展。当某应变计的应变增量有突变时，应取当时的荷载值作为开裂荷载实测值，且判断裂缝就出现在该应变计所跨的范围内。

以上四种方法中，第一种方法最简单，适用于小型试件的试验；第二种方法也很有效，但须与直接观察配合；第三种方法适用于大跨度试件；第四种方法的成本较高，适用于对特定部位抗裂要求较高或难以直接观测开裂的特定部位，如对高腐蚀环境中的结构开裂的判断，也可用于结构监测。

裂缝出现以后应在试件上描绘裂缝的位置、分布、形态；记录裂缝宽度和对应的荷载值或荷载等级，全过程观察记录裂缝形态和宽度的变化，绘制构件裂缝形态图，并判断裂缝的性质及类型。裂缝形态图上一般应该包括：裂缝出现的顺序编号（宜以数字或字母标注），每级荷载裂缝发展延伸的位置（可以在缝端标注荷载值，也可以标注荷载级别），并宜标出裂缝宽度测读的位置及宽度的数值。裂缝宽度量测位置应按下列原则确定：对梁、柱、墙等构件的受弯裂缝应在构件侧面受拉主筋处量测最大裂缝宽度；对上述构件的受剪裂缝应在构件侧面斜裂缝最宽处量测最大裂缝宽度；板类构件可在板面或板底量测最大裂缝宽度。

练习题

一、单项选择题

1. 裂缝宽度量测位置确定时，对梁、柱、墙等构件的受弯裂缝应在（　　）量测最大裂缝宽度。

A. 构件底面受拉主筋处　　　　　　　　B. 构件侧面受拉主筋处

C. 构件侧面裂缝最宽处　　　　　　　　D. 构件底面裂缝最宽处

2. 裂缝宽度量测位置确定时，对梁、柱、墙等构件的受剪裂缝应在（　　）量测最大裂缝宽度。

A. 构件底面受拉主筋处　　　　　　　　B. 构件侧面受拉主筋处

C. 构件侧面裂缝最宽处　　　　　　　　D. 构件底面裂缝最宽处

二、多项选择题

1. 悬臂试件嵌固端的支座形式，在受弯、受剪情况下支座应（　　），符合嵌固端支座受力状态的要求。

A. 不产生水平力　　　　　　　　　　　B. 不发生水平和竖向位移

C. 产生水平力　　　　　　　　　　　　D. 发生水平和竖向位移

E. 发生竖向位移不发生水平位移

2. 制定结构试验的量测方案时，量测内容宜根据试验目的选择（　　）。

A. 荷载　　　　B. 位移　　　　　　　C. 裂缝　　　　　　　　D. 应变

E. 应力

三、综合题

1. 受弯及偏心受压构件量测试件挠度曲线时，测点布置应满足哪些要求？

2. 对混凝土结构试验，尤其是抗裂性能检验，开裂判断是试验现象观测的重点。简述试件混凝土的开裂可采用哪几种方法进行判断？

3. 混凝土结构试验时，量测内容宜根据试验目的在哪些项目中选择？

4. 用水进行均布加载时，水的加载值如何量测？

5. 进行裂缝量测时，试件混凝土的开裂可采用哪些方法进行判断？

5.5 结果整理与构件力学性能评价

5.5.1 试验记录与结果整理

记录整理与试验现象的初步分析在试验后及时进行，这对于得出正确的试验结论十分重要。

试验记录应在试验现场完成，关键性数据宜实时进行分析判断。现场试验记录的数据、文字、图表应真实、清晰、完整，不得任意涂改。结构试验的原始记录包括钢筋和混凝土材料力学性能的检测结果；试验试件形状、尺寸的量测与外观质量的观察检查记录；试验加载过程的现象观察描述；试验加载过程仪表测读数据记录及裂缝草图；试件变形、开裂、裂缝宽度、屈服、承载力极限等临界状态的描述；试件破坏过程及破坏形态的描述；试验影像记录等内容。

为真实反映试验情况，应在试验现场及时记录试验现象。而为准确掌握和控制试验状态，对力、位移等关键性数据宜实时进行采集、分析和判断。

试验记录的初步整理、分析宜包括荷载与位移或变形的关系曲线；试件的变形或位移分布图；试件的裂缝数量、裂缝宽度增长的表格或曲线；试件的破坏形态图及描述；试件的破坏形态和性质；对其他有关的试验参数的测读数据也应进行相应的整理和初步分析。

5.5.2 试验结果误差分析

对试验结果宜进行误差分析，试验直接量测数据的末位数字所代表的计量单位应与所用仪表的最小分度值相对应。试验误差对试验结果的影响程度是不同的，如果试验误差对实验结果的精确性或正确性存在较明显的影响，应当进行试验结果的误差分析。通过误差分析可以判定试验结果的准确性和影响试验精度的主要方面，便于改进试验方案，提高试验质量。根据误差的性质和产生原因，可分为系统误差、偶然误差和过失误差。前两种误差可以根据误差分析采取针对性措施减少其影响；而过失误差由于无规律可循，应避免其产生。

一定数量的同类直接量测结果，统计特征值应按下列公式计算：

平均值：

$$m_x = \frac{1}{n}\sum_{i=1}^{n} x_i \tag{5-11}$$

标准差：

$$S_x = \sqrt{\frac{\sum_{i=1}^{n}(x_i - m_x)^2}{n-1}} \tag{5-12}$$

变异系数：

$$\delta_x = \frac{S_x}{m_x} \tag{5-13}$$

式中　x_i——第 i 个量测值；

n——量测数值。

对同一参数多次测量的误差可认为服从正态分布，统计特征值可以根据正态分布的规律计算。

5.5.3　间接量测结果分析

直接测量参量 x_i 的结果误差，可取用量测仪表的精度作为基本试验误差；对间接量测结果 y 的最大绝对误差 Δy、最大相对误差 δ_y 和标准差 S_y，应按误差传递法则按下列公式进行分析：

$$y = f(x_1, x_2, \cdots\cdots, x_n) \tag{5-14}$$

$$\Delta y = \left|\frac{\partial f}{\partial x_1}\right|\Delta x_1 + \left|\frac{\partial f}{\partial x_2}\right|\Delta x_2 + \cdots\cdots + \left|\frac{\partial f}{\partial x_n}\right|\Delta x_n \tag{5-15}$$

$$\delta_y = \frac{\Delta y}{|y|} = \left|\frac{\partial f}{\partial x_1}\right|\frac{\Delta x_1}{|y|} + \left|\frac{\partial f}{\partial x_2}\right|\frac{\Delta x_2}{|y|} + \cdots\cdots + \left|\frac{\partial f}{\partial x_n}\right|\frac{\Delta x_n}{|y|} \tag{5-16}$$

$$S_y = \sqrt{\left(\frac{\partial f}{\partial x_1}\right)^2 S_{x1}^2 + \left(\frac{\partial f}{\partial x_2}\right)^2 S_{x_2}^2 + \cdots\cdots + \left(\frac{\partial f}{\partial x_n}\right)^2 S_{x_n}^2} \tag{5-17}$$

式中　x_i——直接量测参量；

y——间接量测结果；

Δx_i——直接量测参量 x_i 的基本试验误差；

Δy——间接量测结果 y 的最大绝对误差；

δ_y——间接测量结果 y 的最大相对误差；

S_y——间接量测结果 y 的标准差；

n——直接量测参量的数量。

对试验中多次量测系列数据中与其余量测值有明显差异的可疑数据 x_i，可按下式决定取舍：

$$\left|\frac{x_i - m_x}{S_x}\right| \leqslant d_n \tag{5-18}$$

式中　n——量测数量；

d_n——合理的误差限值，按表 5-4 取值。

试验值舍弃标准　　　　　　　　　　　　　　　　　　　　　表 5-4

n	5	6	7	8	9	10	11	12	13	14
d_n	1.65	1.73	1.80	1.86	1.92	1.96	2.00	2.04	2.07	2.10
n	15	16	17	18	19	20	22	24	26	28
d_n	2.13	2.16	2.18	2.20	2.22	2.24	2.28	2.32	2.34	2.37
n	30	40	50	60	70	80	90	100	150	200
d_n	2.39	2.50	2.58	2.64	2.69	2.74	2.78	2.81	2.93	3.03

对同一参量的多次量测结果中，个别数据明显异常，且不能对其作出合理解释，应当将其从试验数据中剔除。通常认为随机误差服从正态分布。对试验数据作回归分析时，宜采用最小二乘法拟合试验曲线，求出经验公式，并应进行相关性分析和方差分析，确定经验公式的误差范围。

5.5.4　构件力学性能评价

试验结束后应对试验结果进行下列分析：试验现象描述应按照实测的加载过程，结合实测的钢筋、混凝土应变，对各级荷载作用下混凝土裂缝的产生和发展、钢筋受力、达到临界状态以及最终破坏的特征及形态等进行描述；同时，根据试验目的，应对试验的加载位移关系、加载应变关系等进行分析，求得试件开裂、屈服、极限承载力的荷载实测值及相应位移、延性指标等量值，并分析其他需要探讨和验证的内容；对于探索性试验，应根据系列试件的试验结果，确定影响结构性能的主要参数，分析其受力机理及变化规律，结合已有的理论进行推导，引申出新的理论或经验公式，用以指导更深入的科学研究或工程实践；对于验证性试验，应根据试件的试验结果和初步分析，对已有的结构理论、计算方法和构造措施进行复核和验证，并提供改进、完善的建议。

试验报告应包括试验概况：试验背景、试验目的、构件名称、试验日期、试验单位、试验人员和记录编号等；试验方案：试件设计、加载设备及加载方式、量测方案；试验记录：记录加载程序、仪表读数、试验现象的数据、文字、图像及视频资料；结果分析：试验数据的整理，试验现象及受力机理的初步分析；试验结论：根据试验及分析结果得出的判断及结论。

练习题

一、单项选择题

根据误差的性质和产生原因，试验误差可分为（　　　　）。

A. 系统误差　　　　B. 偶然误差　　　　　　C. 相对误差　　　　　　D. 绝对误差

E. 过失误差

二、综合题

1. 在进行混凝土构件荷载试验时，试验记录非常重要。结构试验的原始记录包括哪些？

2. 对于验证性试验，应如何对试验结果进行分析？

5.6　混凝土构件荷载试验实例

5.6.1　混凝土梁受弯试验

1. 试验目的

通过观察混凝土适筋梁受弯破坏的全过程，认识混凝土适筋梁的受弯性能；理解和掌握钢筋混凝土适筋梁受弯构件的试验方法和实验结果，通过实践掌握试件的设计、实验结果整理的方法。

通过试验加深对混凝土机构基本构件的受力性能的理解。

2. 试件设计

（1）材料和试件尺寸

试件尺寸：$b \times h \times l = 100mm \times 150mm \times 1400mm$；

混凝土强度等级：C25，$f_c = 11.9MPa$，$f_t = 1.27MPa$；

纵向受拉钢筋种类：HRB335；

箍筋的种类：HPB300（纯弯段无箍筋）；

纵向钢筋混凝土保护层厚度：15mm。

（2）试件设计及制作

1）试件的主要参数

试件配筋如图 5-21 所示，见表 5-5。

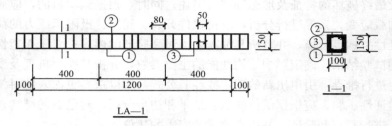

图 5-21　适筋梁试件配筋图

少筋梁受弯试件的配筋　　　　　　　　　　　　　　　　　　表 5-5

试件编号	截面尺寸	配筋情况		
		①	②	③
LA—1	100mm×150mm	2φ12	2φ8	φ6@50（2）

2）试件的制作

将试件按照设计方案及标准方法制作好，并按照规定的养护情况养护至规定龄期。试件制成后，在试验前应将试件表面刷白，并分格画线，分格大小按 50mm×50mm。在刷白前应对试件进行检查，包括收集试件的原始设计资料、设计图纸和计算书，施工和制作记录，原材料的物理力学性能试验报告等文件资料；对结构构件的跨度、截面、钢筋的位置、保护层厚度等实际尺寸及初始挠度、变形、原始裂缝等做出书面记录，绘制详图。对钢筋位置、实际规格、尺寸和保护层厚度也可在实验结束后进行量测。

（3）加载装置和加载方式

1）加载装置

图 5-22 为进行梁受弯性能试验采用的加载装置，加载设备为千斤顶。采用两点集中力加载，在跨中形成纯弯段，由千斤顶及反力梁施加压力，分配梁分配荷载，压力传感器测定荷载值。梁受弯性能试验，取 $L=1400$mm，$a=100$mm，$b=400$mm，$c=400$mm。

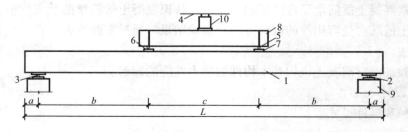

图 5-22　梁受弯试验装置图

1—试验梁；2—滚动铰支座；3—固定铰支座；4—支墩；5—分配梁滚动铰支座；
6—分配梁固定铰支座；7—集中力下的垫板；8—分配梁；9—反力梁及龙门架；10—千斤顶

加载简图、弯矩剪力图如图 5-23 所示。

2）加载制度

采用单调分级加载机制，加载分级情况为：①在加载到开裂试验荷载计算值的90%之前，每级荷载不宜大于开裂荷载计算值的20%。②达到开裂试验荷载计算值的90%之后，每级荷载值不宜大于其荷载值的5%。③当试件开裂后，每级荷载取10%的承载力试验荷载计算值（P_u）的级距。④加载到临近破坏前，拆除所有仪表，然后加载至破坏，记录破坏荷载。

承载力极限状态确定方法：①受拉主钢筋拉断。②受拉主钢筋处最大垂直裂缝宽度达到1.5mm。③受压区混凝土压坏。④挠度达到跨度的1/30。

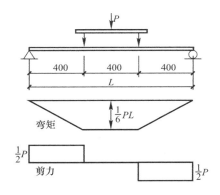

图5-23　加载简图、弯矩剪力图

（4）试验材料强度试验

按国家标准《普通混凝土力学性能试验方法标准》（GB/T 50081-2002）规定，用边长为150mm的立方体作为标准试件，将标准试件在20±3℃的温度和相对湿度90%以上的潮湿空气中养护28d，按照标准试验方法测得破坏荷载，由 $f_{cc} = \dfrac{F}{A}$ 所得的抗压强度作为混凝土的立方体抗压强度，单位为 N/mm² （MPa）。同时由 $f_t = 0.395 f_{cu}^{0.55}$ 计算混凝土抗拉强度 f_t；由荷载—应变曲线计算混凝土的弹性模量 E_s。

钢筋试样采用不经切削加工的原截面钢筋。根据各类钢筋标准规定的伸长率标准和试验机的上下夹头的最小距离、夹头高度等因素决定试件长度。加载前在加载段取长度 L 并标记，加载时，在弹性范围内保持加载速率在3～30MPa/s范围内，直至获得屈服点和上屈服点。卸载后，量取标记之间距离 L'，并计算钢筋弹性模量 E_s，参考标准值作修正。

（5）量测与观测

1）荷载值

荷载测量采用在加荷处放置压力传感器，由压力传感器直接显示于试验机终端上。

2）钢筋应变

试件制作时，在纵向钢筋上预埋粘贴电阻应变片，贴于钢筋外侧，以量测加载过程中钢筋的应力变化。具体测点布置如图5-24所示。

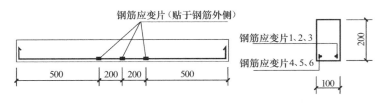

图5-24　纵筋应变片布置

3）混凝土应变

在梁跨中一侧面布置4个位移计，位移计间距40mm，标距为150mm，以量测梁侧表面混凝土沿截面高度的平均应变分布规律，测点布置如图5-25所示。

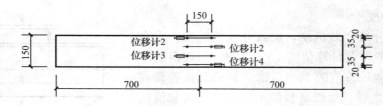

图 5-25　试件混凝土平均应变测点布置

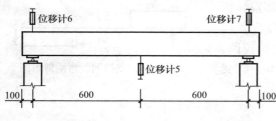

图 5-26　试件挠度测点布置图

4）变形

对受弯构件的挠度测点应布置在构件跨中或挠度最大的部位截面的中轴线上，如图 5-26 所示。在试验加载前，应在没有外荷载的条件下测读仪表的初始读数。试验时在每级荷载下，应在规定的荷载持续试件结束时量测构件的变形。结构构件各部位测点的测度程序在整个试验过程中宜保持一致，各测点间读数时间间隔不宜过长。

5）裂缝

试验前将梁两侧面用石灰浆刷白，并绘制 50mm×50mm 的网格。试验时借助放大镜用肉眼查找裂缝。构件开裂后立即对裂缝的发生发展情况进行详细观测，用读数放大镜及钢直尺等工具量测各级荷载（$0.4P_u$～$0.7P_u$）作用下的裂缝宽度、长度及裂缝间距，并采用手工绘制裂缝展开图，裂缝宽度的测量位置为构件的侧面相应于受拉主筋高度处。最大裂缝宽度应在使用状态短期试验荷载值持续 15min 结束时进行量测。

（6）试验结果预估

1）开裂荷载、极限荷载

由混凝土结构基本理论相关知识，有：

$$\alpha_E = \frac{E_s}{E_c}, \alpha_A = 2\alpha_E \frac{A_s}{bh}$$

开裂弯矩：

$$M_{cr} = 0.292(1 + 2.5\alpha_A)f_t bh^2$$

开裂荷载：

$$P_{cr} = \frac{6M_{cr}}{L}$$

极限弯矩和极限荷载：

$$\begin{cases} x = \dfrac{f_y A_s}{\alpha_1 f_c b} \\[2mm] M_u = f_y A_s \left(h_0 - \dfrac{x}{2}\right) \\[2mm] P_u = \dfrac{6M_u}{L} \end{cases}$$

代入相关数据，计算得到开裂荷载 $P_{cr}=6.64$kN，极限荷载 $P_u=24.26$kN。

2）破坏形态

第一阶段——弹性阶段。

$P \leqslant P_{cr}=6.64$kN 阶段，混凝土和钢筋公共工作，测量项目：挠度，纵筋应变和混凝土应变度均与荷载呈线性关系，梁截面应力呈线性分布，平截面假定基本符合。$P=P_{cr}$ 时，纯弯段某一薄弱截面出现第一条垂直裂缝，此时梁承担的弯矩称为开裂弯矩。

第二阶段——带裂缝工作阶段。

$P_{cr}<P<P_u$ 阶段，梁开裂后，裂缝处混凝土退出工作，钢筋应力激增，且通过粘结力向未开裂的混凝土传递拉应力，使得梁中继续出现拉裂缝。测量项目：纵筋应变仍保持与荷载的线性关系，而混凝土的应力由线性转入非线性状态，受此影响，挠度同时也转为非线性变化。

第三阶段——破坏阶段。

P 接近于 $P_u=24.26$ kN 时，纵筋屈服，在很小的荷载增量下，梁产生很大的变形。裂缝高度和宽度进一步发展，中和轴不断上移，压区混凝土应力分布曲线渐趋丰满。量测项目：纵筋应变进入屈服阶段，混凝土应变保持非线性增长，并可能会由于开裂导致应变片破坏使数据失效。挠度急剧增加。当 $P=P_u$ 时，压区混凝土的最大压应变达到混凝土的极限受压应变，压区混凝土压碎，或纵筋拉断，梁正截面破坏。

3）裂缝特性预测

由于采用的适筋梁，开裂后，拉区裂缝随荷载增加不断增加，出现的第一条裂缝为最大裂缝。极限荷载时，压区混凝土被压碎，出现压区细小而密集的裂缝。在整个破坏过程中，要历经相当大的变形，破坏前有明显征兆，属于延性破坏。

5.6.2 混凝土柱偏心受压试验

1. 试验目的

参加并完成规定的实验项目内容，观察小偏心受压短柱的破坏过程，记录钢筋混凝土柱的应变、挠度及裂缝的发展情况。理解和掌握钢筋混凝土小偏心受压柱的试验方法和试验结果，通过实践掌握试件的设计、试验结果整理的方法。

2. 试件设计

（1）材料选取

钢筋选取 HPB 300 级钢筋作为箍筋，HRB 335 级钢筋作为纵筋；混凝土选取 C20 混凝土。

（2）试件设计

为减小"二阶效应"的影响，将试件设计为短柱，即控制 $l_0/h \leqslant 5$。通过调整轴向力的作用位置，即偏心距 e_0，使试件的破坏状态为大偏心或小偏心破坏。

试件的主要参数见表 5-6。

试件设计参数 表 5-6

试件尺寸（矩形截面）	混凝土强度等级	纵向钢筋（对称配筋）	箍筋	纵向钢筋混凝土保护层厚度	配筋图	偏心距 e_0
300mm×150mm×650mm	C20	4 Φ 14	Φ 6@100（2）	15mm	图	20mm

试验配筋图等如图 5-27 所示。

3. 材料试验

试验试件在室内浇筑制作，并于养护室与材料试验试件同条件进行试件养护。在试验前宜将试件表面刷白，并分格画线。

材料试验试件的制作与养护均根据国家标准《普通混凝土力学性能试验方法标准》（GB/T 50081-2002）规定，试件尺寸为 100mm×100mm×300mm，将试件在 20±3℃ 的温度和相对湿度 90% 以上的潮湿空气中养护 28d，试验结果见表 5-7。

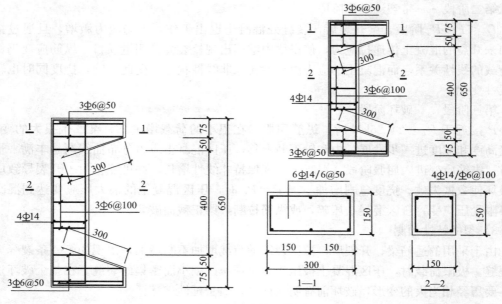

图 5-27　试件配筋图

混凝土试块抗压强度试验结果　　　　　　　表 5-7

试件尺寸	100mm×100mm×300mm				
试件轴心抗压强度（MPa）	平均轴心抗压强度（MPa）	评定轴心抗压强度（MPa）	推定立方体抗压强度（MPa）	推定轴心抗拉强度（MPa）	推定弹性模量（GPa）
19.2					
19.8	19.3	18.3	24.1	1.97	28.37
18.8					

注：轴心抗压强度根据国家标准《普通混凝土力学性能试验方法标准》（GB/T 50081—2002）评定；立方体抗压强度、轴心抗拉强度、弹性模量根据国家标准《混凝土结构设计规范》（GB 50010—2010）推定。

　　钢筋样留取自不经切削加工原截面钢筋，各尺寸留样长度按基本长度 $L＝L_0＋2H$ 进行留取，其中 L_0 为 $5d_0$（为 d_0 钢筋直径）；H 为夹头长度，通常取 100mm 左右。

　　4. 试验过程

　　（1）加载装置

　　柱小偏心受压试验的加载装置如图 5-28 所示。自平衡加载试验系统，采用千斤顶加载，支座一端为固定铰支座，另一端为滚动铰支座。铰支座垫板应有足够的刚度，避免垫板处混凝土局压破坏。

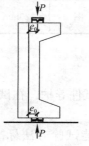

　　（2）加载制度

　　1）单调分级加载机制

　　在正式加载前，为检查仪器仪表读数是否正常，需要预加载，预加载所用的荷载是分级荷载的前 1 级。正式加载的分级情况为 0、20kN、40kN、60kN、100kN、140kN、180kN、220kN、260kN、300kN。当加载到 300kN 后，拆除所有仪表，然后加载至破坏，并记录破坏时的极限荷载。每次加载时间间隔为 5min。

图 5-28　柱小偏心试验加载装置

2）承载力极限状态确定方法

对柱试件进行偏压承载力试验时，在加载或持载过程中出现下列标记即可认为该结构构件已经达到或超过承载力极限状态，即可停止加载：

① 受压区混凝土的压碎破坏；

② 对有明显物理流限的热轧钢筋，其受拉主筋的受拉应变达到 0.01；

③ 受拉主钢筋拉断；

④ 受拉主钢筋的最大垂直裂缝宽度达到 1.5mm；

（3）量测与观测内容

1）钢筋应变

由布置在柱内部纵筋表面的应变计量测，钢筋应变测点布置如图 5-29 所示。

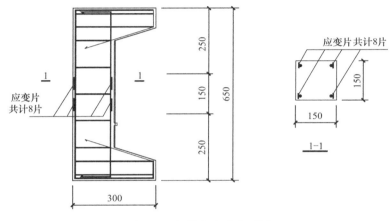

图 5-29　钢筋应变片布置图

2）混凝土应变

由布置在柱内部纵筋表面混凝土上的应变计量测，混凝土应变测点布置如图 5-30 所示。

3）挠度

柱长度范围内布置 3 个位移计以测量柱侧向挠度，侧向挠度测点布置如图 5-31 所示。

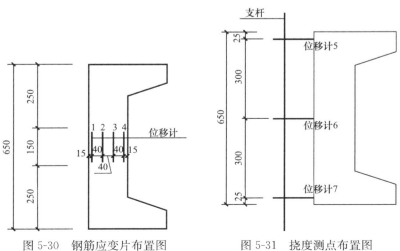

图 5-30　钢筋应变片布置图　　　　图 5-31　挠度测点布置图

4）裂缝

试验前将柱四面用石灰浆刷白，并绘制 50mm×50mm 的网格。试验时借助放大镜用肉眼查找裂缝。构件开裂后立即对裂缝的发生发展情况进行详细的观测，用读数放大镜及钢直尺等工具量测各级荷载（$0.4P_u \sim 0.7P_u$）作用下的裂缝宽度、长度及裂缝间距，并绘制裂缝展开图，裂缝宽度的测量位置为构件的侧面相应于受拉主筋高度处。最大裂缝宽度应在使用状态短期试验荷载持续 15min 结束时进行量测。

习题参考答案

第1章

一、单项选择题

1. A 2. D 3. C 4. B 5. C 6. D 7. C 8. D 9. B 10. A 11. B 12. B 13. C 14. D 15. B 16. A 17. B 18. B 19. C

二、多项选择题

1. A、B、D 2. A、B、C、E 3. A、B、D、E 4. B、C、D 5. A、B、D 6. A、B、C 7. B、C、D

三、问答题

1. （1）当设备指示装置损坏、刻度不清或其他影响测量精度时；

（2）仪器设备的性能不稳定，漂移率偏大时；

（3）当检测设备出现显示缺损或按键不灵敏等故障时；

（4）其他影响检测结果的情况。

2. （1）不按规定的检测程序及方法进行检测出具的检测报告；

（2）检测报告中数据、结论等实质性内容被更改的检测报告；

（3）未经检测就出具的检测报告；

（4）超出技术能力和资质规定范围出具的检测报告。

3. （1）取样人员持证上岗情况；

（2）取样用的方法及工具模具情况；

（3）取样、试样制作操作的情况；

（4）取样各方对样品的确认情况及送检情况；

（5）施工单位养护室的建立和管理情况；

（6）检测试件标识情况。

第2章

习题 2.1

一、单项选择题

1. B 2. C

二、多项选择题

1. A、C、D 2. A、B、C、D 3. A、C、D、E 4. B、C

三、综合题

1. 回弹法的基本原理是利用混凝土的表面硬度与混凝土抗压强度之间的关系，通过一定动能的钢锤冲击混凝土表面，获取表面硬度值来推定混凝土抗压强度。

2. 对环境侵蚀，应确定侵蚀源、侵蚀程度和侵蚀速度；对混凝土的冻伤，可根据相关规定进行检测，并测定冻融损伤深度、面积；对火灾等造成的损伤，应确定灾害影响区域和受灾害影响的构件，确定影响程度；对于人为的损伤，应确定损伤程度；宜确定损伤对混凝土结构的安全性及耐久性影响的程度。

3. 碳纤维片材与原混凝土结构表面的粘结强度的现场检测方法适用于纤维复合材与基材混凝土，以结构胶粘剂、界面胶（剂）为粘结材料粘合，在均匀拉应力作用下发生内聚、粘附或混合破坏的正拉粘结强度测定。不适用于测定室温条件下涂刷、粘合与固化的，质量大于 $300g/m^2$ 碳纤维织物与基材混凝土的正拉粘结强度。

习题 2.2

一、单选题：C

二、简答题

1. 同一个构件的同一个检测项目应选择不同部位重复测试 3 次，取其平均值作为该构件的测试结果。当最大值与最小值的差值大于 10mm 时，则需要对该构件的测试结果作相应的说明。对于等截面构件和截面尺寸均匀变化的变截面构件，应分别在构件的中部和两端量取截面尺寸；对于其他变截面构件，应选取构件端部、截面突变的位置量取截面尺寸。

2. 当检验批判定为符合且受检构件的尺寸偏差最大值不大于偏差允许值 1.5 倍时，可将设计的截面尺寸作为该批构件截面尺寸的推定值；当检验批判定为不符合或检验批判定为符合但受检构的尺寸偏差最大值大于偏差允许值 1.5 倍时，宜全数检测或重新划分检验批进行检测；当不具备全数检测或重新划分检验批检测条件时，宜以最不利检测值作为该批构件尺寸的推定值。

习题 2.3

一、单项选择题

1. C　2. D

二、多项选择题

1. A、B、C、D　2. A、B、C　3. A、B、C、D

三、简答题

构件第 i 个测区混凝土强度换算值，可按平均回弹值（R_m）及平均碳化深度值（d_m）由计算得出。当有地区或专用测强曲线时，混凝土强度的换算值宜按地区测强曲线或专用测强曲线计算或查表得出。

习题 2.4

一、单项选择题

1. C　2. A

二、多项选择题

1. B、D、E　2. B、C、D　3. A、B、C、D、E

三、简答题

1. 从结构中钻取的混凝土芯样形状各异，而芯样的平整度、垂直度、端面处理情况等均会对芯样强度构成影响。因此，所有的芯样必需要按照相应的技术标准进行加工，才能使用。从结构中取出的芯样质量符合要求且公称直径为 100mm，高径比为 1∶1 的混凝土圆柱体试件称为标准芯样试件。允许有条件地使用小直径芯样试件，但其公称直径不应小于 70mm 且不得小于骨料最大粒径的 2 倍。

2. 对于芯样试件的数量，应该根据检验批的容量来确定。在进行标准芯样试件的取样时，其最小的样本量不应该少于 15 个。而对于小直径芯样试件的取样，其最小的样本量就要根据实际情况适当增加。在进行钻芯取样时，芯样应该从检验批的结构构件中随机抽取，每个芯样应取自一个构件或结构的局部部位。

习题 2.5

一、单项选择题

1. C　2. C　3. D　4. A　5. B　6. C

二、多项选择题

1. B、C、E　2. C、D、E　3. A、C、D

三、简答题

1. 当混凝土的组成材料、工艺条件、内部质量及测试距离一定时，其超声传播速度、首波幅度和接收信号主频等声学参数一般无明显差异。如果某部分混凝土存在空洞、不密实或裂缝等缺陷，破坏了混凝土的整体性，与无缺陷混凝土相比较声时值偏大，波幅和频率值降低。超声波检测混凝土缺陷正是根据这一基本原理对同条件下的混凝土进行声速波幅和主频测量值的相对比较，从而判定混凝土的缺陷情况。

2. 当结构的裂缝部位只有一个可测表面，估计裂缝深度又不大于 500mm 时，可采用单面平测法。

3. 为了便于判明混凝土内部缺陷的空间位置，构件被测部位最好具有两对相互平行的测试面，并尽可能采用两个方向对测。当被测部位只有一对可供测试的平行表面时，可在该对测试面向上分别画出对应网格线，在对测的基础上对数据异常的测点部位，再进行交叉斜测，以确定缺陷的位置和范围。

4. 如果所测混凝土的结合面结合良好，则超声波穿过有无结合面的混凝土时，声学参效应无明显差异。当结合面局部地存在疏松、孔隙或填进杂物时，该部分混凝土与邻近正常混凝土相比，其声学参数值存在明显差异。

5. 根据桩径大小预埋超声检测管（简称声测管），桩径为 0.6～1.0m 时埋两根管；桩径为 1.0～2.5m 时埋三根管，按等边三角形布置；桩径为 2.5m 以上时埋四根管，按正方形布置，如下图所示。声测管之间应保持平行。

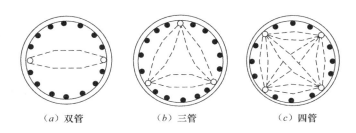

（a）双管　　　　　（b）三管　　　　　（c）四管

习题 2.6

一、单项选择题

1. B　2. C　3. A　4. B

二、多项选择题

1. A、D、E　2. A、D、E

三、简答题

1. （1）相邻钢筋过密，钢筋间最小净距小于钢筋保护层厚度；

（2）混凝土（包括饰面层）含有或存在可能造成误判的金属组分或金属件；

（3）钢筋数量或间距的测试结果与设计要求有较大偏差；

（4）缺少相关验收资料。

2. （1）资料收集；（2）抽样；（3）布置测区、测点；（4）仪器操作。

3. 略

4. 略

习题 2.7

一、单项选择题

1. D　2. B　3. B　4. B

二、简答题

1. 由于一般现浇钢筋混凝土楼板是以现浇钢筋混凝土梁为边界，而梁高与楼板的厚度是在数值上有差别，无法在楼板的边缘直接利用钢尺量取楼板的厚度。

2. 优点是操作上简单易行，缺点则是会对楼板造成一定程度上的损伤，影响楼板的受力性能。

3. 利用水准仪检测楼板厚度是一种间接测量方法，通过测量楼板面的高程以及楼板底的高程，计算出两者的差值则能确定相应测点的楼板厚度。

习题 2.8

一、单项选择题

1. C　2. C　3. D　4. B

二、多项选择题

1. A、D、E　2. A、B　3. A、C、D

三、综合题

1. 锚固质量现场检验抽样时，应以同品种、同规格、同强度等级的锚固件安装于锚固部位基本相同的同类构件为一检验批，并应从每一检验批所含的锚固件中进行抽样。

2. （1）适用于纤维复合材与基材混凝土，以结构胶粘剂、界面胶（剂）为粘结材料粘合，在均匀拉应力作用下发生内聚、粘附或混合破坏的正拉粘结强度测定。

（2）不适用于测定室温条件下涂刷、粘合与固化的，质量大于 $300g/m^2$ 碳纤维织物与基材混凝土的正拉粘结强度。

3. （1）若一检验批的每一组均为试验合格组，则应评定该批粘结材料的正拉粘结性能符合安全使用要求。

（2）若一检验批中有一组或一组以上为不合格组，则应评定该批粘结材料的正拉粘结性能不符合安全使用要求。

（3）若检验批由不少于 20 组试件组成，且仅有一组被评为试验不合格组，则仍可评定该批粘结材料的正拉粘结性能符合使用要求。

习题 2.9

一、单项选择题

1. B 2. C 3. B 4. B 5. C 6. A 7. D

二、多项选择题

1. A、B、C、D 2. A、C、D

三、综合题

1. 在达到使用状态短期试验荷载值以前，每级加载值不宜大于使用状态短期试验荷载值的20%，超过使用状态短期试验荷载值后，每级加载值不宜大于使用状态短期试验荷载值的10%。接近抗裂检验荷载时，每级荷载不宜大于该荷载值的5%。试验构件开裂以后，每级加载值应恢复正常加载。

2. 轴心受压和偏心受压试验结构构件两端应分别设置刀口式支座，刀口的长度不应小于试验结构构件截面宽度；安装时上下刀口应在同一平面内，刀口的中心线应垂直于试验结构构件发生纵向弯曲的所在平面，并应与试验机或荷载架的中心线重合；刀口中心线与试验结构构件截面形心间的距离应取为加载偏心距 e_0。

3. 受弯及偏心受压构件量测挠度曲线的测点应沿构件跨度方向布置，包括量测支座沉降和变形的测点在内，测点不应少于五点。

4. 试验资料的整理分析主要分为如下几个方面：试验原始资料整理对试验对象的考察与检查；材料的力学性能试验结果；试验计划与方案及实施过程中的一切变动情况记录；测读数据记录及裂缝图；描述试验异常情况的记录；破坏形态的说明及图例照片。

5. 对抗裂试验进行裂缝量测时，垂直裂缝的宽度应在结构构件的侧面相应于受拉主筋高度处量测；斜裂缝的宽度应在斜裂缝与箍筋交汇处或斜裂缝与弯起钢筋交汇处量测。

习题 2.10

一、单项选择题

1. A 2. A 3. D 4. B

二、多项选择题

1. B、D 2. A、B、C、D、E 3. A、C 4. B、C

三、综合题

1. （1）塞尺或裂缝宽度对比卡：用于粗测，精度低。

（2）裂缝显微镜：读数精度在 0.02～0.05mm，系目前裂缝测试的主要方法。

（3）裂缝宽度测试仪器：人工读数方式，测试范围在 0.05～2.00mm；自动判读方式，读测精度 0.05mm。

（4）对于某些特定裂缝，可使用柔性的纤维镜和刚性的管道镜观察结构的内部状况。

（5）当裂缝宽度变化时，宜使用机械检测仪测定，直接读取裂缝宽度。

2. 贯穿裂缝：指贯穿构件整个横截面的裂缝，由于轴心受拉或小偏心受拉形成。

弯曲裂缝：这种裂缝始于受弯构件的受拉边缘，常止于中和轴以下。

3. 对于结构构件上不稳定的裂缝，为了从宏观上准确把握裂缝发展的趋势，除按一次性观测做好记录统计外，还需进行持续性观测，每次观测应在裂缝末端标出观察日期和相应的最大裂缝宽度值，如有新增裂缝应标出发现新增裂缝的日期，从而对裂缝的原因和严重程度进行正确判断。

第3章

习题 3.1

一、单项选择题

1. A 2. B 3. D 4. B

二、多项选择题

1. A、B、C、E 2. A、B、D、E

三、问答题

1. 在确定测区后，在每一测区随机布置若干测点，测点的数量，主要是在各检测方法的现有科研工作基础上，运用数理统计理论，结合各检测方法的特点（有的方法对原结构破损较大，有的方法对原结构基本不破损）综合考虑后确定的。测点最小数目根据检测方法的不同有所不同：

（1）切割法、原位轴压法、扁顶法、原位单剪法、筒压法的测点数不应少于1个。

（2）原位单砖双剪法、推出法、砂浆片剪法、回弹法、点荷法、砂浆片局压法、烧结砖回弹法的测点数不应少于5个。

（3）回弹法的测位，相当于其他方法的测点。

（4）在布置测点时，应在同一测区内采用简单随机抽样的方式进行测点布置，使测试结果全面、合理反映被测区的施工质量或其受力性能。

（5）对既有建筑物或应委托方要求仅对建筑物的部分或个别部位进行检测时，测区和测点数可以减少。

2. 原位单砖双剪法、推出法、砂浆片剪法、回弹法、点荷法、砂浆片局压法、烧结砖回弹法，测点数要求不少于5个。

3. 如下图所示：

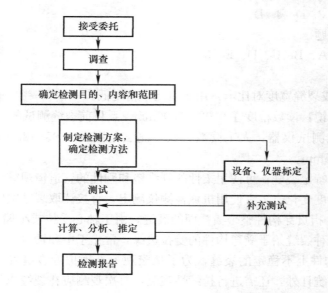

4. 主要包括以下五类：

（1）砌体抗压强度的检测：原位轴压法、扁顶法、切制抗压试件法。

（2）检测砌体工作应力的方法和弹性模量：扁顶法。

（3）检测砌体抗剪强度：原位单剪法、原位双剪法。

（4）检测砌筑砂浆强度：推出法、筒压法、砂浆片剪切法、砂浆回弹法、点荷法、砂浆片局压法。

（5）检测砌筑块体抗压强度：烧结砖回弹法、取样法等。

习题 3.2

一、单项选择题

1. D　2. A　3. A　4. C

二、多项选择题

1. A、C、D　2. A、B、D　3. B、C　4. A、D

三、问答题

1. 扁顶法适用于原位检测普通砖和普通多孔砖砌体的抗压强度、古建筑和重要建筑的受压工作应力、砌体弹性模量以及火灾、环境侵蚀后砌体剩余的抗压强度。

2. 正式测试时，应分级加荷。每级荷载可取预估破坏荷载的 10%，并应在 1～1.5min 内均匀加完，然后恒载 2min。加荷至预估破坏荷载的 80% 后，应按原定加荷速度连续加荷，直至槽间砌体破坏。当槽间砌体裂缝急剧扩展和增多，油压表的指针明显回退时，槽间砌体达到极限状态。

3. 试验记录内容应包括描绘测点布置图、墙体砌筑方式、扁顶位置、脚标位置、轴向变形值、逐级荷载下的油压表读数、裂缝随荷载变化情况简图等。

4. 扁顶的主要技术指标如下表所示：

项目	指标
额定压力（kN）	400
极限压力（kN）	480
额定行程（mm）	10
极限行程（mm）	15
示值相对误差（%）	±3

四、综合题

1. 优点：设备较为轻便，易于操作，直观可靠，并可使测定墙体受压工作应力、砌体弹性模量和砌体抗压强度一次完成。

缺点：扁顶的允许极限变形较小，不能在压缩变形较大的砌体中使用，同时使用时扁顶出力后鼓起，再次使用需将其压平，使用次数受到一定的限制。

2. （1）、（8）、（5）、（6）、（7）、（4）、（2）、（3）

3. （2）中 15% 应为 10%；（3）中应恒载 2min 后测读变形值；（8）中 3 条应为 4 条。

习题 3.3

一、单项选择题

1. A　2. D　3. B　4. B

二、多项选择题

1. A、D　2. A、B、C　3. A、B、C　4. B、C、E

三、问答题

1. 原位轴压法的测试部位应具有代表性并符合下列规定：

(1) 测试部位宜选在墙体中部距楼、地面 1m 左右的高度处；槽间砌体每侧的墙体宽度不应小于 1.5m。

(2) 同一墙体上，测点不宜多于 1 个，且宜选在沿墙体长度的中间部位；多于 1 个时，其水平净距不得小于 2.0m。

(3) 测试部位不得选在挑梁下、应力集中部位以及墙梁的墙体计算高度范围内。

2. 原位轴压法适用于原位检测普通砖和多孔砖砌体的抗压强度，也用于检测火灾、环境侵蚀后砌体的剩余抗压强度。

3. (1) 实验中如发现上下压板与砌体承压面接触不良，导致槽间砌体呈局部受压或偏心受压状态时，应停止实验。调整实验装置，重新试验。当无法调整时应更换测点。

(2) 在试验过程中，应仔细观察槽间砌体初裂裂缝及裂缝的开展情况，记录逐级荷载下的油压表读数、测点位置、裂缝随荷载变化情况简图等。

4. 为了更好地保养原位压力机，应注意如下要点：

(1) 原位压力机试验完毕后，应对设备用棉纱进行全面擦拭干净以备下次再用。

(2) 对各零部件，轻拿轻放，严禁碰撞或用锤子敲打，以免损坏零部件，电磁流量计一定要按操作规程操作。

(3) 原位压力机不得随便对该机加圈加垫。

(4) 原位压力机使用前首先对该机各部件进行全面检查，检查油箱是否有油，各密封件是否拧紧，以防泄油。

四、综合题

1. 原位轴压法是通过专用液压系统对砖砌体现场施加压力，直至槽间砌体轴压破坏，通过油压表的读数，按原位轴压仪的校验结果计算施加荷载，对砌体的力学性能进行现场原位检测。

2. (1)、(3)、(2)、(4)、(5)、(6)、(8)、(7)、(9)、(10)、(11)

3. (2) 中 5 皮砖应为 7 皮砖；(3) 中 2.5m 应为不小于 2m；(4) 中泡沫板应为湿细砂；(9) 中 15% 应为 10%；(11) 中 60% 应为 80%。

习题 3.4

一、单项选择题

1. B　2. B　3. B　4. D

二、多项选择题

1. C、D　2. B、C

三、问答题

1. 用于切割墙体竖向通缝的切割机应满足如下要求：

(1) 机架有足够的强度、刚度、稳定性。

(2) 切割机应操作灵活，并应固定和移动方便。

(3) 切割机的锯切深度不应小于 240mm。

(4) 切割机上的电动机、导线和接点应具有良好的防潮性能。

(5) 切割机宜配备水冷却系统。

2. 切制抗压试件法的主要步骤如下：

（1）选取切制试件的部位后，应按现行国家标准《砌体基本力学性能试验方法标准》（GB/T 50129—2011）的有关规定，确定试件高度 H 和宽度 b 并应标出切割线。

（2）应在拟切制试件上、下两端各钻 2 个孔，用钢丝等工具将拟切制试件捆绑牢靠，也可采用其他适应的临时固定方法，以尽量确保切割时不扰动砌体试件（若砌筑砂浆的强度较高，强度大于 M7.5，砌筑质量较好，也可省略此工序）。

（3）将切割机的锯片（锯条）对准切割线，并垂直于墙面，然后启动切割机，并应在砖墙上切出两条竖缝。

（4）应凿掉切制试件顶部一皮砖；应适当凿取试件底部砂浆，并应伸进撬棍，应将水平灰缝撬松动，然后应小心抬出试件。

（5）试件搬运过程中，应防止碰撞，并应采取减小振动的措施。

（6）试件运至实验室后，依次修正表面、找平、养护、进行抗压测试。

（7）量测试件的截面尺寸。

（8）记录数据、分析结果。

3. 试件运至实验室后，应将试件上下表面大致修理平整；应在预先找平的钢垫板上坐浆，然后应将试件放在钢垫板上，试件顶面应用 1∶3 的水泥砂浆找平。试件上、下表面的砂浆应在自然养护 3d 后，再进行抗压测试。测量试件受压变形值时，应在宽侧面上粘贴安装百分表的表座。

4. 切制试件的抗压试验步骤，应包括试件在试验机底板上的对中方法、试件顶面找平方法、加荷制度、裂缝观察、初裂荷载及破坏荷载等检测和测试事项，均应符合《砌体基本力学性能试验方法标准》（GB/T 50129—2011）的有关规定。

习题 3.5

一、单项选择题

1. C　2. B　3. D　4. C

二、多项选择题

1. A、C、D　2. A、C、D　3. A、C　4. A、C、D

三、问答题

1. 安装千斤顶和测试仪表的关键点是千斤顶的加力轴线对准灰缝顶面，尽量减小荷载的上翘分力。

2. 原位单剪法适用于检测各种砖砌体的抗剪强度。在普通检测中，使用并不是很普遍，但是在某些特殊情况下，如抗震鉴定检测、工程事故仲裁检测等，其检测结果相对准确、直观，容易被各种相关利益方所接受。

3.（1）采用原位单剪法之前，应宏观检查砌筑砂浆强度，若低于 1MPa，则不宜选用这种检测方法。

（2）在选定的墙体上采用振动较小的工具加工切口。

（3）准确测量被测灰缝的实际受剪面尺寸，计算受剪面积，应精确至 1mm。

（4）安装千斤顶和测试仪表。

（5）加荷时应缓慢匀速地施加水平荷载，避免试件承受冲击荷载。

（6）及时翻转已破坏的试件，检查破坏特征，并详细记录。

4. 加荷过程中的注意点如下：

(1) 应缓慢匀速地施加水平荷载，避免试件承受冲击荷载。

(2) 务必控制加荷速度，对被测工程的第一个监测点，加荷速度宁可慢一些待试验完毕，获得了第一个检测点的抗剪破坏荷载值后，可适当加大加荷速度。

(3) 取得经验后，再对其余检测点进行抗剪试验。

四、综合题

1. 原位单剪法适用于推定砖砌体沿通缝截面的抗剪强度。

2. (2)、(1)、(4)、(3)、(6)、(5)、(7)

3. (1) 中应为不应低于 C15；(2) 中应为低于 1MPa；(4) 中 1cm 应为 1mm；(6) 中快速应为匀速；(7) 中 5 个应为 6 个。

习题 3.6

一、单项选择题

1. B 2. D 3. B 4. A

二、多项选择题

1. A、D 2. C、D 3. B、D 4. B、D

三、问答题

1. 下列部位不应布设测点：

(1) 门、窗洞口侧边 120mm 范围内；

(2) 后补的施工洞口和经修补的砌体；

(3) 独立砖柱。

这些部位有应力集中，不方便布置试验仪器，测出的数据也不具有代表性。

2. (1) 原位单砖双剪法安放主机的孔洞，其截面尺寸不得小于以下值：普通砖砌体：115mm×65mm；多孔砖砌体：115mm×110mm。

(2) 原位双砖双剪法安放主机的孔洞，其截面尺寸不得小于以下值：普通砖砌体：240mm×65mm；多孔砖砌体：240mm×110mm。掏空、清除剪切试件另一端的竖缝。

3. 两者基本原理相同，区别在于原位双砖双剪法检测时没有竖缝参加工作，排除了竖缝的影响。原位双砖双剪法在测试 240mm 厚墙体的砌体抗剪强度时，选 240mm 厚墙体的平行的两块顺砖为试件，先在墙体上和测点水平相邻的方向上开凿出一块砖的通孔洞，在试件的另一端掏空试件高度范围内的整个竖缝，在洞中放入剪切仪，在剪切仪后放置垫块，连接手动油泵和剪切仪，然后手动施加荷载直至砌体剪坏，测得砌体抗剪强度。

4. （普通砖和多孔砖的公式，写出一个即可）烧结普通砖砌体单砖双剪法和双砖双剪法试件沿通缝截面的抗剪强度，应按下式计算：

$$f_{vij} = \frac{0.32N_{vij}}{A_{vij}} - 0.70\sigma_{0ij}$$

式中　A_{vij}——第 i 个测区第 j 个测点单个灰缝受剪截面的面积（mm²）；

　　　σ_{0ij}——该测点上部墙体的压应力（MPa），当忽略上部压应力作用或释放上部压应力时，取为 0。

烧结多孔砖砌体单砖双剪法和双砖双剪法试件通缝截面的抗剪强度：

$$f_{vij} = \frac{0.29N_{vij}}{A_{vij}} - 0.70\sigma_{0ij}$$

式中　A_{vij}——第 i 个测区第 j 个测点单个灰缝受剪截面的面积（mm^2）；

　　　σ_{0ij}——该测点上部墙体的压应力（MPa），当忽略上部压应力作用或释放上部压应力时，取为 0。

测区的砌体沿通缝截面抗剪强度平均值，应按下式计算：

$$f_{v,i} = \frac{1}{n_1} \sum_{j=1}^{n_1} f_{vij}$$

$$s = \sqrt{\frac{\sum_{i=1}^{n_2} (f_{v,i} - f_{v,i})}{n_2 - 1}}$$

$$\delta = \frac{s}{f_{v,i}}$$

式中　s——同一检测单元，按 n_2 个测区计算的强度标准差（MPa）；

　　　δ——同一检测单元的强度变异系数。

四、综合题

1. 原位单砖双剪法、原位双砖双剪法。

区别：原位双砖双剪法检测是没有竖缝参加工作，排除了竖缝的影响。

2.（1）、（2）、（3）、（4）、（5）、（6）、（8）、（7）

3.（1）中应为 12 个测区；（2）中应避免在门、窗洞口侧边 120mm 外且应保证测点间水平方向间距不应小于 1.5m；（3）中截面尺寸不得小于 115mm×65mm；（6）中加速应为匀速；（8）中精确 0.1 个分度值。

4. 0.14MPa。

习题 3.7

一、单项选择题

1. C　2. D　3. C　4. A

二、多项选择题

1. A、C、D　2. A、C、D　3. B、C　4. A、B、C

三、问答题

1. 力值显示仪器或仪表应符合下列要求：

（1）最小分辨值应为 0.05kN，力值范围应为 0～30kN。

（2）应具有测力峰值保持功能。

（3）仪器读数应稳定，在 4h 内的读数漂移应小于 0.05kN。

推出仪的力值，每年校验一次。

2. 选择测点应符合下列要求：

（1）测点宜均匀布置在墙上，并应避开施工中的预留洞口。

（2）被推丁砖的承压面可采用砂轮磨平，并应清理干净。

（3）被推丁砖下的水平灰缝厚度应为 8～12mm。

（4）测试前，被推丁砖应编号，并应详细记录墙体的外观情况。

3. 取出被推丁砖上部的两块顺砖应符合下列要求：

（1）使用冲击钻打出约 40mm 的孔洞。

（2）使用锯条自 A 至 B 点锯开灰缝。

（3）将扁铲打入上一层灰缝，并应取出两块顺砖。

（4）使用锯条锯切被推丁砖两侧的竖向灰缝，并应直至下皮砖顶面。

（5）开洞及清缝时，不得扰动被推丁砖。

4.（1）推出法：1）属于原位检测，直接在墙体上测试，测试结果综合反映了施工质量和砂浆质量。2）设备较轻便。3）检测部位局部破损。4）当水平灰缝的砂浆饱满度低于65％时，不宜选用。

（2）筒压法：1）属于取样检测。2）仅需利用一般混凝土实验室的设备。3）取样部位局部损伤；测点数量不宜太多。

（3）砂浆片剪切法：1）属于取样检测。2）专用的砂浆测强仪和其标定仪。3）试验工作较简便。4）取样部位局部损伤。

（4）砂浆回弹法：1）属于原位无损检测，测区选择不受限制。2）回弹仪性能较稳定，操作简便。3）检测部位的装修面层仅局部损伤。4）水平灰缝表面粗糙且难以磨平及砂浆强度不应小于2MPa，不得采用。

（5）点荷法：1）属于取样检测。2）试验工作较简便。3）取样部位局部损伤，砂浆强度不应小于2MPa。

四、综合题

1. 推出法适用于推定240mm厚烧结普通砖、烧结多孔砖、蒸压灰砂砖或蒸压粉煤灰砖墙体中的砌筑砂浆强度，所测砂浆的强度宜为1～15MPa。

2.（1）、（2）、（3）、（4）、（8）、（7）、（6）、（5）、（9）、（10）、（11）、（12）

3.（2）中设置三个测点；（7）中顺砖应为丁砖；（8）中丁砖应为顺砖。

4. 推定砂浆抗压强度为2.3MPa。

习题 3.8

一、单项选择题

1. B　2. B　3. A　4. B

二、多项选择题

1. B、C　2. A、C、D　3. B、C、D　4. A、B

三、问答题

1. 筒压法适用于检测的砂浆品种包括：中砂、细砂和特细砂配置的水泥砂浆，水泥石灰混合砂浆（以下简称为混合砂浆），以及中、细砂配置的水泥粉煤灰砂浆（以下简称为粉煤灰砂浆），石灰石质石粉砂与中、细砂混合配制的水泥石灰混合砂浆和水泥砂浆（以下简称为石粉砂浆）。筒压法所检测的砂浆强度范围在2.5～20MPa之间。

2. 筒压法适用于检测烧结砖（包括烧结普通砖和烧结多孔砖）的砌筑砂浆强度。筒压法不适用于推定高温、长期浸水、遭受火灾、环境侵蚀等砌筑砂浆的强度。这里需要说明的是，在火灾现场，对最高温度没有超过300℃、时间没有超过1h，表面抹灰层没有脱落、只出现龟裂的部位，还是可以采用筒压法进行检测的。

3. 不同品种砂浆的筒压荷载分别为：

水泥砂浆、石粉砂浆为20kN；

特细砂水泥砂浆为10kN；

水泥石灰混合砂浆、粉煤灰砂浆为 10kN。

4. （1）击碎、烘干试样；

（2）试样筛分；

（3）承压筒装料；

（4）筒压加载；

（5）试样称量。

四、综合题

1. 2.5～20MPa。

2. （1）、（2）、（4）、（3）、（5）、（6）、（7）、（8）

3. （1）取样部位距墙体下部或顶部的距离不小于 0.5m。

（2）取样部位距墙边或纵横墙交接处，不小于 1m。

（3）尽量避免在承重墙体上取样，若需取样，应能保证取样后不会使墙体产生裂缝或影响结构的安全。

（4）不能在独立柱上取样。

4. 将施压后的式样倒入由孔径 5mm 和 10mm 标准筛组成的套筛中，装入摇筛机摇筛，摇筛 2min 或手工摇筛 1.5min，筛至每隔 5s 的筛出量基本相同。称量各筛筛余量，各筛的分计筛余量和底盘剩余量的总和，与筛分前的试样重量相比，相对差值不得超过试样重量的 0.5%；当超过时应重新进行试验。

习题 3.9

一、单项选择题

1. B   2. C   3. B   4. C

二、多项选择题

1. A、C   2. A、B   3. A、B、C   4. C、D

三、问答题

1. 制备砂浆片试件，应符合下列要求：

(1) 从测点处的单块砖大面上取下的原状砂浆大片，应编号，并应被分别放入密封袋内。从每个测点处，宜取出两个砂浆片，一片用于检测，一片备用。

(2) 一个测区的墙面尺寸宜为 0.5m×0.5m。同一个测区的砂浆片，应加工成尺寸接近的片状体，大面、条面应均匀平整，单个试件的各向尺寸，厚度应为 7～15mm，宽度应为 15～50mm，长度应按净跨度不小于 22mm 确定。

(3) 试件加工完毕，应放入密封袋内，以避免水分散失，使含水率接近工程实际情况，从而更准确地测得砂浆在结构受力时的实际强度。

2. 砂浆片剪切测试应该按照下列程序进行：

(1) 应调平测强仪，并使水准气泡居中。

(2) 应将砂浆片试件置于砂浆测强仪内，并用上刀片压紧。

(3) 应开动砂浆测强仪，并对试件匀速连续施加荷载，加荷速度不宜大于 10N/s，直至试件破坏。若加荷速度过快，可能会对试件造成冲击破坏，而使试验结果失真。

3. 在集中荷载下，剪跨比 $m=a/h<1$ 的简支梁为深梁，剪切破坏机理为斜压破坏，承载能力为抗压强度控制，R 的影响很大。且沪宁图的强度愈高，深梁的抗剪强度愈大，

二者可取线性关系。所以根据上述结论，砂浆片在测试中的受力模式为深梁受剪。

4.（1）砂浆片试件的抗剪强度，应按下式计算：

$$\tau_{ij} = 0.95 \frac{V_{ij}}{A_{ij}}$$

式中　τ_{ij}——第 i 个测区第 j 个砂浆片试件的抗剪强度（MPa）；

　　　V_{ij}——试件的抗剪荷载值（N）；

　　　A_{ij}——试件的抗剪荷载面积（mm²）。

（2）测区的砂浆片抗剪强度平均值，应按下式计算：

$$\tau_i = \frac{1}{n_1} \sum_{j=1}^{n_1} \tau_{ij}$$

式中　τ_i——第 i 个测区的砂浆片抗剪强度平均值（MPa）。

（3）测区的砂浆片抗压强度平均值，应按下式计算：

$$f_{2i} = 7.17 \tau_i$$

习题 3.10

一、单项选择题

1. C　2. D　3. C　4. D

二、多项选择题

1. A、B、C　2. A、B　3. A、B、C　4. B、C

三、问答题

1. 根据规范，测位处应按下列要求进行处理：

(1) 测位处的粉刷层、勾缝砂浆、污物等应清除干净。

(2) 弹击点处的砂浆表面，应仔细打磨平整，并除去浮灰。

(3) 磨掉表面砂浆的深度应为 5～10mm，且不应小于 5mm。

2. 检测时，应用回弹仪测试砂浆的表面硬度，并用浓度为 1‰～2‰的酚酞酒精溶液测试砂浆的碳化深度，应以回弹值和碳化深度两项指标换算为砂浆强度。

3. 在每一个测位内，都应该选择 3 处灰缝，并应采用工具在测区表面打凿出直径约 10mm 的孔洞。接着应清除孔洞中的粉末和碎屑，并不得用水擦洗，然后采用浓度为 1‰～2‰的酚酞酒精溶液滴在孔壁内边缘处。酚酞遇碱性物体会变红，所以不变色的区域表示已碳化，变红色的区域表示为非碳化。最后用游标卡尺精确测量碳化区与非碳化区交界面到灰缝的垂直距离，并以毫米为单位记录。

4.（1）初步计算见下表：

构件	测位	回弹值（MPa）													碳化深度（mm）			
		1	2	3	4	5	6	7	8	9	10	11	12	R	1	2	3	d
1层墙体A	1	25	31	30	26	22	29	30	31	31	29	30	26	28.7	2.0	1.5	1.5	1.5
	2	25	30	23	29	30	26	28	27	28	29	31	30	28.2	2.0	2.0	1.5	2.0
	3	30	25	28	31	32	29	28	29	21	23	20	33	27.6	2.0	2.0	1.0	2.0
	4	31	29	27	30	24	25	26	26	20	24	32	33	27.4	2.5	2.5	3.0	2.5
	5	24	31	26	24	30	20	31	24	29	27	30	23	26.8	2.5	3.0	3.0	3.0

（2）根据所提供的计算公式，每个测位砂浆强度换算值为：

第 1 侧位：$d=1.5$，$f=13.11$MPa；

第 2 侧位：$d=2.0$，$f=12.43$MPa；

第 3 侧位：$d=2.0$，$f=11.64$MPa；

第 4 侧位：$d=2.5$，$f=11.39$MPa；

第 5 侧位：$d=3.0$，$f=8.78$MPa。

（3）该片墙体的砂浆抗压强度平均值为：

$13.11+12.43+11.64+11.39+8.78=11.47$MPa。

四、综合题

1. （1）、（2）、（4）、（3）、（5）

2. （2）中面积不小于 $1.0m^2$，间距不应小于 20mm；（3）中浓度为 1‰～2‰；（4）中弹击 3 次，记录第 3 次的回弹值。

3. 略

习题 3.11

一、单项选择题

1. B　2. C　3. A　4. B

二、多项选择题

1. A、B、C　2. A、C　3. A、C、D　4. A、C、D

三、问答题

1. 由于砌筑砂浆的压力值相对来说不是太大，为了测试结果的准确性，测试设备应选择量程较小、精度较高的小吨位压力试验机（最小读数盘宜在 50kN 以内）。

2. 制备试件，应遵守下列规定：

（1）从每个测点处剥离出砂浆大片。

（2）加工或选取的砂浆试件应符合下列要求：

1）厚度为 5～12mm。

2）预估荷载作用半径为 15～25mm。

3）大面应平整，但其边缘不要求非常规则。

（3）在砂浆试件上画出作用点，量测其厚度，精确至 0.1mm。

3. 点荷试验一般按照下列步骤依次进行：

（1）开启仪器，保证仪器为正常工作状态。

（2）在小吨位压力试验机上、下压板上分别安装上、下加荷头，两个加荷头应对齐，预估荷载作用半径 15～25mm，以匀速加载方式对砂浆试件施加点式荷载。

（3）将砂浆试件水平放置在下加荷头上，上、下加荷头对准预先画好的作用点，并使上加荷头轻轻压紧试件，然后缓慢匀速施加荷载至试件破坏。试件可能破坏成数个小块。记录荷载值，精确至 0.1kN。

（4）将破坏后的试件拼接成原样，测量荷载试件作用点中心到试件破坏线边缘的最短距离即荷载作用半径，精确至 0.1mm。

（5）进行下一个试件的点荷载测试工作。

（6）完成全部试验工作后关闭仪器。

4. （1）钢质加荷头是内角为 60° 的圆锥体，锥底直径为 40mm，锥体高度为 30mm；

锥体的头部是半径为 5mm 的截球体,锥球高度为 3mm;其他尺寸可自定,加荷头需 2 个。

(2)制作加荷头的关键是确保其端部的截球体尺寸。截球体的尺寸要求与试验机上的布式硬度侧头一致。

(3)加荷头与试验机的连接方法,可根据试验机的具体情况确定,宜将连接件与加荷头设计为一个整体附件。

四、综合题

1.(1)、(2)、(3)、(4)、(6)、(5)、(7)、(8)

2.(1)中每面墙体选取 5~6 个测点;(2)中取两个砂浆大片,一片用于检测,一片备用;(5)中精确值为 0.1kN;(6)中匀速施加点式荷载;(7)中精确至 0.1mm。

3.(1)从每个测点剥离出砂浆大片;

(2)加工或选取的砂浆试件应符合下列要求:

1)厚度为 5~12mm。

2)预估荷载作用半径为 15~25mm。

3)大面应平整,但其边缘不要求非常规则。

(3)在砂浆试件上画出作用点,量测其厚度,精确至 0.1mm。

习题 3.12

一、单项选择题

1. C　2. B　3. C　4. B

二、多项选择题

1. A、B、D　2. A、C、D　3. B、D　4. B、C

三、问答题

1.(1)非破损检测方法,在检测过程中,对砌体结构的既有力学性能没有影响。

(2)局部破损检测方法,在检测过程中对砌体结构的既有力学性能有局部的、暂时的影响,但可修复。

2.(1)选择测区。

需要检测的墙为一个独立的检测单元。每个检测单元中应随机选择 10 个测区。每个测区的面积不宜小于 $1.0m^2$,应在其中随机选择 10 块条面向外的砖作为 10 个测位提供回弹测试。选择的砖与砖墙边缘的距离应大于 250mm。

被检测砖应为外观质量合格的完整砖。砖的条面应干燥、清洁、平整,不应有饰面层、粉刷层,必要时可用砂轮清除表面的杂物,并应磨平侧面,同时用毛刷刷去粉尘。

(2)弹击被检测砖。

在每块砖的侧面上均匀布置 5 个弹击点。选定弹击点时应避开砖表面的缺陷。相邻两弹击点的间距不应小于 20mm,弹击点离砖边缘不应小于 20mm,每一弹击点应只能弹击一次,回弹值读数应估读至 1。测试时,回弹仪应处于水平状态,其轴线应垂直于砖的侧面。然后按照要求依次记录回弹的数值,并依次进行分类整理。

3.(1)单个测位的回弹值,应取 5 个弹击点回弹值的平均值。

(2)第 i 个侧区第 j 个测位的抗压强度换算值,应按下列公式计算:

1)对于普通烧结砖:

$$f_{1ij} = 2 \times 10^{-2} R^2 - 0.45R + 1.25$$

2) 对于烧结多孔砖:

$$f_{1ij} = 1.70 \times 10^{-3} R^{2.48}$$

式中　f_{1ij}——第 i 测区第 j 个测位的抗压强度换算值（MPa）;

　　　　R——第 i 测区第 j 个测位的平均回弹值。

（3）测区的砖抗压强度平均值，应按照下式计算:

$$f_{1i} = \frac{1}{10} \sum_{j=1}^{n_1} f_{1ij}$$

四、综合题

1. （1）弹击超过 2000 次;

（2）对检测值有怀疑时;

（3）钢砧率定值不合格。

2. （2）、（1）、（3）、（4）、（5）

3. 满足。

习题 3. 13

单选题: 1. A　2. B　3. A

第 4 章

习题 4. 2

一、单项选择题

1. B　2. D　3. C　4. D

二、多项选择题

1. A、B、C、D　2. A、D、E　3. B、C、D、E　4. B、C、D、E

三、问答题

1. 木结构的检测可分为木材性能、木材缺陷、尺寸与偏差、连接与构造、变形与损伤和防护措施等项目。

2. 对于圆木和方木结构可分为木节、斜纹、扭纹、裂缝和髓心等项目；对胶合木结构，尚有翘曲、顺弯、扭曲和脱胶等检测项目；对于轻型木结构尚有扭曲、横弯和顺弯等检测项目。

3. 采用重量法测量木结构构件的含水率时，应从成批木材中或结构构件的木材的检测批中随机抽取 5 根，在端头 200mm 处截取 20mm 厚的片材，再加工成 20mm×20mm×20mm 的 5 个试件；应按《木材含水率测定方法》（GB 1931—2009）的规定进行测定。以每根构件 5 个试件含水率的平均值作为这根木材含水率的代表值。5 根木材的含水率测定值的最大值应符合下列要求:

a. 原木或方木结构不应大于 25%。

b. 板材和规格材不应大于 20%。

c. 胶合木不应大于 15%。

4. 螺栓连接或钉连接的检测项目和检测方法，可按下列规定执行:

（1）螺栓和钉的数量与直径，直径可用游标卡尺量测。

（2）被连接构件的厚度，用尺量测。

（3）螺栓或钉的间距，用尺量测。

（4）螺栓孔处木材的裂缝、虫蛀和腐朽情况，裂缝用塞尺、裂缝探针和尺量测。

（5）螺栓、变形、松动、锈蚀情况，观察或用卡尺量测。

第 5 章

习题 5.1

一、单项选择题

1. B 2. C 3. A

二、多项选择题

1. A、B 2. A、B、C、D

习题 5.2

一、单项选择题

1. D 2. C 3. A 4. D 5. B 6. B 7. C 8. D 9. B

二、综合题

安装刀口支座时，刀口的长度不应小于试件截面的宽度；安装时上下刀口应在同一平面内，刀口的中心线应垂直于试件发生纵向弯曲的平面，并应与试验机或荷载架的中心线重合；刀口中心线与试件截面形心间的距离应取为加载设定的偏心距。

习题 5.3

一、单项选择题

1. D 2. D 3. B

二、多项选择题

A、B、C、D

三、简答题

（略）

习题 5.4

一、单项选择题

1. B 2. C

二、多项选择题

1. A、B 2. A、B、C、D

三、综合题

1. 受弯及偏心受压构件量测挠度曲线的测点应沿构件跨度方向布置，包括量测支座沉降和变形的测点在内，测点不应少于五点。

2. 有直接观察法；仪表动态判定法；挠度转折法；应变量测判断法。

3. 荷载：包括均布荷载、集中荷载或其他形式的荷载；

位移：试件的变形、挠度、转角或其他形式的位移；

裂缝：试件的开裂荷载、裂缝形态及裂缝宽度；

应变：混凝土及钢筋的应变；

根据试验需要确定的其他项目。

4. 水加载以量测水的深度，再乘以水的重度计算均布加载值，或采用精度不低于1.0

级的水表按水的流量计算加载量，再换算为荷载值。

5. 直接观察法：在试件表面刷白，用放大镜或电子裂缝观测仪观察第一次出现的裂缝。

仪表动态判定法：当以重物加载时，荷载不变而量测位移变形的仪表读数持续增大；当以千斤顶加载时，在某变形下位移不变而荷载读数持续减小，则表明试件已经开裂。

挠度转折法：对大跨度试件，根据加载过程中试件的荷载—变形关系曲线转折判断开裂并确定开裂荷载。

应变量测判断法：在试件的最大主拉应力区，沿主拉应力方向连续布置应变计监测应变值的发展。当某应变计的应变增量有突变时，应取当时的荷载值作为开裂荷载实测值，且判断裂缝就出现在该应变计所跨的范围内。

习题 5.5

一、多项选择题

A、B、E

二、综合题

1. 结构试验的原始记录包括钢筋和混凝土材料力学性能的检测结果；试验试件形状、尺寸的量测与外观质量的观察检查记录；试验加载过程的现象观察描述；试验加载过程仪表测读数据记录及裂缝草图；试件变形、开裂、裂缝宽度、屈服、承载力极限等临界状态的描述；试件破坏过程及破坏形态的描述；试验影像记录等内容。

2. 对于验证性试验，应根据试件的试验结果和初步分析，对已有的结构理论、计算方法和构造措施进行复核和验证，并提供改进、完善的建议。

参 考 文 献

[1]　GB 50618—2011 房屋建筑和市政基础设施工程质量检测技术管理规范.
[2]　JGJ 190—2010 建筑工程检测试验技术管理规范.
[3]　GB/T 50344—2004 建筑结构检测技术标准.
[4]　GB/T 50784—2013 混凝土结构现场检测技术标准.
[5]　GB/T 50315—2011 砌体工程现场检测技术标准.
[6]　GB/T 50152—2012 混凝土结构试验方法标准.
[7]　GB/T 50129—2011 砌体基本力学性能试验方法标准.
[8]　CECS 293—2011 房屋裂缝检测与处理技术规程.
[9]　GB 50300—2013 建筑工程施工质量验收统一标准.
[10]　GB/T 50375—2006 建筑工程施工质量评价标准.
[11]　GB 50204—2015 混凝土结构工程施工质量验收规范.
[12]　GB 50203—2011 砌体结构工程施工质量验收规范.
[13]　GB 50206—2012 木结构工程施工质量验收规范.
[14]　GB 50550—2010 建筑结构加固工程施工质量验收规范.
[15]　GB/T 50107—2010 混凝土强度检验评定标准.
[16]　JGJ/T 23—2011 回弹法检测混凝土抗压强度技术规程.
[17]　CECS 21—2000 超声法检测混凝土缺陷技术规程.
[18]　CECS 02—2005 超声回弹综合法检测混凝土强度技术规程.
[19]　CECS 03—2007 钻芯法检测混凝土强度技术规程.
[20]　CECS 278—2010 剪压法检测混凝土抗压强度技术规程.
[21]　CECS 69—2011 拔出法检测混凝土强度技术规程.
[22]　JGJ/T 136—2001 贯入法检测砌筑砂浆抗压强度技术规程.
[23]　JGJ/T 152—2008 混凝土中钢筋检测技术规程.
[24]　GB/T 50329—2012 木结构试验方法标准.
[25]　GB 50367—2013 混凝土结构加固设计规范.
[26]　JGJ 145—2013 混凝土结构后锚固技术规程.
[27]　高小旺，邸小坛. 建筑结构工程检测鉴定手册. 北京：中国建筑工业出版社，2008.
[28]　吴体. 砌体结构工程现场检测技术. 北京：中国建筑工业出版社，2012.